国家哲学社会科学成果文库

NATIONAL ACHIEVEMENTS LIBRARY
OF PHILOSOPHY AND SOCIAL SCIENCES

爱、自由与责任：
中世纪哲学的道德阐释

张荣 著

社会科学文献出版社
SOCIAL SCIENCES ACADEMIC PRESS (CHINA)

《国家哲学社会科学成果文库》
出版说明

为充分发挥哲学社会科学研究优秀成果和优秀人才的示范带动作用，促进我国哲学社会科学繁荣发展，全国哲学社会科学规划领导小组决定自2010年始，设立《国家哲学社会科学成果文库》，每年评审一次。入选成果经过了同行专家严格评审，代表当前相关领域学术研究的前沿水平，体现我国哲学社会科学界的学术创造力，按照"统一标识、统一封面、统一版式、统一标准"的总体要求组织出版。

全国哲学社会科学规划办公室
2011 年 3 月

前　言

"有恩典，但不完全"，这是自奥古斯丁（St. Augustine）以降西方哲学思想史的一条主导性纲领。它不仅主导了基督教思想史关于恩典和自由的阐释进路，而且构成"神正论"和"人义论"彼此呼应与互动的逻辑，也构成中世纪哲学对近现代哲学产生巨大道德影响力的本源问题域。中世纪哲学的合法性首先在于其道德性。中世纪道德哲学之所以可以得到阐释，并且可以被有效阐释，均基于"有恩典，但不完全"这一纲领。

"有恩典，但不完全"，是中世纪哲学的内在思想机制。"有恩典"，这是基督教的确然信仰，作为基督教信仰法则保障了基督教的基本原则——上帝的正义。同样，恩典"不完全"，不但表明，实现上帝的恩典是人这一上帝肖像之受造物永恒不懈的努力目标，而且有助于最大限度地阐释人的在世责任。

对这条纲领做出哲学阐释的首推奥古斯丁。他在论述原罪时指出，上帝赋予人行善的自由意志和认识的理性，但上帝并没有赋予人不可能犯罪的完全恩典。也就是说，上帝给予人恩典，而人可能成就善，也可能作恶。但上帝的恩典是一件创造的事业，其目的是成就正义，或者按照奥古斯丁的话说，上帝按照自己的肖像创造人，赋予人以行善的自由意志，为了人能够正当地生活。也就是说，人赖以正当生活（善生）的根据就是自由。从这个意义上说，自由是恩典，是被给予的一件礼物。自由在西方思想史上之所以如此"神圣不可侵犯"，如此崇高并且作为至善被不断地辩护和捍卫，皆出于此。从希腊的自主自愿到奥古斯丁的自由决断，这一里程碑式的思想转换成就了西方自由之思的逻辑，构成西方自由观念的真正本源。

自由神圣不可侵犯，这一信仰经过一个个时代的洗礼，都未曾改变，已经成为自明的公理。正如中国儒家思想关于孝敬父母、关爱子女的"教条"一般，放之四海而皆准。这条公理无须证实就被"信以为真"，比任何可证实的原则更具有无可比拟的确定性和可靠性。因为有恩典，所以自由才神圣而不可侵犯。

然而，西方的自由之思，这一事业绝非单纯的信仰之事。有恩典，却不完全。人赖以正当生活的自由虽然是上帝的恩典，但这一恩典并不完全。这意味着，上帝的恩典需要人实现，需要理性去呈现、证明。原罪恰恰就是在这个时候进入理性的视野。人的原罪来自意志的自由决断，原罪"反证了"上帝的恩典并不完全。上帝创造了人，给人以行善的自由恩典，但没有封闭人自由地运用自己的决断这一可能性（能力）。人能够自由运用意志做出自己的决断，这同样是恩典的体现。人可以运用自由意志，这表明人可能犯罪，但并不违背上帝创世的目的——让人成就正义。成就正义，并不违背人犯罪的可能性，仅就犯了原罪之后的亚当受到上帝的惩罚来看，似乎是违背了，实则不然。

自由意志是上帝的恩典，而意志的自由决断则是恩典不完全的证明，或者说是对上帝恩典的实现。自由决断意味着人自己做主，人为自己做主付出了受罚的代价。无论对基督教的原罪做何种解释，都要以对上帝的信仰为前提，这是一个自明的前提。自由意志是上帝的恩典，上帝给人恩典是为了人正当地生活，上帝惩罚人类的根据正是意志的自由决断，人之受罚也是因意志自愿而起。人禀受了上帝的恩典，又需要不断实现和完善上帝的恩典，这构成西方哲学思想的内在张力。西方近现代哲学对人的自主力量的倡导彰显了这种张力。毫不夸张地说，近现代主体性的"人义论"恰恰肩负了实现上帝恩典的使命，理性地证明并成就了"人是上帝的肖像"这一基本信仰。

概言之，哲学的自由观念具有神圣的本源，从自由与恩典的辩证法来看，中世纪的自由之思贡献给后世的持久有效的影响表明：自由是有限的，自由有其本源的限度和边界。

对中国人而言，中世纪基督教哲学，作为道德哲学阐释以后更容易被理解。一方面，中世纪哲学本身蕴含无数的道德性真理，像自由、至善、爱、普世责任、金规则等；另一方面，对正在张开双臂拥抱现代性观念，完成启蒙这一现代化任务的中国人而言，无疑需要在全社会塑造（或重塑）和普及人的自由意识、权利意识，特别是责任意识，需要被教化自主意识和自我决断精神。然而，这种现代性观念和自主的自由或许需要以另一种接受式的自由观念为依托。特别是在现代技术宰制的时代，在因无限度利用自然为人类服务而招致人与自然的关系被破坏这一痛苦经验面前，提倡自主自由和接受自由两者的融贯，就显得必要而迫切了。当然，接受的自由本身需要做出理论阐释。"自由的根据：自主性还是接受性？"① 这种阐释之可能的路径是生存论解释学的，围绕人在现代技术时代的生存状况进行阐释，阐释的关键是重新规定人类自由的界限和范围。正如 G. 安德尔斯（Günter Anders）② 所言"物是自由的，不自由的是人"③，传统上的那种人论已然过时，也就是说，作为身处发展中国家的我们，即便我们的历史课题是推进现代化，需要大力倡导人的自由和自主，也亟须时刻保持一种谨慎的乐观主义和谦卑的自我意识，需要重新理解人与神、人与自然的关系，进而重新确立权威与理性、服从与自律，甚至他律与自律的关系。

中国人对古希腊思想特别是对苏格拉底（Socrates）的思想比较了解，加之中国人日常道德意识中强调中庸与谦虚的美德观，都有助于我们对中世纪哲学进行道德阐释。同时，现代解释学的成果也有助于这种阐释，比如，伽达默尔就将解释学在本质上界定为"可能出错的艺术"④。不单单是解释学，几乎所有真正、真诚的哲学都是如此，其智慧之处在于教会人们学会谦虚。的确，谦虚和学会谦虚是不同的。前者是一种自然的质朴的生活态度，源于传统与习俗的积淀和传承，而后者则需要理论的熏陶与训练方可达成，

---

① 参见谢文郁《自由与生存》，上海人民出版社 2007 年版，第 1 页。

② G. 安德尔斯是 20 世纪最尖锐、最有影响的技术世界的批判家，20 年代曾经跟随胡塞尔学习，获得博士学位后，先后移居巴黎和美国，从 1950 年到生命终结的 1992 年一直生活在维也纳。他的代表作是《人的过时性》（两卷本）：*Die Antiquiertheit des Menschen 1. Über die Seele im Zeitalter der zweiten industriellen Revolution*，München，1956（《人的过时性》第 1 卷，《第二次工业革命时期的灵魂》，慕尼黑 1956 年版）；*Die Antiquiertheit des Menschen 2. Über die Zerstörung des Lebens im Zeitalter der dritten industriellen Revolution*，München，1980（《人的过时性》第 2 卷，《第三次工业革命时期生命的毁灭》，慕尼黑 1980 年版）。

③ 〔德〕英格博格·布罗伊尔等：《德国哲学家圆桌》，张荣译，华夏出版社 2003 年版，第 23 页。

④ 〔德〕英格博格·布罗伊尔等：《德国哲学家圆桌》，第 91 页，特别参见"伽达默尔接受记者采访的谈话"。

解释学是这样，中世纪哲学的道德阐释也是这样。

对中世纪哲学进行道德阐释可以提供如下启示：正确并且谦卑地理解上天（帝）给我们的馈赠，善待周围环境，感恩大自然，怀着深刻的同情与他人共处，与周围世界同甘苦，这当是普适性价值观应有的"与他人共在"的维度。从中世纪基督教哲学世界观来看，人的心灵需要经历两次转向。其中，第一次转向是关键，是自外而内的转向，和人的原罪解释有关，即不再从外在的方面寻求罪的原因，而是从心灵内部去寻求，罪的原因不是任何物质的世界，而是心灵内在的自由决断。从表面上看，这是人的心灵从上帝这一最高的善转向外物，转向更低级的善，但这种转向的原因分析才是我们所言的心灵的第一次转向，也就是说，原罪的原因才是转向的契机。所以，原罪论的实质在于澄清一个事实：自由决断导致了这种对上帝的背离和向世间之物的归向。心灵的第二次转向是神圣的转向，是由内而上，从自身转向上帝。这不仅是心灵的自然归向问题，而且还是阐释中的中世纪基督教哲学之道德向度。① 我们结合中世纪心灵转向的分析研究，依然可以普遍化为理解西方自由观念的一个方法论线索，进而成为我们理解哲学之思的那种纯粹、自由与神圣的三重维度。

回到主题"有恩典，但不完全"，其中显示的是自主意义上的自由。人是上帝按照自己的肖像创造的万物之灵，从不完全的恩典到人的自由实现，这是中世纪哲学贡献给近现代哲学最基础的道德资源。近现代的正义论，实质上就是从中世纪的"人义论"中发展、演变来的。

当然，仅仅指出这一方面是远远不够的，更重要的是，"人义论"必然还受"神正论"的本源规定，也就是说，我们必须直面"神正论"和"人义论"的互动。人的正义、自由与责任最终还是为了彰显上帝的恩典与正义。人在实现上帝恩典、完善人的正义形象时，始终秉承上帝的恩典，是恩典使人如此这般。所以，还要看到另一方面，即人对不完全恩典的进一步实现，这恰恰体现了上帝的恩典。换句话说，人的存在是一个应当事件。生存就是善生，自由乃是服从。因为，当初上帝赐予人自由意志这一恩典时的目

---

① 参见张荣《自由、心灵与时间——奥古斯丁论心灵转向问题的文本学研究》序言和结束语，江苏人民出版社 2011 年版。

的乃是人能够善生。"善生"意味着正当生活。人如何正当地生活，不单单是伦理学的问题，而且是哲学本身（Philosophie überhaupt）的主题。"善生"就是爱智慧。什么叫"善生"、为什么要善生、如何善生、什么叫智慧、什么叫爱、如何爱智慧等诸多问题就构成中世纪哲学道德阐释的核心环节，任何阐释的动机都是立足当下。

　　本阐释的当代意义就是面对当下的。中世纪道德哲学的当代阐释意味着，这种前现代的道德学说对充分反思当前中国所面临的诸多困难（如思想领域的前现代症结、技术和制度方面的现代性缺乏、环境方面的后现代危机等困境）具有"当下"意义，本阐释对我们如何面对这些困境，进而走出困境具有重要的反思与借鉴意义。而且，我们正在遭遇的这个"当下"不仅仅是中国的当下，也是世界的当下。从中国的当下看，现代性话语占主流，同时现代性危机也日益凸显，不仅人与自然的关系正在恶化，如生态危机等，而且人与人的关系也空前紧张，如贫富之间、官民之间关系紧张，另外，地域性的种族危机、恐怖主义，这些都在挑战着我们的神经。从世界的当下看，霸权主义、大规模恐怖主义、民族主义愈演愈烈。因此，如何弘扬普世主义观念，克服民族主义这一人类弱点，就成为当今世界普遍遭遇的高难度课题。反观中世纪道德哲学，仁爱、普世关怀、对自然的责任，都是可资借鉴的重要资源。如何认识这些资源的价值，在实践中培养和造就一大批曼德拉式的领袖，在民主对话中自由地共建人与人之间的宽容与爱心，不仅是本课题的理论目标，而且是本课题的现实关怀所在。

目　　录

Contents

导　　论

一　中世纪哲学的合法性

中世纪哲学，顾名思义，是相对于古代哲学而言的中古时期的西方哲学，由于这种哲学形态在内容上和基督教教义密切相关，我们又称之为基督教哲学或传统基督教哲学。至于它的合法性问题，我们采取"承认"态度，把争论悬搁。这种关于基督教哲学是不是哲学的争论，由来已久。不仅黑格尔（Hegel）质疑，罗素（Bertrand Russell）低估，海德格尔（Martin Heidegger）也讥笑"基督教哲学"这个术语就如同"一种木制的铁器"一般自相矛盾。① 其实，海德格尔及大部分反对中世纪哲学之合法性的理据主要在于基督教哲学这个术语，在此我们简单地予以批判性检视。

毋庸讳言，中世纪哲学自其孕育时期就烙上了基督教的印记，或者说，中世纪哲学本源就有基督教性。但是我们不能因为其基督教性这一个性就否认中世纪哲学作为哲学的共性。哲学是爱智慧。智慧不等于知识，作为科学（知识）的哲学是近代哲学，特别是早期近代哲学的特征。康德（Immanuel Kant）在批评早期近代哲学是伪形而上学时明确指出，旧形而上学之所以是伪形而上学，乃因为它们没有对现象和物自体加以区分，错把该信仰的东西当作知的对象，因此出现了这样的后果，知识论并不科学，形而上学不再是形而上学。换言之，哲学作为对智慧的爱，源于好奇，源于求知的本性和对知识的爱，但绝不止于对知识的爱，因为对智慧的爱，意味着对智慧的向往

① 海德格尔对"基督教哲学"这个称谓的批判及其引发的哲学活动的讨论，参见海德格尔《形而上学导论》，熊伟、王庆节译，商务印书馆1996年版，第9页及以下。

与对终极目的的关切。

　　说到底，哲学是一种未来的形而上学。"未来的"这个限定非常重要。它的反义词是当下的、现存的、可证实的。康德在《纯粹理性批判》第二版序言中讨论自由、灵魂和上帝这些物自体概念时，就提出了一个影响深远的问题："因此，我不得不跃过知识，以便得到信仰的地盘。"德文原文是这样的：Ich muß also das Wissen aufheben, um Platz zum Glauben zu bekommen。这里的 das Wissen aufheben，翻译为对知识的"限制"或"否定"似不妥当，应该结合上下文理解为：我必须越（跃）过认知这一方式，换一种方式，即信仰的方式。康德意图规定"知"的合法性范围和限度。为了智慧，为了满足人类理性的本性，满足理性本性的超越愿望，必须放弃"知"的方式，克服对现有东西的眷顾和专注，转向未来，转向对物自体这一超越目标的"信"。因为物自体不是知的对象，应该"括起来"，悬搁起来，这才是 das Wissen aufheben 的本来意蕴。非常有趣的是诺博特·费舍尔（Norbert Fischer）主编的论文集，名为《恩典学说是理性"致命的一跃"：从奥古斯丁和康德的张力看自然、自由与恩典》，这是新近国外学者对康德和奥古斯丁哲学的内在关联的一次卓有成效的探索与尝试，论文集主编费舍尔和作者们独具匠心地使用了三个基本的主题词：自然（本性）、自由与恩典，这些术语不仅对建立奥古斯丁和康德的关联是关键性的，甚至对阐释整个西方思想传统同样是基本的，更引人瞩目的是论文集的大标题：恩典学说是理性"致命的一跃"（salto mortale）[①]。

　　这是费舍尔引用康德在《单纯理性界限内的宗教》中使用过的一个拉丁文术语。康德的原文是："但是，如果这种（教会）信仰本身甚至被表象为这样子，好像它真有一种特别的力量和一种神秘的（或者神奇的）影响，好像有能力从根本上使整个人变好，那么，这种信仰本身就会被看作直接由上天授予并被注入人心的，因为这样一来，所有这一切，甚至连同人的道德禀赋，最终都是上帝无条件的旨意：'上帝要怜悯谁，就怜悯谁，要叫谁刚硬，就叫谁刚硬'，这种情况，从字面上看，就是人类理性'致命的一跃'

---

　　① Norbert Fischer（Hg.），*Die Gnadenlehre als "salto mortale" der Vernunft? . Natur, Freiheit und Gnade im Spannungsfeld von Augustinus und Kant*，Freiburg in Freisgau，2012. 下面凡引用此书，皆缩引为 Norbert Fischer（Hg.），*Die Gnadenlehre als "salto mortale" der Vernunft?* 及页码，不再注明副标题和出版社。

（salto mortale）。"①

在《纯粹理性批判》第二版序言里，在讨论现象和物自体的区分时，康德还谈到"das Wissen aufheben"（跃过知识），纯粹理论理性在经验中的使用方式就是 Wissen，即科学认知，这是"可知世界"，经验的世界，也是自然的世界，das Wissen aufheben（跃过知识）之后，理性从此进入了的世界是一个超越的超验世界、自由的世界，纯粹实践理性的领地，是"信仰"的地盘。② 在这个地盘里，包括了道德和宗教，这里不仅关涉到自律意义上的自由，也关涉到恩典意义上的自由与不朽。上述论文集讨论的问题非常值得进一步深入讨论，为什么说恩典学说是理性"致命的一跃"？

在康德看来，为了"未来的"形而上学，必须放弃近代早期哲学错把物自体当作现象来认知的那种科学思维方式，因为这种思维方式从根本上摧毁了人本己的"自然"，解构了人的理性之自然本性，因此从根本上取消了形而上学。吊诡的是，20 世纪的新康德主义在反对新黑格尔主义力图复辟黑格尔绝对唯心主义这一做法时，提出回到康德去，从而力图对康德的《纯粹理性批判》做知识论解读。这无疑是忽略了康德力图在人类理性本性和人类理性能力之间建立平衡、挽救形而上学的初衷。新康德主义的知识论解读极具反讽意味。

康德自己站在近代哲学的背景下，为了捍卫科学的形而上学（知识论），主张划清现象和物自体的界限，把现象归给科学认知，把物自体归于理性本性和道德信仰，他的工作是为了纯洁科学，把上帝从科学认知的领域"括"出去。基于这一立场，康德批评了上帝存在的本体论证明，错把该信的东西当作知（理性）的对象，但康德绝非把理性狭义化为单纯的"知"，而传统三段论推理是知的思维。在他看来，理性是广义的思。"先验辩证论"之所以是幻相的逻辑，不是真理的逻辑，就是因为上帝、自由（灵魂）、世界不是知性的对象，不是现象，而是超验的对象，是理性的理念，是物自体，因此知性也无法为之"立法"。然而，它们却同样是理性的目

① 〔德〕康德：《单纯理性界限内的宗教》AA，120f.，B177f.，转引自 Norbert Fischer（Hg.），*Die Gnadenlehre als "salto mortale" der Vernunft?*，S. 7。同时参见《单纯理性界限内的宗教》，李秋零译，香港：汉语基督教文化研究所 1997 年版，第 125 页，尤其是脚注 19 及带 * 的注释。

② 参见 Norbert Fischer（Hg.），*Die Gnadenlehre als "salto mortale" der Vernunft?*，S. 9。

标，只是不再是理性的知，而是理性之"信以为真"，因为以知的方式是无法证实其先验实在性的。换句话说，物自体领域的诸种理念是超验的本体，其实在性是先验的实在性，所以只能以实践理性这一意志活动（道德活动）达到。

我们在此插入康德哲学，旨在表明，哲学不是科学。哲学作为鲜活的哲思，是对智慧的爱，不止于认识，这种对智慧的爱是科学认知活动无法取代的，这是因为，对智慧的爱是人类理性本性的愿望（意志之第一层面的要素），而不受理性能力（认知）的局限。而且，这种爱智慧是超越性的，不仅超越自然、物理层面，而且超越心灵内在体验，是神圣的超越性。对智慧的爱，最基本的特征是超越性。换一种说法，爱智慧是一种集纯粹、自由与神圣于一身的三一之思。

既然哲学是对智慧的爱，不是科学的知，我们就没有理由说，基督教哲学不是哲学，中世纪哲学没有合法性。其实，持反对立场的绝大部分人的理由依然是以科学的思维方式看待哲学导致的。人们以为，我们既然不能说"基督教科学"，就不能说"基督教哲学"，其实这种观点是站不住脚的。基督教哲学不仅是哲学，而且扩展了哲学的外延，丰富了哲学的内涵。基督教哲学所蕴含的对智慧的爱，较之近代那种科学之科学的哲学所蕴含的对智慧的爱，无疑更本真、更丰满。在哲学之思的长河中，哲学不仅阶段性地依赖着科学，也同样阶段性地离不开宗教。毫无疑问，哲学、科学与宗教是我们理解哲学的三个主要维度。如果说，在康德哲学中这三者其实构成康德哲学的三个要素，那么，新康德主义那种把哲学肢解为知识论的做法严重有损于哲学之为爱智慧的名声。爱智慧，在基督教神学家看来，是对上帝的爱，因为上帝就是智慧本身。对基督教哲学家而言，爱智慧就是对"善生"的强烈信念，他们把"如何善生"看作爱智慧的本质和真谛。如果说，康德把现象和物自体区分开来，实现了哲学的"纯粹化"转身，那么，中世纪基督教哲学则始终在为哲学的神圣性进行辩护。

其实，我们要正确地理解康德的纯粹哲学，他把哲学的纯粹、自由与神圣有机结合起来，这种结合是区分性的结合。首先，康德实现了哲学作为科学之科学这一旧视野的革命性转向，使哲学成为"未来的形而上学"，呵护了人类理性的本性；其次，由于他区分了现象和物自体，对人的认知能力规定了范围，解决了科学知识何以可能的问题。这一做法转变了旧形而上学的思维方式，为人类纯粹理性的能力划定了界限。如前所述，康德在理性的本性与能力之间保持平衡，使哲学的纯粹性和神圣性结合起来了，其方法就是做出上述区分。自由，也因为这一区分而得以可能。既然哲学是对智慧的爱，"未来的形而上学"理所当然包含神圣的维度，中世纪哲学先行地考察了这一领域。未来的，就是超验的，是和上帝这一智慧密不可分的。只是中世纪没有进行区分，没有在知与信之间划定严格的界限。

人们可能误解了海德格尔。海德格尔确实力图澄清哲学与神学的区别，同样，他也没有在纯科学意义上理解哲学。事实上，正是出于对人类生存的终极关怀，他才对康德的《纯粹理性批判》做了存在论解读，他的生存论－存在论的哲学基底就是人的有限性。他对人的生存论诸环节的描述，就根植于人的生存的有限性。参阅《形而上学导论》中"木制的铁器"这一隐喻的上下文，我们就可以看出，他对基督教哲学的看法远比我们想象的要复杂得多。

海德格尔在讨论形而上学的基本问题时开宗明义地指出，"究竟为什么在者在而无反倒不在"是所有问题中的首要问题，这个问题"在信仰看来只是一桩蠢事"。下面的话更值得我们注意，因为它有助于我们理解究竟什么是哲学，然后去理解，基督教哲学在何种意义上是哲学。

"哲学就存在于这桩蠢事之中。一门'基督教哲学'是一种木制的铁器，是一套误解。当然，对基督教经验世界，即信仰也有一种思索和探寻式的研究，这就是神学。只有当人们不再完全相信神学任务的伟大之时，才会生出那种毁败的见解，认为神学只能经过哲学的洗礼才可成立，甚至要取代以适合时代口味的需要。对于原始的基督信仰，哲学是一桩蠢事。进行哲学活动意味着追问：'究竟为什么在者在而无反倒不在？'而这种询问则意味着，通过澄清所要询问的东西去冒险探究和穷尽在这一问题中不可穷尽的东西。哪里出现了这样的活动，哪里就有哲学。"①

这段话的关键不在于批驳基督教哲学这个概念的荒谬，而在于揭示哲学和哲思的内在关联，即 Philosophie 和 Philosophieren 之间的内在关联。追问

---

① 〔德〕海德格尔：《形而上学导论》，第 9—10 页。

"究竟为什么在者在而无反倒不在"的意思是通过澄清所问的东西来"冒险探究和穷尽在这一问题中不可穷尽的东西"。哲学是一种探险，这是哲学和神学（尤其是正统神学）最大的不同。

其实接下来海德格尔还讨论了哲学的特点，这种特点从某个方面看，也有可能和基督教哲学实现对接。

"哲学活动始终是这样一种知：这种知非但不能被弄得合乎时宜，倒要把时代置于自己的准绳之下。

哲学本质上是超时间（代）的，因为它属于那样极少的一类事物，这类事物的命运始终是不能也不可去在当下现今找到直接反响。要是这样的事情发生了，要是哲学变成了一种时尚，那就或者它不是真正的哲学，或者哲学被误解了，被按照与之无关的某种目的误用于日常需要。

从这个意义上说，哲学也就不是一种人们可以像对待工艺性和技术性的知识那样直接学到的知识；不是那种人们可以像对待科学的和职业性的知识那样直接运用并可以指望其实用性的知识。

然而，这种无用的东西，却恰恰拥有真正的威力。这种不承认日常生活中直接回响（Widerklang）的东西，却能与民族历史的本真历程生发最内在的响应（Einklang）。它甚至可能是这种响应的先声（Vorklang）。超时间（代）的东西会拥有它自己的时间（代），哲学也是如此。这样，就无法想当然地一般地确定哲学的任务是什么以及该从哲学要求什么。哲学发展的每一个阶段，每一个开端都有自身的法则。人可以说的，只有哲学不是什么，哲学不能做什么。"①

海德格尔对哲学的理解完全是标准的存在论解答。哲学是超时代性的，哲学不是单纯的知识，无论技术的还是工艺的甚或科学的，更不是实用性知识。我们甚至不能对哲学进行肯定性规定。从这些表述可以看出，以上部分海德格尔重点讲哲学的基本问题——存在论的差异，即为什么在者在而无反倒不在，阐述他自己的哲学观，借以批评传统哲学观对存在论差异的遗忘。

与其说海德格尔在此否定基督教哲学的哲学性，不如说是在讲述哲学的多样性，而且他所谓"真正的哲学"是划时代的哲学、超时间的哲学，即

---

① 〔德〕海德格尔：《形而上学导论》，第10—11页。

未来的哲学，这种特征与基督教哲学相契合。

其实，认为海德格尔关于"基督教哲学是木制的铁器"这一观点是在否定基督教哲学的合法性的人，往往在基本哲学观念上和海德格尔背道而驰。如前所述，他们往往将哲学看作科学之科学，所以抓住"木制的铁器"这一"怪胎"不放，似乎基督教哲学和基督教科学、木制的铁器、方的圆一样荒唐。

认同中世纪哲学或基督教哲学的合法性的哲学家亦大有人在。不仅20世纪30年代的法国哲学家、新托马斯主义者E. 吉尔松（Etienne Gilson）高度确认中世纪基督教哲学的哲学性①，就是当代德国哲学家库尔特·弗拉什（Kurt Flasch）也一样强调中世纪哲学的合法性。② 即便最近十余年，关于中世纪哲学的合法性依然存在各种质疑和争论。如在1997年8月于德国埃尔富特举行的国际中世纪哲学研究学会第10次大会的主题就是"有中世纪哲学吗"，讨论了中世纪哲学的合法性问题。③ 近几年来，国内学者也越来越倾向于认定基督教哲学的合法性，在奥古斯丁研究和托马斯研究方面甚为活跃。④

中世纪哲学与基督教紧密结合，表现出理性与权威（信仰）的融合特征。中世纪哲学并不缺少严格的理性思考。人究竟如何在世？信仰与理性之间究竟是什么关系？人为什么需要赞同性之思？自由意志之于人生的意义是什么？作为行为之道德根据的自由意志，和作为源于上帝恩典的意志之间究竟是什么关系？中世纪哲学曾围绕这些问题展开过异常深入的理性探索。

换言之，我们不能因为中世纪哲学的基督教性就否认其合法性，它的合法性不可能靠基督教保证，而是基于其哲学本性。哲学与基督教的关系不同于科学与宗教的关系。科学之所以和宗教对立，乃是因为科学是实证的，而

---

① E. 吉尔松对此的辩护参见其《中世纪哲学精神》第二章"天主教哲学概念的澄清"，沈清松译，上海人民出版社2008年版。

② Kurt Flasch, *Das philosophische Denken im Mittelalter. Von Augustin zu Machiavelli*, Stuttgart, 1986.

③ 〔德〕J. A. 埃尔岑：《有中世纪哲学吗?》，曾小平译，《哲学译丛》2001年第2期。

④ 黄裕生：《宗教与哲学的相遇》，江苏人民出版社2008年版。另外参见张继选《吉尔松的基督教哲学概念——神学信仰与哲学理性》，载《哲学门》第五卷第二册，湖北人民出版社2004年版。另外，近20年来，奥古斯丁研究在南京大学、北京大学、中国社会科学院和浙江大学比较活跃，托马斯研究的重镇是武汉大学。

宗教是信仰的；科学重视知识，宗教强调爱，而哲学和宗教的关系并非如此，哲学不同于科学。虽然哲学同样强调知识，重视知识的实在效应，但哲学不同于科学，因为它还要满足人类理性本性的欲求，这种欲求保证了其形而上学的超越性。正如康德所言，形而上学有科学的形而上学，也包括道德形而上学，认知和思想、知与信是哲学的两个面。考察人类认识何以可能的问题，不是形而上学的全部任务，形而上学还必须满足人类追求绝对无条件者的本体这一本性欲求，这一愿望是无法靠知识来实现的。上帝、灵魂、世界这些物自体构成康德的三大先验理念，对这些理念的考察，构成道德形而上学。这一维度表明，哲学不是科学，哲学作为对智慧的爱，表明智慧需要一种非知识的力量去爱、去呵护。正是在这个意义上，哲学与基督教可以融贯起来。

二　中世纪哲学的道德之维

中世纪哲学，自从教父时代起，就把基督教教义纳入其体系内部，把信仰和爱作为其基本前提，从而主张基督教是真哲学，真哲学也是真宗教。从伦理道德层面讲，中世纪哲学强调幸福的普遍性，强调众生平等，使哲学成为大众的哲学，而非精英的哲学。由奥古斯丁所肇始的使哲学大众化的努力，虽然披上了基督教神学的外衣，但揭开这一外衣，就会发现，这种尝试具有非同寻常的哲学贡献。这主要表现在以下两个方面。

其一，这种尝试使"爱"成为基督教哲学的基本范畴。其二，这种尝试实现了伦理价值的普世性，因此中世纪哲学具有鲜明的道德特征，其道德之维，启发并影响了后世很多重要哲学家。比如，强调实践理性优先的康德就指出："由于道德哲学与其他一切哲学相比所拥有的这种优越性，在古人那里，人们在任何时候都把哲学家同时并且尤其理解为道德学家。"[1] 他在《实践理性批判》中也把那些古希腊哲学家的实践哲学叫作智慧学。

从某种意义上说，本课题是从道德视域出发对中世纪哲学进行的一次尝

---

[1] 〔德〕康德：《纯粹理性批判》（第2版），李秋零译，载李秋零主编《康德著作全集》第3卷，中国人民大学出版社2004年版，第536页。

试性阐释。因此，我们并无意写一部断代哲学史，或断代伦理学史。我们列举奥古斯丁（St. Augustine）、阿伯拉尔（Peter Abelard）托马斯·阿奎那（Thomas Aquinas），是考虑到本课题的主导线索是意志主义的奠基、发展和演变，而深入讨论中世纪哲学阐释的一个可能性维度则是道德维度，这个维度无疑不仅具有理论本身的意义，而且极具现实意义，尤其是在这个充满信仰危机、理想主义崩溃和科学技术专制的时代。

意志主义不仅是中世纪哲学的一个基本倾向，也是我们从道德视角阐释中世纪哲学的主导线索，是道德之为道德的根据。更重要的是，本课题旨在通过这种道德阐释挖掘中世纪哲学思维方式对于当代社会的某种积极意义。在全球化时代，在这个普世主义和民族主义激烈博弈的时代，作为个体和民族的我们，如何与他者、他人和他族和平共处？在现代性、后现代和前现代三维并立的当下中国，我们该如何"取位"？启蒙与反思启蒙是我们的双重使命。在完成这种多元使命之际，中世纪哲学的道德阐释这一工作能给予我们怎样的启示？

哲学说到底和人的日常生活密切相关，无论是古代朴素直观的现象哲学还是当代严格的哲学现象学，"生活世界"都是主题。而这个问题的核心便是"在世界上"的"在（是）"问题和"应该如何在世界上"的"应该"问题。中世纪哲学提出了一种可能的选择方式。任何哲学都是一种谋划，这种谋划一旦涉及人的行为，涉及人的在世，归根结底，不可能是中立、超然的（indifferent），人的在世是一种态度性（Haltung）的在世，是一种关系（Verhältnis），甚至是一种行为（Verhaltung），而我们对中世纪哲学的道德阐释将给我们一个特别重要的启示，德性归根结底就是人的一种最佳境界（Grundhaltung），即习性（Habitus）。

中世纪哲学中的德性不再是希腊哲学范式中的"知"，而是基督教哲学范式中的"信"或者赞同性之思，即"认之为真"。因此，我们对中世纪哲学道德阐释的第一个理论成果便是实现"爱与知的剥离"。这一工作的奠基者是奥古斯丁，他宣告了古典明智德性观的终结，缔造了爱的哲学范式。爱的哲学具有普世性，爱是世界主义的，也是大众的、公共的，它宣告了精英主义哲学的终结。这一点在当代世界非常有现实意义。无论在地区、国家还是世界范围内，这种爱是我们对同一性的信仰，是乌托邦的希望。这是基督教哲学对希腊哲学思维方式的一个改造，是从知识向爱的转变。尽管道德理想主义在今天遭遇到极大挑战，首先遇到了后现代主义的种种诘难，但是，这种乌托邦希望却是人类能够共在的强大的形而上学支撑。

当然，世界也是差异的世界，民族主义是一个不争的事实，尤其和感情相关。因此，我们的道德阐释的第二个理论成果是："从爱向自由与责任过渡。"现时代，我们身处世界主义和民族主义激烈对峙的时代。如果说，信仰和希望标志着世界主义乌托邦理想对于人类的重要性，那么，人类生存的民族情感则往往推动着我们从民族、地域方面进行思考，并且极有可能陷于民族主义的泥坑。因此，我们当前的任务，就是要在世界主义和民族主义之间不断换位思考，始终保持理性的视角。这种从爱向责任的过渡，实质上是由情感向理性的过渡，是理性主义对情感主义（情绪化思维）的终结。在我们胸怀大同世界的希望之际，我们必须做些什么，去回报那个给了我们希望的"同一"。这就是责任的内涵和本源。爱是基于希望，源于信，而责任则是出于爱心。这种爱是大爱，无私的爱，超越功利，不是那种利益的博弈和理智的计算，是超越理智的，同时是超越狭隘的民族情感的。这种责任不再只是针对他人，而且是针对构成我们个体与他者的共同本源——自然。因此，责任是对自然的责任，对未来的责任，它不再仅仅是同情，而且是分担、担忧和操心，是对子孙后代的教养义务。责任不仅是对个人、家庭、国家和民族的责任，同时也是对世界和普天下的责任。今天，"身份认同"（identification）是一个全球化术语。当然，彼此认同与彼此承认是一个动态的充满张力的历史课题，过分强调认同，会导致诸如保守、排外，乃至全球性的"民族主义"浪潮。

我们知道，无论是内心的和平还是肉身的安康，无论是斯多亚派还是伊壁鸠鲁派，"人人都意愿幸福"，这本是希腊哲人的本体论信念和意愿主义基础。不同在于，基督教哲学具有信仰特色，并围绕基督教教义进行论证，论证的色彩是理性的，同时又与信仰充满张力。更重要的是，这种实践理性优先的思想，虽然深刻地表达了"人人都意愿幸福"这一自愿原则，但真正体现、实现"人人"意愿的却不是希腊哲学，而是基督教哲学，因为基督教哲学才真正使哲学发展为大众的。奥古斯丁关于基督教是真哲学和真宗教的统一的信念彰显了这一真理。后来，康德关于知与信的区分，与其说是放弃了知识，不如说是为了挽救知识的名誉，克服精英主义伦理观，真正实现实践理性优先的精神。"实践理性优先"，首先意味着"大众优先"，伦理学作为追求幸福的学说，肯定和"共同善"联系在一起，共同善又意味着与他人共同幸福。哲学向普通道德知识的回归，恰恰意味着再次朝向相信（意见）和现象（感性）世界的返回，向生活世界的回归。这种倾向意味着中世纪基督教哲学对传统希腊哲学的知性世界观的克服和扬弃，这种克服或扬弃终于改变和丰富了哲学的世界观形态，是对哲学作为一种生活方式如何可能的另类追问。

这种追问首先不是追问存在之为存在的根据，而是追问个体存在者的幸福感受，因此，这种追问首先具有道德的含义，我们的道德阐释始终围绕意志主义这个主导线索展开，因此，奥古斯丁的自由意志观念在其中自然具有优先地位，我们之所以选择阿伯拉尔和托马斯，也是因为他们在推进意志主义这一主导性观念中做出了杰出贡献。

如果把哲学仅仅看作一种知识学，看作科学，中世纪哲学的合法性当然成疑。但如果把哲学看作对智慧的爱，从智慧出发看待哲学，中世纪哲学就具有丰富的内涵，而且有待我们进一步发掘，特别是其道德哲学内蕴。我们认为，以知识论衡量中世纪哲学是一种错误的思维方式，这种看待哲学的态度本身有问题。我们必须放弃单纯认知的方式，才能进入中世纪哲学的殿堂，正如康德在《纯粹理性批判》第二版序言里所言："因此，我们必须放弃知的方式，以便得到信仰的地盘。"只有放弃这种思维方式，把知识悬置、存疑起来，才能废除一切精英论哲学和各种天才论，才能使哲学成为大众的哲学。

从这个意义上说，康德对知与信（思）的区分，是有历史作为其逻辑前提的，古希腊哲学向中世纪的转变、文艺复兴向理性宗教的转变、现代性向后现代的转变，就是这种建构与解构、独断与怀疑之间的互动，在这众多转变中，古希腊向中世纪的转变是最富革命性的。因为，这是一次思维方式的哥白尼式转折。知识和思想的区分，自然向自由的转变，不仅是由外而内的转变，而且是由内而上的转变，是"奔向永恒"，是心灵向上帝的开放，是"衷情"。因此，中世纪哲学所谓自由不仅是和必然相对，而且是和人的安全相关，是一种心灵无所牵挂的自由自在状态，类似于虚怀若谷的那种自然境界。

中世纪哲学是围绕基督教基本教义展开其理性论辩的，因此原罪、救赎、神正论等，都是核心论题。在为这些论题辩护中，发展出中世纪最重要的哲学思想，而这些哲学思想又构成中世纪道德世界观的实质性主题——"正当生活"。这个主题不再是单纯的幸福生活指南，也不是普通的道德教育手册，而是关于道德之为道德的终极论证。

"正当生活"的实质是绝对命令，这个命令源于上帝的圣言，出自原罪之后的惩罚，从被给予的自发性到获得性的自觉，命令逐渐获得了道德的意蕴。在"应该"与"事实"之间，"应该"始终被摆在首要位置。这个命令不仅是道德的，而且是法则性的，道德观的标志是正当生活。中世纪道德观始终以追求共同善和共同幸福为旨归，因为与他人"共在"体现了基督教自然法的根本规定，自然法是普世伦理的客观道德法则。中世纪道德世界观的思维空间就是在基督徒和非基督徒之间对话，在哲学与基督教之间互动。中世纪哲学何以是道德哲学的根据就在于意志的自由决断。中世纪道德世界观昭示我们，爱是一种生活态度，更是一种思维方式。奥古斯丁说"有多少力量，就有多少爱"，反之，有多少爱，就有多少力量。所以，柯普斯登（Frederick Copleston）才说，奥古斯丁的伦理学就是一种道德理论。① 简言之，探究中世纪哲学的道德之维，必须和意志自由联系起来考察，上帝赋予人自由意志，目的就是让人能"正当生活"。

总之，"正当生活"（善生）是中世纪哲学的道德阐释之最重要环节。

三　中世纪道德哲学的阐释框架

中世纪道德观具有其基督教本源，一是原罪论，二是神正论。毋庸讳言，中世纪哲学的道德阐释建立在对基督教原罪论的哲学分析之上，而基督教的原罪论又和神正论紧密结合，也就是说，原罪论的目的是证明上帝的正义。因此，这种基于信仰的神学原罪论和基于证明的哲学原罪论交织在一起

---

① 〔英〕柯普斯登：《西洋哲学史》第二卷，庄雅棠译，傅佩荣校，台北：黎明文化事业股份有限公司 1988 年版，校订者序言。

了，哲学和神学两个维度是我们讨论基督教原罪论必须遵守的两个"视界"。

在西方哲学史上，对原罪论做哲学阐释最早也最为有名的是奥古斯丁，他对原罪的阐释集中在罪恶的起源问题上，在这个阐释中剥离出自由意志观念，对后世哲学产生了深远影响，同时，这种阐释造就了基督教传统的神正论。原罪既然来自人的自由决断，就与上帝无关。关于中世纪道德观的基督教本源，我们在后面第二章中将围绕奥古斯丁的《自由决断》再对中世纪道德观的哲学基础展开详尽分析。

在基督教的原罪论和神正论中最重要的思想信息是，人秉承上帝的恩典，然而恩典不完全。上帝的恩典象征着上帝的正义，恩典的不完全不仅没有削弱上帝的正义，而且还为"人义论"设置了根据。这一纲领规定了西方思想的基本范式，在随后的各章中我们将始终贯彻这一纲领。正是基于原罪论和神正论，"爱"才在中世纪道德世界观中赢得主导地位。如前所述，中世纪哲学的道德阐释之第一个理论成果就是实现了爱与知识的分离，完成了从明智到爱的转变，同时也宣告了中世纪道德观从自然德性向超自然德性的转变。在信、望、爱三种超自然德性中，爱无疑是核心。我们还要指出，爱不仅是一种超自然德性，构成中世纪道德观和伦理学的本质——爱的伦理学，而且爱也是一种思维方式，这是中世纪基督教哲学对古希腊哲人关于"爱智"的一次鲜活、大众化诠释，爱不仅是一种理论思辨，而且也是一种人生观，是一种"世界智慧"。爱与自由同一。爱是服从，是对永恒之事、永恒法则的遵守，这种服从与遵守给人带来了安全、确定感和自由，最终，它呵护了人的幸福。

爱在本质上是对上帝的爱。爱上帝，爱人如己，这是中世纪道德观的第一原理。道德原则是爱上帝，恶的原则是背离上帝，奥古斯丁曾经把爱上帝以藐视自己的人组成的城邦叫作上帝之城，把爱自己以藐视上帝的人组成的城邦叫作人间之城，前者是耶路撒冷之城，后者是巴比伦之城。两种人、两种爱，构成两座城。而世间或世界就是这两种城邦进行斗争的场所。只有爱上帝的人，内心才会充盈对邻人的爱，"爱上帝，爱人如己"，这条道德诫命构成基督教的金规则的基石。中世纪道德哲学最根本的特征就是"爱"的哲学，这种"普世之爱"是基督教哲学的独特本质，是其赖以和古典哲学伦理学区分开来的标志。

中世纪道德观还有世界观基础。中世纪世界观首先基于基督教的"世界"概念。在基督教式的世界领会中，世界不单单是自然世界（Welt），而且是一个受造整体（Geschöpfung）。这个概念表明，基督教世界观中的世界是"受造的"，是上帝创造的世界。世界是一个有开端的时间性概念，这意味着基督教的世界观和创造相关，与希腊的永恒世界观相对。这种创造的世界一方面和上帝相关，另一方面和人有关。世界、时间、人的自由是同一个层面的东西。基督教的世界观之所以是一种道德世界观，有两方面的原因：一是创世的目的是让人正当生活；二是人的原罪，即自由决断开启了恶。从神学角度看，世界是上帝创造的；从哲学角度看，世界是通过人的自由决断开显的，"在世存在"意味着"自由地存在"。封闭的世界和开放的世界，这种二重性是基督教世界观的特征。因此，世界，顾名思义，就是"去在世"。中世纪哲学旨在强调人在世的根据——自由，规定自由的界限。

基督教世界观首先源自上帝创世论，上帝的创世是"从无中创造"（creatio ex nihilo）。世界有一个开端，有一个本源，或"元始"。上帝"说"有光，就有了光。太初有道中的"道"即圣言，"圣言"创造世界。正如圣经中也说，"起初，上帝创造了天和地"。那个"起初"（in principio）不是时间上的"在先"，而是原始、始基。上帝创造世界是从自身出发进行创造，上帝的创造是从无到有，那个"无"（nihil）和这里的"元始"（principium）是同一个东西。因此，无中创有的"无"就是道本身，上帝从自身出发创造世界，"由自己"创造世界，是中世纪世界观所特有的，是从无到有，告别了希腊传统的那种"从有到有"的世界观。这种无中创有表现出上帝意志的绝对自由。

从自身出发，是古希腊哲学的一个核心观念，从笛卡尔到康德，从黑格尔到海德格尔，一直在传承着哲学的希腊性，而哲学的希腊性就是哲学的本源，哲学的本源乃是思的事情，这个思的事情，就意味着思之自身性。哲学的希腊性或者向希腊的回归，意味着思的自身涌现，即那个 physis。但是，无论是笛卡尔还是康德，一旦拘泥于主体（人）视域，就很难真正回归自身性。海德格尔试图从 Dasein 出发，讨论存在本身，表明海德格尔对希腊之思的深刻眷恋，因此他的存在论是回归存在自身的道路之思，也就是说，思想的自身性回归要求绝对地从自身出发，这是海德格尔思想的伟大之处。

　　可是，思想（人的思想）真的能够从自身性出发吗？基督教哲学对原罪论的阐释已经剥离出一个影响西方后世哲学的不衰观念——人的有限性。有限的人真的能够从自身出发吗？真正能够绝对地从自身出发的，不是人，而是神，特别从世界观的角度看，世界的产生是一个绝对的自由事件，自由开创世界，世界的开端和自由密不可分。或者说，上帝创世这一事件，不仅把自由和世界的开端必然联系起来，而且也把康德的四个二律背反在创世问题上结合起来了。康德说，知识始于经验，但不源于经验，按照基督教，上帝自身是永恒的，上帝创造世界看上去是有开端的，但这里的开端并非时间性的，而是永恒的。我们可以类比康德的说法，世界从开端开始，但并非源于开端。关键是对"开端"的理解，我们这里要把握的开端是一个绝对的逻辑起点，是纯存在，是无，是道，是元始。从无到有的核心是创造，是自由，而且是从上帝自身看的绝对开端，从自身出发，这是最重要的哲学信息，自由是存在（生存）的根据，存在者与存在的关系，是从是到是其所是。这里可能的伦理信息是：上帝的绝对意志和人的意志的关系，是命令和服从的关系。这也是中世纪存在论的核心问题。

　　"在世"在本质上是一种意志活动。基督教世界观之所以是一种道德世界观，就在于这个世界离不开善恶的区分，离不开行为的区分。只要人在世界上存在，一定是以某种态度存在于世界上，这种态度就是行为，而且是根本行为，是一种处世方式，是德性，也是境界。在中世纪哲学世界观中，世界之为世界的根据是上帝，这种观点不仅是创世论，而且也是一种存在论。存在乃是善的存在。正如奥古斯丁所言："每一个实体（或善的事物），要么就是上帝，要么是从上帝而来。"① 自由意志理论不仅是道德哲学的基础，而且是中世纪哲学、存在论、形而上学本身。苏格拉底的美德即知识的论点，是以其善本体论为承诺的。苏格拉底的善本体概念与基督教的存在概念

---

　　① 〔古罗马〕奥古斯丁：《论自由决断》Ⅲ 13：36。该书拉丁文版为 *De libero arbitrio*（col：1219 - 1319），J. P. Migne, *Patrologia Latina*, Paris, 1841；英文版，Augustine, *On Free Choice of the Will*, trans. by Thomas Williams, Hackett Publishing Company Indiana Polis/Cambridge, 1993；德文版，Aurelius Augustinus, *Der freie Wille*, Driite Auflage MCMILXI, 1961, Verlag Ferdinand Schoningh - Paderborn, 1962（以下引用该书只注明 Augustinus, *Der freie Wille*）。中文版《独语录》（含《论自由意志》），成官泯译，上海社会科学院出版社 1997 年版。《论自由决断》是笔者的译名，下面凡引用该书时只注明《论自由决断》及卷、章、节，不再注明版本。与中译本引文不同时，均参考其他版本酌情改动。

之间存在关联。成善或为善，之所以构成中世纪存在论的道德属性，是因为意志的自由决断。奥古斯丁在论述"恶的起源"时指出，自由只有与善相关，才是真正的自由。沈清松在翻译 E. 吉尔松《中世纪哲学精神》第十五章的注释后写了个译者按，其中一句诠释很传神："士林哲学认为自由意志应该选善才算自由，若选恶则只会弱化意志，使其成为罪恶之奴隶，而不得自由。"① 世界的善关乎伦理的至善，关乎善的实现，而自由意志具有奠基作用。

　　从存在论或本体论意义上说，中世纪的存在论立足上帝论或"大有论"，即《出埃及记》（3：14）中"我是我所是"的"是论"。然而，这种上帝论的存在论，只是中世纪道德世界观的基础，还不是善本体论本身。因为中世纪存在论的道德属性是告诉人们如何正当地生活。上帝恩典给予一个必然的世界，这本身还不具备道德属性，只有通过自由决断开出一个开放的可能世界，一个时间性的、属人的世界，这个世界才真正有道德属性，因为道德与否与人的自由决断相关。换言之，中世纪道德世界观需要一个理性的开端（Ansatz），一个善恶的区分，而区分根据就是意志的自由决断。E. 吉尔松也说："天主教哲学提供我们意志行为的自发性的观念，以这种意志的自发性对于真和善的能力，而使人成为自由的。这个观念远比我们在上古哲学中所能找到的，还要丰富，还要圆融。"②

---

① 〔法〕E. 吉尔松：《中世纪哲学精神》，第 404、251 页。
② 〔法〕E. 吉尔松：《中世纪哲学精神》，第 259 页。

第 一 章

爱的哲学

中世纪哲学是对基督教教义的合理性论证，因此具有鲜明的基督教信仰特色，这是从理论基础和价值观上看。如果从内容上看，中世纪哲学也是对智慧的爱，智慧就是上帝，爱智慧也就是爱上帝。本章探讨的核心问题是：中世纪的这种智慧之爱究竟如何与人的现实生存紧密结合；通过"爱上帝、爱人如己"这一金规则，人究竟如何与他人共在；如何从知识之镜向生存之镜嬗变。因此，中世纪的善恶观首先是一种存在学说。

中世纪哲学道德阐释的首要目标是摆明：奥古斯丁作为奠基者，其首要贡献便是实现了爱与知识的分离，完成了从明智到爱的转变，同时也宣告了中世纪道德观从自然德性向超自然德性的过渡。在信、望、爱三种超自然德性中，爱无疑是核心。爱是一种超自然德性，构成中世纪道德观和伦理学的本质——爱的伦理学，同时，爱也是一种思维方式。这是中世纪基督教哲学对古希腊哲人关于"爱智"的一次鲜活的大众化诠释，爱是一种理论思辨，也是一种人生观。本章指出，奥古斯丁首次宣告了爱与自由的同一。爱是服从，是对永恒之事、永恒法则的遵守，这种服从与遵守给人带来了安全、确定感和自由。最终，它呵护了人的幸福。爱在本质上是对上帝的爱。善的原则是爱上帝，恶的原则是背离上帝。只有爱上帝的人，内心才会充盈对邻人的爱。这条道德诫命铸造了基督教的金规则。

简言之，中世纪道德哲学一个最根本的特征就是"爱"，这种"普世之爱"是基督教哲学的独特本质，是其得以和古典哲学伦理学区别开来的标志。

第一节　从美德之知到生存之信

奥古斯丁（354—430）对伦理特别感兴趣，这可以从他大量的神学著作中体现出来。科内利乌斯·迈尔（Cornelius Mayer）引用了《为灵魂担忧的人——奥古斯丁的道德神学著作德文全集》中的大量作品，据此把奥古斯丁的伦理学概括为"以神为中心的伦理学"[1]。我们认为，这种观点不是特别恰当，因为奥古斯不单纯考虑伦理学问题，更讨论伦理学的基础问题。这种奠基工作，主要体现在他的一些富有哲学思辨的著作中，比如《论真宗教》《上帝之城》《论自由决断》等。不过，我们赞成迈尔的另一个论点"奥古斯丁的伦理学不单单基于圣经，同样也基于他的哲学前提，因此才是一种以神为中心的伦理学"[2]，这尤其表现在他关于爱的观念中。我们首先从奥古斯丁对希腊德性观的检视开始。

一　对希腊知识论美德观的检视

众所周知，希腊古典哲学的巨擘苏格拉底有句名言"美德即知识"，近代哲学的奠基人之一培根则吹响了科学的号角——"知识即力量"，德国启蒙主义大师康德则信奉"德性是意志的道德力量"，这三句名言恰恰构成一个三段论推理，它们分别代表了西方历史上的三个时代：理性时代、科学时代与启蒙时代。事实上，从古至今，人类对此类理智乐观主义的反思从未中止。新近的有后现代伦理观，形形色色的科学主义的批评家，最著名的莫过于 G. 安德尔斯和 H. 约纳斯（Hans Jonas），往前有尼采（Nietzsche）、康德的同时代人 J. G. 哈曼（Johann Georg Hamann），再往前有马基雅维利（Machiavelli）。当然，真正开启这一深度反思之路的除了希腊晚期怀疑派那批解构者外，发起建设性反思的当首推中世纪哲学之父奥古斯丁，他是人类思想史上解构理智主义独断论的鼻祖，他首次将基督教原罪论的阐释和意志

---

[1]　Cornelius Mayer（Hg.），unter Mitwirkung von Alexandr Eingrub und Guntram Föerster, *Augustinus - Ethik und Politik, zwei Würzburger Augustinus - Studientage*, "Aspekte der Ethik bei Augustinus"（11. Juni 2005），Würzburg, 2009, S. 17. 以下凡引此书只注明 *Augustinus - Ethik und Politik* 及页码。

[2]　*Augustinus - Ethik und Politik*, S. 17.

的自由决断联系起来，实现了基督教与哲学的对接。基督教原罪论不仅是一种关于善恶的道德理论，而且是一种生存论－存在论。中世纪的存在论在上帝论的意义上把存在、一、真和善真正统一起来，基督教的存在概念也是融真、善、一于自身之中，把存在论（本体论）和认识论、伦理学统一起来了。

道德首先是一种不变、必然、永恒的真理，正如 E. 吉尔松总结的那样，"道德的真理和思辨真理一样，也是不变的、必然的和永恒的"①。道德真理与思辨真理一致，人们对真理的认识需要上帝的光照，德性也需要上帝的神圣光照。"因此，存在一种关于德性的光照，正如存在一种关于科学认知的思辨光照一样。换句话说，对于身体，通过数进行自然光照，对于心灵，通过知识进行思辨光照，通过德性对心灵进行道德光照，具有同样形而上学的解释。"② 当然，对幸福生活而言，只有道德良知和德性知识，还是不够的。③

奥古斯丁基督教道德观的资源有两个宝藏：一是圣经；二是希腊哲学，特别是新柏拉图主义。他继承古代哲学观念，将伦理至善作为目标，至善使我们幸福。他也相信希腊哲人的本体论承诺——人人都意愿幸福，向善是人的本性。换句话说，欲求幸福是人的内在本质，幸福是一种客观的舒适状态，一个人不管是通过欺骗，还是通过自我毁灭得到，说穿了就是对欲求的满足。只是奥古斯丁不满于此，他对希腊的至善道德观进行了一次基督教式的转换，并因此宣告了古典知识论伦理学的终结。这首先源于他对至善的崭新理解。

世俗的幸福不是至善本身，真正的幸福只在来世，只有在上帝和圣人的陪伴下，幸福才是可能的。我们无法做到自己使自己幸福，我们最多希望在来世得到幸福的奖赏。幸福是上帝的恩典，也是美德的礼物，而不是我们能通过自己的资源或独立的德性获得的。幸福不是获得性的，而是上帝的恩

---

① E. Gilson, *History of Christian Philosophy in the Middle Ages*, Random House, New York, 1954, p. 77.

② E. Gilson, *History of Christian Philosophy in the Middle Ages*, p. 77.

③ 〔英〕A. S. 麦格雷迪编《中世纪哲学》（英文版），三联书店 2006 年版，特别参见第 232 页以下 Bonnie Kent 的文章 "奥古斯丁与古典伦理学"。

典，所以奥古斯丁主张，真正的美德根源于上帝所赐的仁爱，即被保罗（Paul）在《哥林多前书》中所颂扬的爱。

奥古斯丁不仅坚持从基督教立场出发改造古典的至善和幸福观，而且也主张一种崭新的德性观。异教徒能够提升个体的善，甚至是他们共同体的善，因而获得所谓"公民"美德。但这些德性是派生的，而非真正的美德，甚至和真正的美德相比，仍是恶。也就是说，即便是共同体的善，只要是出自人自身的利益，都不能说是真正的美德，只能是从属性的、第二性的、派生的德性。无论斯多亚派，还是伊壁鸠鲁派，就他们主张按照人自己生活而言，都有悖于上帝的爱，因为按照自己生活将有损于按照上帝生活。按照上帝生活还是按照人自己生活，二者之间存在本质差异。从一开始，奥古斯丁就力图区分传统知识论伦理学和基督教的爱的伦理学，二者的区别是自律和他律的区别，奥古斯丁力图以这种爱的哲学终结希腊传统的自主的知识论伦理学范式。

在伦理学史上，奥古斯丁是首位致力于为基督教伦理学奠基的哲学家，对后世产生了深远影响，M. 豪斯凯勒（M. Hauskeller）指出，"中世纪伦理学是从奥古斯丁开始的"①，这个评价是比较中肯的，奥古斯丁继承了柏拉图（Plato）的遗产，在道德理论上首先与传统的"幸福论"划清了界限。

柏拉图坚持认为，幸福取决于德性。在《理想国》中，他基于知识论立场，探讨了善、德性（正义等）与幸福的关系。爱智慧的人拥有最高的快乐，因而是正义的，他们的生活也最幸福，"与知道真理永远献身研究真理的快乐相比较……别的快乐远非真正的快乐"②。奥古斯丁认为，"在理论哲学上，柏拉图哲学最接近基督教"③。在《斐利布篇》中，柏拉图将"善"和"善生"联系起来，讨论人生中的至善究竟是快乐还是知识这一问题。他的结论是，知识高于一切快乐；而在一切肉体的和灵魂的快乐中，"知识是最高的快乐"④，知识高于一切感官享受。虽然柏拉图的观点在这两

---

① M. Hauskeller, *Geschichte der Ethik. Mittelalter*, Deutscher Taschenbuch Verlag, München, 1999, S. 7. 以下凡引此书仅注明 M. Hauskeller, *Geschichte der Ethik. Mittelalter* 及页码。

② 〔古希腊〕柏拉图：《理想国》，郭斌和、张竹明译，商务印书馆 1986 年版，第 368 页。

③ *Augustinus, über die wahre Religion（De vera religione）* Ⅲ 3, Lateinisch/Deutsch, Zürich, Artemis Verlags AG, übersetzung und Anmerkungen von Wilhelm Thimme, Nachwort von Kurt Flasch, 1962. 以下凡引此书一律只按照《论真宗教》并注明章、节，不再注明版本。

④ 参见苗力田主编《古希腊哲学》，中国人民大学出版社 1989 年版，第 355 页。

部书中不尽一致，但有一点是相同的，善，或者关于善的知识，是幸福的标准或尺度。

亚里士多德（Aristoteles）在《尼各马科伦理学》第一卷中指出，相比享乐的生活与政治的生活来说，思辨、静观的生活最幸福，幸福是终极的和自足的，它是一切行为的目的。从功能看，理性活动是人所固有的。所以他说，"这种自足由合乎德性的实现活动来实现……最高善就是最完满德性的实现活动，幸福不是现成的，而在实现活动之中"①。不过，相对而言，亚里士多德的幸福观对奥古斯丁的影响要小，因为亚里士多德的德性论中掺杂了幸福论成分，奥古斯丁更多的是秉承柏拉图主义传统。

奥古斯丁反对伊壁鸠鲁派的快乐主义观点："人的至福要在肉体中寻找到，把希望寄托于自己。"②斯多亚派反对盲目追求快乐，重视精神的内在超越，主张禁欲，例如，新斯多亚派的代表塞涅卡（Seneca）认为，快乐必须以自然为导向，快乐不是目的，缺乏德性指导的快乐是盲目的。塞涅卡的观点更接近基督教，但仍与基督教幸福观不同。在奥古斯丁看来，按照自然生活，就是按照人自己的意愿生活。无论他们怎样为了过上幸福生活而殚精竭虑地锤炼德性，其德性都是世俗的德性，它违背了基督教"按上帝生活"的原则，仍没有摆脱"德性即知识"那种极端理智主义窠臼。基督教的伦理学是爱的伦理学，强调的是对上帝的爱。幸福生活不是自我满足，而是恩典满足人。所以，奥古斯丁既不同于亚里士多德的理性德性论，也不可能同意康德的理性－意志德性论，康德认为，自身幸福就是"对自身状况的满足"，他人的幸福，就是对他人状况的顾及，也就是他所说的责任原理："我只需询问自己：你愿意你的准则变为普遍规律吗？如若不是，这一准则就要被抛弃。除非愿意自己的准则变为普遍的规律，否则就不应行为。"③德性论强调理性的自我完善和超然外物的自由，在目标上和基督教道德具有一致性。然而，只要德性论固守理智主义，以知识论为前提，就不能确保人

①〔古希腊〕亚里士多德：《尼各马科伦理学》，苗力田译，中国社会科学出版社1999年版，第11页。

②〔古罗马〕奥古斯丁：《讲道集》150，7.8，转引自〔英〕柯普斯登《西洋哲学史》第二卷，第114页。

③〔德〕康德：《道德形而上学原理》，苗力田译，上海人民出版社2002年版，第19页。

的幸福，不能保证德性的完善和完满，换句话说，这样的德性并不意味着真正的福乐。所以改造和超越德性论，建立基督教"爱"的伦理学就是奥古斯丁的迫切任务。

希腊德性论的缺陷在于，对道德主体（人）的自我完善能力缺乏明确反思，盲目相信理性对感性物和感性欲念进行控制和超越的可能性。这样的理性何以能成为区分善恶的标准，从而成就德性呢？奥古斯丁在一定程度上指出了希腊"德性论"面临的这一困境，并揭开了西方思想史上对理性的有限性进行深度反思的篇章。

二　对摩尼教二元论的批判

奥古斯丁的爱的哲学和摩尼教学说关系比较复杂，但在本质上是冲突的，尤其自从他皈依基督教后，众多著作都以批判摩尼教为己任。例如，其哲学代表作《论自由决断》和《忏悔录》第 11 卷就围绕罪恶的起源和上帝的创造问题，集中批驳了摩尼教学说，从而形成了对后世有重大影响的自由决断学说和"时间问题"。

摩尼教学说是波斯人摩尼（Mani, 216 – 276）创建的。摩尼是光的使者，他把人类从被囚的状态下解放出来。按照摩尼的理论，人是堕落世界的异乡人，整个身体，包括他自己的肉体和肉体的冲动都属于这个堕落的世界。我们生活期间的世界产生于两个相互独立的王国之战斗，这就是光明王国和黑暗王国。光明和黑暗是原初的原则，纯粹的善和纯粹的恶是绝对分离的。光明自我满足、安分守己，从不贪婪任何其他的东西，只喜欢和黑暗保持永久的本源性分离，而黑暗总是要受到永无止境的毁灭性的贪婪驱使。追随这种贪欲，黑暗转向光明，试图毁灭它。因为光明由于其纯粹的善而缺乏黑暗的毁灭怒气，因此它在斗争中输给了黑暗，并且牺牲自己一部分纯粹的善，以免完全毁灭。这样，黑暗成功地吞噬了部分的光明，结果非组合性的东西，善和恶，光明和黑暗相互混合了。宇宙就产生于这种混合，在宇宙中，光明部分作为灵魂依然被囚禁在这个隶属于黑暗的身体世界，直至它们某个时候再次从中摆脱出来，光明再次完善起来，最终与黑暗分离。

当然，灵魂终究要回归光明。这种神话被看作对世界之受造性的唯一理性解释。① 物质世界是恶的大本营，不可能是由上帝创造的，因为上帝是善的，世界是恶的。恶并非来自上帝，恶源于物质实体，这就是摩尼教的外在论的神正论，与基督教关于恶来自心灵的意志决断、与上帝无关的内在论的神正论有别。

不仅上帝是善的，与恶无关，人的灵魂也是善的。恶究竟从何而来？摩尼教之所以不同于基督教，就在于它主张："恶是一种独立的力量，它主动阻止善的自我发挥。只有这样，世界的状况才能得到解释。"② 这种观点在今天看来是一种奇怪的神话学，但它依然是那样有诱惑力，致使青年的奥古斯丁也一度被它吸引。摩尼以一种直截了当的笔锋叙述了一个关于世界的童话，世界的这一边是善，另一边是恶。按理性的诉求，除了善就是善、恶就是恶之外，还有什么可能比这更清楚明白呢？摩尼教坚信，上帝完全纯粹，他的彼岸性，也远比易怒的、易生嫉妒的本性更正当，似乎被犹太人和传统基督徒神圣化了的旧约中的上帝就有这种本性。在摩尼及其信徒看来，上帝得到了他应得的完美称颂，但是，不仅善被赞许，恶也是，被解释为一种起主动作用的、完全独立的力量。摩尼教考虑的是在充满敌意的世界中一种任人摆布、听天由命的感觉，一种面对内在冲突的无奈和被强迫的体验，一种面对根本不想却不得不做的事时那种无能的感觉。在摩尼教看来，古典世界中有秩序的宇宙存在一条穿越人本身的深刻裂痕，人自己的亲身经历就是一个善与恶进行角斗的战场。

摩尼教面临的问题是：上帝既然是善的，恶是一种完全独立于上帝的本源力量，可以逃脱上帝的命令，如果恶享有世上如此权力，上帝面对它无可奈何，他只能费力地保护他的国度免受恶的危害，那么人怎能期望上帝的拯救呢？这和传统的上帝观是相抵触的，上帝面对恶的统治，似乎无能为力。而一个（或多或少）无能的上帝对寻找拯救的人而言，肯定是不理想的。正如摩尼教的光明之神，直接受黑暗限制。绝对神性的事物怎么能陷于困境呢？本来，一个十全十美的上帝从来都不会被恶战胜。如果上帝真是完美无缺的，那么，作为独立起作用的恶根本不可能存在。但是，

---

① 〔德〕H. 约纳斯：《诺斯替教与晚期希腊罗马精神》（第二版），哥廷根 1954 年版，尤其是第一部分《神话学的诺斯替派》，第 284—320 页。参见 M. Hauskeller, *Geschichte der Ethik. Mittelalter*, S. 19。

② M. Hauskeller, *Geschichte der Ethik. Mittelalter*, S. 19.

世界现在看上去像人所经历的那样，仿佛很可能存在这种恶的力量。如果上帝不仅是善的，而且还拥有支配世界的力量，世上的恶究竟从哪里来呢？

鉴于摩尼教面临的困境，奥古斯丁认为，最紧迫的哲学问题首先在于寻找到一条道路，使罪恶的经验和上帝完美无缺这一信仰一致起来。既然上帝的存在本身不是问题，那么，理解上帝和罪恶的关系就只有三种可能：第一，如果上帝是全能的，恶是现实的，恶就肯定来自上帝，上帝不可能是善的（上帝的全能与全善割裂）；第二，如果上帝是善的，恶是现实的，上帝就可能不是全能的（上帝的全善和全能又是相抵触的）；第三，如果上帝既是全能的，又是善的，那恶就不可能是现实的。

第一种可能性，从一开始就不在考虑之列，因为上帝只能被看作善的（这是基督教正统的神正论），肯定是善本身。上帝的全善是首要的。第二种可能性是摩尼教发展出来的，奥古斯丁大概坚持了很长时间，但最终由于它与上帝的完美无缺无法统一而被放弃。因此，只存在第三种可能性，但奥古斯丁不愿意正视它，因为这似乎和世界上的恶的体验相矛盾。

奥古斯丁一开始未经认真斟酌，就和摩尼教断绝了关系，暂时成了怀疑派。公元386年，他对普罗提诺（Plotinus）和他的学生波菲利（Porphyry）的新柏拉图主义进行研究，才使他最终放弃了怀疑论立场，继续寻求智慧。摩尼教徒从恶的经验出发，从具体的、直接经验到的世上苦难出发诘问：在世界上，恶占据了这样的现实性，一个世界会是怎样一个状态？摩尼教由此走向二元论。作为新柏拉图主义者的奥古斯丁，现在直接开辟了一条相反的道路。他把神的完美性（完善）当作牢不可破的前提，据此认为，对恶的本性而言，这个前提将会导致怎样的结论。因此这个诘问现在就成了这一问题：在上帝是完善的这一前提下，该如何来解释恶的经验？

我们论及奥古斯丁和摩尼教的关系，目的是引发人们注意一个在西方历史上一直被追问和回答的"神正论"问题："上帝既然是善的，恶究竟从何而来？"这个问题不仅对理解奥古斯丁的原罪论有极其重要的意义，同样有助于间接理解奥古斯丁的传统神正论和汉斯·约纳斯的现代神正论之间的传承与转换关系。

三 对新柏拉图主义的继承

新柏拉图主义坚持一元论的世界观。这是奥古斯丁借以终结摩尼教善恶二元论的哲学基础。按照普罗提诺，我们生活的完全多样化的世界是由不变的、不可分的"太一"产生的。"太一"就是柏拉图善理念的变体。[①]它的完满和力量是如此强大，"以至于仿佛它是充盈的，而自身没有改变或者无论怎样都丝毫没有减损，阶段性地通过流溢（emanatio）从自身中创造出现存的世界"[②]。这样，伴随存在性的降低，相继产生了精神和内含于精神的理念、世界灵魂、个别灵魂，最后形成质料的物体。由于这些物体距离流溢的太一最远，比较而言，它们就是无。这些相对的非存在者，按照普罗提诺的观点，正是我们称为恶的东西（Böse）或者坏的东西（Schlechte）："既然不单存在善，对出离善，或者如果人们愿意这样说，对不断向下的、偏离的过程来说，就必定存在一个最后的东西。而这个东西，在它之后实在不能有别的东西形成了，它就是恶。"[③]但是，既然一切物体已经有一个形式，并且因此分有"太一"和善，它们其实就不能被看作虚无。既然任何东西无论怎么说都是有形式的，因此分有了构成的形式原则，世界上就不存在绝对的恶，只能说它的善要少，因为一切存在的东西，就其存在而言，都是善的。

"首要的和自在的恶"，对普罗提诺来说，是无形式、混沌的物质，但这种完全的"无形式"是一个单纯界限概念，这个界限概念接近于"纯粹的无"。我们只能在一个非本真的意义上说，物质存在着，因为它们的存在实际上就是它们的非存在。只有总是已经形式化的物体才是存在的，那些无形式的、混沌的物质就其分有物质而言，普罗提诺称为"第二种恶"，因此在不断变化中，避免被进行赋形的理念完全控制，因而疏离了完全的存在。[④]可是，如果物体也因其形式而存在，它们的恶就不属于"存在的事

---

① M. Hauskeller, *Geschichte der Ethik. Mittelalter*, S. 22f.

② 〔古罗马〕普罗提诺：《九章集》Ⅳ.8，转引自 M. Hauskeller, *Geschichte der Ethik. Mittelalter*, S. 23。以下凡涉及《九章集》均为转引自该书，不再注明。

③ 〔古罗马〕普罗提诺：《九章集》Ⅰ8.7。

④ 〔古罗马〕普罗提诺：《九章集》Ⅰ8.3/4。

物"，而"在一定程度上就是非存在的一种形态"①。因此，"恶不是肯定的东西，相反是存在的缺乏，存在的一个单纯图像，恶不是形式，而是缺乏（privatio）"②，即不是存在，而是存在和善的缺乏。恶是无度状态，是事物的无限制和无形式，简言之，恶不再是独立于善的本源力量，而是善的缺乏，这是普罗提诺的一元论存在观。"恶是善的缺乏"，是新柏拉图主义借以克服摩尼教善恶二元论的利器，奥古斯丁后来完全继承了这一观点。

在普罗提诺看来，这种缺乏意义上的恶，不仅是必要的，而且也是善的，这种缺乏是从太一产生的整个世界必然固有的，尽管程度有所不同，"因为多样化的世界并非太一，因而比太一更低级、更微弱，太一是完美无缺的"③。只是通过把存在逐级分层，从绝对的太一一直向下分到有形的物质，才出现了一个普遍的世界，因为世界就是宇宙，是秩序，秩序是有等级的，但等级只存在于一个事物比另一个事物更坏的地方。我们当作恶体验到的东西，即存在的缺乏，对于一个有秩序的世界而言必要的，以至于这种恶不能归咎于世界或者太一，就世界存在而言，也有存在的等级划分，因此存在相对的恶。

按照普罗提诺，这种缺乏是不可避免的，因为世界是构成性的，准确地说，甚至是某种善的东西。如果我们不是一厢情愿地看待主观想象的恶，或者"不好"，而是在整体关联中去看待它，我们就会明白，"世界若没有恶，并不比现在的情况更好，相反会更糟糕"④。宇宙由于缺乏而美丽，通过善恶比较，善会更加清楚地显露出来，就像在一个剧本中，英雄与常人、卑微人物的区别越强烈，他就显得越崇高、伟大。一个只有善的世界，即便它可能存在（其实不可能有这样的世界），"它在审美上也是索然无味的，就如一部由一些兴高采烈的英雄们组成的悲剧那样"⑤。普罗提诺选择的比喻富有启发性，因为它清楚地表明，审美的和伦理的标准互相交替，或者根本无法一下子把它们彼此分开。美的和善的东西常常是同一个东西。正如在柏拉

---

① 〔古罗马〕普罗提诺：《九章集》Ⅰ 8.3。
② 〔古罗马〕普罗提诺：《九章集》Ⅰ 8.1。
③ 〔古罗马〕普罗提诺：《九章集》Ⅲ 2.5。
④ 〔古罗马〕普罗提诺：《九章集》Ⅲ 2.3。
⑤ 〔古罗马〕普罗提诺：《九章集》Ⅲ 2.11/12。

图那里，在希腊古典时期曾流行的那样。相连的部分在这里就是形式，而形式意味着尺度和数目。没有什么东西可能是美的、善的，甚至总的来说就是它所缺乏的东西。恶就是对立面，是它才使善成为善，或者使善以善著称。于是，相对的恶，"在一个因其秩序而完美、在此意义上是真实的善的世界上占有其必要地位"①。

　　普罗提诺甚至更进一步认为，即便人们没看到总体情形，人们还可以从恶的东西中获取某种善的成分。因为任何恶的东西都可以以多种方式运用到善的事情上去。例如，贫困和疾病向人表明，世俗的财富（善物）是可轻蔑的，而且一个人灵魂的朽坏本身、德性的缺乏使人"明白了另一些道理，德性是多么高尚的善，因为它使德性和不幸对照，不幸就是恶的命运"②。普罗提诺关于恶的必要性和善的论述，突出了中世纪哲学的主导观念：等级和秩序，秩序构成古典世界的存在论，但这种存在论充其量只是中世纪道德观的基石，还不是道德观本身，迄今为止，道德意义上的善恶问题，仍没有合理解释，这种合理解释需要结合基督教原罪论进行，这是奥古斯丁自由决断理论的发源地。

　　新柏拉图主义基于这种秩序论观点解释道德上的恶，道德的恶就是灵魂的朽坏，灵魂具有一种趋向更低级的东西——物质的倾向。既然灵魂作为人的真正自我居住在肉体中，肉体是物质性的，只是灵魂本身由于这种奇特的混合很容易变得过度黑暗，因此灵魂把目光朝向物质性的、正处于消亡中的世界，而非朝向更高级的阶段、精神，正如为了它自己的至福应该的那样。和摩尼教相似，普罗提诺也把灵魂的朽坏归咎于灵魂与肉体、物质的混居，"归因于一个与它异质的东西"③。恶并没有被设想为一个肯定性的、作为有影响力的自然力，而是被设想为否定性的缺乏。不过在普罗提诺看来，灵魂的得救也在于使灵魂得以从身体的影响中解脱并加以净化（纯粹化）。为了接近善，灵魂不能再观看那无形的东西和不恰当的东西，它必须尽可能远离物质，远离非存在者，使自己从掺杂了物质的状态下得到净化，即"摆脱

① 〔古罗马〕普罗提诺：《九章集》Ⅲ 2.17。
② 〔古罗马〕普罗提诺：《九章集》Ⅲ 2.5。
③ 〔古罗马〕普罗提诺：《九章集》Ⅰ 6.5。

感情的束缚"①。如果灵魂摆脱了贪婪（这种贪婪通过与肉体过分亲密接触充满灵魂），从别的感情中解脱，祛除肉体化残渣，洁身自好，灵魂就完全抛弃来自肉体的一种异常存在的丑恶。尽管"恶"被普罗提诺当作非存在的东西，但依然是一个存在者，恶就在这个存在者中显现。人的肉体，尽管只是一种相对的恶（Schlechtes），但是从人灵魂的境界看，它是起主动作用的恶（Böse），是应该战胜的，既然人的一切恶源自人的肉体性，摆脱了肉体束缚的灵魂就一定是善的。

第二节　善恶之分

一　世界上本没有恶

奥古斯丁的《早期哲学对话》是在公元 386 年他皈依基督教后的几年逐渐形成的，这些作品受新柏拉图主义思想影响很大。最主要的影响莫过于：世界只有一个本源。新柏拉图主义一元论促使他告别了曾经困扰他九年之久的摩尼教二元论，尤其是那种将恶看作既非来自上帝，也非来自人自身，而来自一个独立的黑暗王国的观点。新柏拉图主义最直接的影响就是促使奥古斯丁从人自身出发，探求恶的起源，但奥古斯丁并没有单纯停留在新柏拉图主义的哲学思辨上，而只是利用这种资源，他的教父立场决定他在重新注释新柏拉图主义思想时，注入了基督教内容。于是，普罗提诺的"太一"在奥古斯丁那里就变成一个人格化的、全能、全善的、由公义和对世界万物的爱所规定的上帝。"流溢、从完满的太一中无意识的流射，现在成了上帝自由的意志行为。"② 上帝创造了世界。一切存在的东西，其存在都归于上帝。既然上帝本身是无限的善，他创造的一切事物、一切存在者都是善的。这样，并非任何东西都随意存在，而一切存在的东西，都是以特定的方式存在，这种方式恰好使事物成为存在的事物。存在总意味着有某物存在，正如奥古斯丁表述的，存在意味着一个形式，一个规定，一个本质，它

---

① 〔古罗马〕普罗提诺：《九章集》I 8.4。

② M. Hauskeller, *Geschichte der Ethik. Mittelalter*, S. 27.

有一个本性。或者，更好的表述是：存在有这个本性，因为本性（Natur）恰恰就是那个在存在者旁边的存在。本性（即正在进行本质规定的形式）不存在，就意味着不存在，没有本质就没有实存（Ohne Essenz keine Existenz）。既然一切存在者都有其来自上帝的本性，它也就因其是本性而是善的（Omnis natura in quantum natura est bona est）①。

在奥古斯丁那里，"存在和善的存在"是同一个东西。凡存在的事物，都是善的，恶不是实体，如果它是实体，就是善，如果它是不能朽坏的，就是至善②，因此恶不存在，恶是虚无（malum nihil est）③。不过，这可以从两个方面理解：第一，根本不存在恶；第二，在另一意义上，恶是"虚无"（Nichts），是一种似乎存在的东西，不是物（Ding）。但无论如何，恶都是一种作用力，至少是一个威胁，如同一个深渊，虽然也不是虚无，但仍然能把一个人拉下去，并且可以将他毁灭。普罗提诺也好，奥古斯丁也好，都没有对这两种解释做明确区分，毋宁说，这一表述的意义大部分游弋于两种解释之间。

奥古斯丁坚持新柏拉图主义秩序论立场，当他尽可能和摩尼教及其持有的世界分裂为纯粹的恶与善的要素这一立场划清界限的时候，他总是特别强调，恶并不存在。可能存在这种情况，即某种东西与更高级的东西相比，似乎是虚无的和坏的，如月亮同闪闪发光的太阳相比，星星与闪闪发光的月亮相比，似乎是微不足道的，但这丝毫改变不了一个事实，即任何东西都被它们以同样的方式，按照它们的方式被很好地建造起来，虽然实际上并不存在像客观有效的事物等级一样的东西，但也必然存在更好的东西以及与这种更好的东西相比更坏的东西，不过，这种更坏的东西也是善的，因为它不仅自

---

① 〔古罗马〕奥古斯丁：《论自由决断》Ⅲ 13：36。

② 〔古罗马〕奥古斯丁：《忏悔录》Ⅶ 12。参见周士良译本，商务印书馆1963年版，第127—128页。该书还参考了拉丁文版本 *Confessiones*, in J. P. Migne, *Patrologia Latina*（col：661 – 868），Paris，1841；德文版，见 Kurt Flasch, *Was ist Zeit? Augustinus von Hippo. Das XI. Buch der Confessiones. Historisch – Philosophische Studie. Text-übersetzung-Kommentar*, Frankfurt a. M.：Klostermann，1993，S. 229 – 279；有时候也参考了 M. Hauskeller, *Geschichte der Ethik. Mittelalter* 的引文。下面凡是引用该书只注明《忏悔录》卷、章。

③ 〔古罗马〕奥古斯丁：《独语录》Ⅰ 2.3，转引自 M. Hauskeller, *Geschichte der Ethik. Mittelalter*, S. 27。参见《独语录》（含《论自由意志》），成官泯译，上海社会科学院出版社1997年版。以下引文只注明《独语录》卷、章、节。

在地接纳自身，而且在整个秩序中占据了位置。更坏的东西只是更低程度的善，贬低这种更低级的善是荒唐的，只因为存在更好的东西，正如贬低月亮的美是因为有一个太阳。只是在这种情况下，即在一种善和另一种善之间进行选择，与更少的善相比，更好的东西被人们偏爱。

既然世界万物的存在是有等级有秩序的，人的评判也就有了差异。对人来说，恶的问题由于它们的存在被提出来，它们的存在使摩尼教关于恶主宰世界的信仰失去了一定可信度，这一点不是有待解释的恶，而是人必须每天防止的多种多样的烦恼，如"火、冷、野兽或者诸如此类的东西"①，可是，这一切看来绝不是"不够好"，而是肯定的恶，上面提到的客观存在的秩序对这种判断不起作用。

大概有生命的东西就其秩序而言，在客观上，或者在上帝看来，原则上要比无生命的东西更好，有感觉的东西比无感觉的东西更好，而对人来说，可能会得出完全不同的、有时是截然相反的评判。"于是可能发生这样的事，我们面对一些有感觉的存在物更偏爱一些无感觉的存在物，更有甚者，只要我们能够，我们就想把有感觉的东西从自然界中根除……因为谁不想自己家中有面包而要耗子，不想要金钱而要跳蚤呢？"② 很显然，这些东西在此并不是按照它们在事实上的存在秩序中所占的位置而得到评判的，因为跳蚤和耗子作为有感觉的受造物明确地要属于更高级的存在等级，因此本来应该得到比金钱和面包更多的尊重。

价值判断的标准在此恰恰不是"存在"，而毋宁是"有用"，"一个东西作为达到目的的手段之有用性"③，与此同时，目的仅仅是实现人的肉体——感性需要能吃的东西比不能吃的东西"更好"，对人而言，一切妨碍他无限地满足其需要的东西都应该看作肯定的恶，最后"就把人特有的虚弱和贫困当作他进行评判的确定出发点"④。在习惯上，恶的事情莫过于忤

---

① 〔古罗马〕奥古斯丁：《上帝之城》XI 22，转引自 M. Hauskeller, *Geschichte der Ethik. Mittelalter*, S. 29。核对原文根据 *Vom Gottesstaat*, übersetzt von Wilhelm Thimme, eingeleitet und erläutert von Karl Andresen, Artemis Verlag Zürich und München, 1855. Vollständig bearbeitete Auflage, 1978. 以下只注明《上帝之城》卷、章。

② 〔古罗马〕奥古斯丁：《上帝之城》XI 16。

③ 〔古罗马〕奥古斯丁：《上帝之城》XI 16。

④ 〔古罗马〕奥古斯丁：《上帝之城》XI 22。

逆其意志了。人透过某事看到其生存受到威胁，或者健康受损，并且从中仓促得出结论说，相关的事，肯定是就其本身而言是恶的东西，或者是某种损害完美世界秩序的东西。可是，从某种东西和人的意愿不一致还得不出结论，说它不能很好地和世界的其他部分保持一致，或者说它不能在本质上就是善的，恶这一假象，事实上仅来源于本来是有限视域的不公正的绝对化。

人在世俗的生存中，错误地把自己看作一切事物的尺度，同时面对神创的世界毫无畏惧，奥古斯丁说，"只要我们可以"，我们将会不假思索地把一切和我们的贪婪相抵触的东西"从自然界中铲除掉"，而不去想想，所有被我们看作有毁灭性价值的一切都是上帝所造的，并且具有其各自的价值。"它们就像一块巨大的马赛克上的小石子，在马赛克上面，一切石子都互相配合，组成一种完美的和谐"①，而没有哪块石子是太多或者缺少位置。无论如何，如果事情也如此表现出来，对人而言，"似乎可能存在恶的东西（实际上也不是这样），而对上帝和他所创造的世界而言，从总体上看，不存在恶"②。

奥古斯丁不仅继承了普罗提诺的秩序论，而且用它解释基督教教义，"整个受造世界的一切事物，无论好坏、都是善的，这是上帝的公义，是其永恒法的体现"③。世界不仅善，而且美，一切事物都有其独有价值，这远甚于一个单纯的信仰。善隐匿在事物中，原则上是人可经验到的东西，即"借助于一切受造物具有某种美（物体具有相当的美，缺少了美，物体就不成为物体）"④。从受造物的美丽中显现出它们的善意和神圣本源，这意味着，人并没有拘泥于仅仅从有限的、随兴所至的立场出发看待世界万物。完全存在这种可能，即采取一种更高的、仿佛是完全神圣的立场，进而确信，在环绕这一立场的世界上绝对不存在什么东西，不是自以为是的和总起来看

---

① 〔古罗马〕奥古斯丁：《论秩序》 I 2。引文参考了 M. Hauskeller, *Geschichte der Ethik. Mittelalter* 的引文，另外参见 *Augustinus Philosophische Fruehdialoge*: *Gegen die Akademiker*; *Uebr das Glueck*; *Ueber die Ordnung*, eingeleitet, uebersetzt und erlaeutert von Bernd Reiner Voss. Ingeborg Schwarz-kirchenbauer und Willi Schwarz Ekkhard Muehlenberg. Artemis Verlag Zuerich und Muenchen, 1972。《奥古斯丁哲学早期对话》包括《驳学园派》《论幸福》《论秩序》。本书下面凡引用以上三个对话时只注明对话名及章节。

② 〔古罗马〕奥古斯丁：《忏悔录》 VII 13。

③ 〔古罗马〕奥古斯丁：《论自由决断》 I 6：15。

④ 〔古罗马〕奥古斯丁：《论真宗教》59。

是奇妙的和美丽的东西，即使人没有使世界向人展现的一切东西都和自身相关联，并且用一副想当然地有害或有利的眼镜观察这一切，人也能够放弃自己及其贫困的生存，觉察到明晰的鉴赏力，认识到彼岸的一切目的性思想，甚至跳蚤和耗子也具有那种天然的美丽，因为即便在受造物中间，也闪烁着它们的神圣本源之光。

　　无独有偶，斯多亚派也强调世界的美丽，但只看到它们的使用价值[①]，而奥古斯丁放弃了那种古典立场——将"善"和"有用"等同起来。事物之所以是美的和善的，不再是因为它们有用或者能够变得有用，而是因为它们是存在的，完全独立于人及其利益，仅仅由于它们是被造的存在，它们是善的和美丽的，只要它们存在。这样一来，对人类自负的使命的一种制衡，就通过以一种神本主义视野代替人类中心论视野而建立起来，事物第一次能够从迄今一直主宰它们的人的评判中解放出来，并要求某种独一无二的价值，可见，奥古斯丁要求实现一种视角转换，从人的立场看问题转变为从神的立场看问题，这不仅是一种道德观的转向，而且是一种思维方式的革命，是基督教世界观对哲学世界观的一次"反动"或翻转。事物之所以善、美且有价值，不是因为它们有用，更不是因为人喜欢，对人有用，对人有价值，而是因为它们是上帝的受造物，因为其神圣的本源。

　　当然，奥古斯丁也像中世纪的大多数神哲学家一样，表现出对哲学的妥协，对世俗生活的重视，所以他在表达上述神本主义立场时，旋即做了让步，即使对人来说也不存在任何恶的东西。他做出让步是以其独特的生命体验为基础，因为恶的问题始终困惑着他，正如《忏悔录》中所记述的那样，"为什么要作恶"一直是敦促他思考的主导线索。基于这种内在体验，奥古斯丁也不能完全无视人的立场并闭口不提有用性，因为恶的问题正好折磨着他，尤其在他的现实生存中受恶的问题困扰。如果在上帝创造的世界上真的存在着某种威胁我的存在（因而在作为善而存在的东西中威胁我）的东西，如果我可能受到身外之物的伤害或者根本的毁灭，如果存在一个事实上对我是恶的东西，那么，认为"不存在恶"的观点即使不是完全不可理解，至

---

①　M. Hauskeller, *Geschichte der Ethik* I. *Antike*, Deutscher Taschenbuch Verlag, München, 1997, S. 212 – 217.

少肯定不能令人满意。某种天生的善使另外一种善（如我作为存在者就是那种善）毁灭，这是不可能的，善的东西本身必然和善协调一致。

从上帝的立场上看，善的东西在最后审判时，必定也是一种善。因此，奥古斯丁推论说，如果我认为某种东西是恶的，只因为它不服从我当下的意愿和欲求，那么我甚至就是自欺欺人。在上帝创造的世界上，既不存在什么本质上的恶，也不存在只针对我的恶。尽管我们往往无法洞穿这种善，可是，如果看仔细些，大多数情况下我们仍能发现，即便它不能被立刻发现，人们也必须坚持这一出发点，"即在隐匿的东西中，存在着这种善"①。因为恶并不存在，一切都是善的。

二　恶是善的缺乏

奥古斯丁反对摩尼教是为了捍卫上帝的完美和世界的统一，不过，一种完全反对恶的存在的辩护，隐含潜在的危险。这些危险瞒不了奥古斯丁，这迫使他承认，恶有某种存在性，尽管在普罗提诺的意义上是虚幻的存在。因为如果事实上一切都是善的，不存在恶，人也就不必防止恶了，同样也就没有必要从罪恶中拯救，原本也就不再有理由转向对基督教的上帝的爱和希望，并服从他的法律。如果世界是完全和谐的，耶稣基督的诞生、受难、死亡似乎都完全是多余的了，以至于对基督教而言，奥古斯丁的辩护具有釜底抽薪的危险。曾几何时，奥古斯丁的辩护被想象成对基督教的支持，永不背弃上帝是完美信仰，可是，正如我们将看到的那样，尤其是对这一后果的认识，在他后来的生涯里促使他承认，世界上无条件地存在恶，这与早期的新柏拉图主义立场形成鲜明对比。在《上帝之城》中，奥古斯丁谴责斯多亚派的观点，正是他本人早先曾坚持的那种"令人惊讶的鲁莽"观点，即人类深受其苦的罪恶根本不存在。

对晚期奥古斯丁而言，"生活简直被罪恶淹没了"②，生活就是"无数罪恶的温床"③，以至于每一个可以选择死亡或者再次从头开始生活的人，"为

---

① 〔古罗马〕奥古斯丁：《上帝之城》XI 22。
② 〔古罗马〕奥古斯丁：《上帝之城》XIX 4。
③ 〔古罗马〕奥古斯丁：《上帝之城》XIX 8。

了不必再受二遍苦，更情愿选择死亡"①。到奥古斯丁可以把这一断言和他的上帝观统一起来前，还要持续一段时间。② 最初他完全坚持新柏拉图主义，试图通过（正如普罗提诺已经做过的那样）把非存在的、（因为不存在，所以是）可能的恶与一种肯定的虚无等同，进而破坏关于一个过分和谐的世界的观点，这个后果对基督教而言是那么糟糕，虽然存在恶，它是世界的一部分，但是，恶恰恰在于存在的一种缺乏或者在于没有善，或者不够好。"一切不幸都是缺乏"③，是完满的对立面，而"缺乏"应该被理解为亚里士多德所谓无度、过或不及。④

然而，在一个由上帝创造的尤其是善良地创造的世界上，怎么能有恶存在？即便恶仅是缺乏，上帝难道不是完美地创造世界吗？——上帝创造了世界，确切地说，创造了整个世界，但上帝可能是从"无"中创造世界的。"无"对奥古斯丁来说，"是与无形体、无形式同样重要的"⑤，受造物并不能摆脱其源于"无"这一身世，这就是为什么和上帝相比，"它们是可变的原因"⑥。它们的"无性"（nequitia）表明，它们在时间性存在上流逝着、消融着、涌动着。它们缺少形式的坚固性，它们是那种"仿佛不断地在失去"的东西，失去了尺度。但是，存在者需要持续存在，它必须确定并且必须总是保持原来的样子。⑦ 也就是说，世上的一切存在者和人，存在于"存在与虚无""有与无"之间。

人是二重世界的公民。在受造世界，物质条件的缺乏，并不能被称为真正意义上的恶，因为一切受造物就其存在而言，是善的，想当然的恶，充其量只是更少的善，只要"缺乏"对人没有产生特有的吸引力。鉴于人的可变性和沉溺于肉体的堕落，人一方面是分化的、受非存在所累的世界的部分，另一方面以其精神向永恒与神圣靠近。人仿佛处于存在和非存在之间的分水岭上，他可能向这一边或另一边倾斜，在这一点上，他"转向"何处

---

① 〔古罗马〕奥古斯丁：《上帝之城》XXI 14。

② 参见 M. Hauskeller, *Geschichte der Ethik. Mittelalter*, S. 69f. 。

③ 〔古罗马〕奥古斯丁：《论幸福生活》28。

④ 《亚里士多德的中道概念》，载 M. Hauskeller, *Geschichte der Ethik Ⅰ. Antike*, S. 97ff. 。

⑤ 〔古罗马〕奥古斯丁：《论真宗教》96。

⑥ 〔古罗马〕奥古斯丁：《上帝之城》XⅡ 1。

⑦ 〔古罗马〕奥古斯丁：《论幸福生活》8。

绝对不是无所谓的。如果他意愿幸福，他就不能转向非存在一边，即尘世及其转瞬即逝的诱惑，相反，他必须致力于拥有真正存在的东西，他必须摆脱世俗的、非真正存在的、仿佛只是作为幻影存在的事物。

"我只能给你颁布一条规则，其他规则我不知道：因此你必须抛开感官世界，只要你具有人的肉身，你就必须小心提防，不要让我们灵魂的翅膀被这个肉体的世界钳制，以便我们跃出我们的黑暗，来到那光明前。我们的灵魂仍被囚禁在肉体的牢笼中，如果他们还无力打破这笼子并摧毁它，逃到他们真正的居所，那光甚至也不会屈尊前来，向这些灵魂显现它自己。因此，相信我，当再也没有什么纯粹世俗的东西能够使你愉悦时，你会在同一瞬间、同一秒钟，看到你愿意看到的东西。"①

在这里，幸运地逃离尘世与观照上帝是一致的，奥古斯丁指出："为了认识上帝，灵魂必须回归自身。"② 因为灵魂即精神，作为更高级的、灵魂中的理性部分，"在万物中离上帝（因而离存在）最近"③。人们可能会说，精神、理性本身只是意味着上帝在人的面前出场。奥古斯丁坚持一贯的光照论立场，认为上帝就好像是光，"光照使认识得以可能"④，上帝是我们在自己的精神中发现的真理。显然，早期奥古斯丁把上帝看作和柏拉图善的理念相似的东西。柏拉图认为，"善的理念赋予一切可认识的东西以真理和存在，赋予认识者以认知的能力"⑤。由此灵魂一边认识，一边回归到自身，转向影响灵魂的上帝，它下决心反对尘世，为不变、永恒辩护，以此获得对存在坚定的守护和可持续的幸福。为了这种幸福，奥古斯丁说："上帝和灵魂（别无其他）是我愿意认识的。"⑥ 这是他把认识论和道德观紧密结合起来的又一例证，证明中世纪哲学就是一种道德世界观，认识论为人的幸福服务。奥古斯丁的心灵转向学说也一样离不开他的认识论，光照论在心灵从外而内、由内而上的转向中，是不可或缺的。

---

① 〔古罗马〕奥古斯丁：《独语录》Ⅰ 24.2-3。

② 〔古罗马〕奥古斯丁：《驳学园派》Ⅱ 3。

③ 〔古罗马〕奥古斯丁：《论幸福生活》4。

④ 〔古罗马〕奥古斯丁：《独语录》12.1以下，同时参见普罗提诺《九章集》Ⅴ 3.8。

⑤ 参见〔古希腊〕柏拉图《政治篇》508e-509b。

⑥ 〔古罗马〕奥古斯丁：《独语录》7.1，转引自 M. Hauskeller, *Geschichte der Ethik. Mittelalter*, S.36。

人生存于存在与虚无之间，在永恒与时间性之间摇摆。奥古斯丁的主旨在于为回答恶的起源做准备，也就是说，此世的诱惑太大，人很容易深陷其中不能自拔。恶的产生和心灵的转向不可分。人是整个受造世界的成员，与一切有限存在者共在于这个世界，灵魂告别尘世（时间性之物）、转向永恒太难，大多数人不仅生活在这个世界上，而且迷恋这个世界。他们牵挂它，不愿离开它，他们从不致力于认识上帝和灵魂，奥古斯丁把这种流行的对尘世的信赖解释为（灵魂的）病态，就像只有健康的眼睛才能看到光，"而病态的眼睛只喜欢黑暗一样"①，在世俗的、满是虚幻的世界阴影中得过且过的灵魂也惧怕永恒的存在之光。

这里似乎存在一个问题（奥古斯丁只是在很久以后才注意到它的充分影响），因为如果病态的眼睛喜欢黑暗，它决不会从自身去寻找赋予其形式和存在的光。既然它在黑暗中是快乐有福的，它就感受不到它的病态，根本就不想复原。可是，如果人对这一点缺乏意识，人因此就可能缺乏真正的存在。他认为自己是幸福的，不知道什么是真正的幸福，并且不可能找到这种真正的幸福，因为他认为没有理由寻找这种幸福。人最大的不幸恰恰就在于"自以为是幸福的"这一幻想。② 到处充斥非存在的世界，通过这一幻想，使人滞留在自己的道路上，遮蔽了他们的灵魂，并以这种方式证明非存在的力量，任何背离上帝和存在者的运动都起因于这种虚无。当然，仍然不能说虚无本身对人的背离起积极作用，如果是这样，那必定存在着某种独立活动的力量，这仅仅还是在名义上区别于恶的原则。于是，虚无一方面肯定不是什么东西，但另一方面肯定能够起作用。换句话说，虚无肯定同时不是什么东西又是某种东西。

奥古斯丁是这样解决问题的：他把恶的一切活动都归于人，虚无既然是虚无，它没有任何来自自身的力量。但是，它很可能获得力量，即当且仅当人把这种力量让渡给它的时候。"虚无并没有真正把人拉下水，相反，是人自愿倾向虚无。"③ 恶的真正起源并不在一个客观的、一个在没有人的协助下、使人流落于其中的世界（如摩尼教所认为的那样），无论从哪种形式

---

① 〔古罗马〕奥古斯丁：《独语录》Ⅰ 25.1。
② 〔古罗马〕奥古斯丁：《驳学园派》Ⅰ 2。
③ 〔古罗马〕奥古斯丁：《论真宗教》58。

看，恶都不会作为一个异己的东西反对人，相反，人只须从自己身上、从他自己的灵魂中寻找恶的起源，这就是奥古斯丁开辟的一个全新的寻找恶的起源的方向。

第三节　爱的法律

奥古斯丁爱的哲学和他的意志主义是一致的，爱在本质上体现了上帝的意志，因此是律法意义上的爱之命令。本节侧重从律法或法律意义上论述"爱"之于中世纪道德哲学的"规则"意义，上帝的爱和人的爱是上帝的绝对命令及其在人身上的反映，"爱的法律"（法则）实质上是揭示行为是否具有道德性的绝对标准。因此，爱的法律在奥古斯丁这里具有鲜明的意志主义色彩，具有强制性，既不同于阿伯拉尔的"榜样"之爱，也和托马斯的自愿行为理论有明显差异。

一　行为本身是中立的

在奥古斯丁看来，通奸始终应当受到无限谴责，尽管这并不意味着伴随通奸而来的行为在任何情况下也是恶的，而且应受谴责对他而言，通奸这一概念肯定包含这样的内容，通奸行为是因贪欲而起，所以，任何为了摆脱那种错爱之束缚而和自己伴侣外的另一个人同房都不是通奸，这不仅适用于强奸的情形。当亚伯拉罕的妻子撒拉不能为他生儿育女，他按照妻子的愿望和她的使女夏甲同房，只不过是用这种方式得到后代时，亚伯拉罕也没有犯通奸罪。既然亚伯拉罕的行为不是为了满足性欲，只是为了实现神所意愿的因而是无可指摘的生育目的，他的行为就不能被看作通奸或者恶的。"出于愿意、而非出于贪婪去某人处，当然不是为了阿谀奉承，捐献出精液的同时，但不滥用爱情。"[1] 表面上看，奥古斯丁的观点有点荒唐且过于宽容，但实质只是强调罪责之所以该谴责，正是贪欲而已，而非行为本身。问题是判断一个行为是否因贪念而起的标准及其解释权在谁的手里，显然，奥古斯丁把这一权利让渡给神意（上帝的意志）。

---

① 〔古罗马〕奥古斯丁：《上帝之城》ⅩⅥ.25。

　　适合于通奸的，原则上也适合于所有其他恶的行为，"被滥用的爱"使一个行为成为恶的行为，奥古斯丁试图使"罪"与行为脱钩。一个人不仅可能根本什么事都没做就可能犯罪（倘若这一点作为一个旁观者可以认识到的话），而且他也可能不犯罪而做出某种通常被认为是错误的、表面上违法的事。任何行为，如果行为意志是善的，即如果行为人正确地去爱，它就是合理的。就此而言，即便杀害一个人也可能有充分的理由，例如，人们可能需要正义及其捍卫者上帝（为了惩罚一个罪犯）。"虽然不杀生作为圣经上的诫命，是无条件适用的，但它也必须从一开始就得到人们正确理解，理解为对非法杀害的禁止。"① 由于贪婪、嫉妒或者猜忌的杀害，往往是非法的，但合法的杀害就是出于对上帝和对上帝支配的秩序的爱而进行的杀害。这取决于而且只取决于动机，而非取决于行为本身。因此，某个人所做的事不仅对他人格的道德评价是无关紧要的，而且，由于行为只有通过支配它的意志才成为某种行为，它对行为本身的评价也是不重要的。行为的主体不是肉体，而是灵魂。只要我们不知道一个人为什么做，做了什么，我们就不能说，在此究竟发生了什么样的行为，究竟是通奸还是一种无可指摘的、必要的传宗接代行为，是谋杀还是正义的杀害。在此考察中，行为的动机绝对优先于行为本身，奥古斯丁将行为本身中立化、非道德化的做法引起了广泛的后果。由于罪隐藏在人的灵魂深处，进而一个行为的动机不再是显而易见的，所以，我们再也不能轻而易举地根据一个人的行为评判一个人，在我们关于事件的背景有更充分的了解之前，我们必须谨慎下判断，因为事件本身并不重要，意志就是一切。一个人有他行为的理由，这些理由替他在上帝面前辩护，只不过自己还不明白，相反，我们也可能认为他的行为比实际情况更好。奥古斯丁关于行为中立化的观点对阿伯拉尔的意向伦理学产生了重要影响。

　　"因为有许多行为，在常人视为应受谴责，而你却不以为非，也有许多人所赞许的事，而你却不以为是。往往行事的外表和其人的内心大相径庭，而当时的环境也不是常人所能窥测。"② 只要我们不明了行为的因由，特别

────────────

① 〔古罗马〕奥古斯丁：《上帝之城》Ⅰ 21。
② 〔古罗马〕奥古斯丁：《忏悔录》Ⅲ 9。

是不清楚其真实的原因、内心世界，我们往往就不能妄言，如此行为究竟是善的还是恶的。经常也有其他可能，因为我们从来都不会有这种能力，我们看不透人的内心，只有上帝具有这种能力。"事实上，我们甚至不能相信，我们就完全了解我们自己的内心，了解我们真正的、内心深处的意愿，以至于我们甚至可能隐瞒我们真正的动机。"① 尽管我们认为不犯罪，但我们从来也不能确保不犯罪，"因为行为不能为我们辩护，所以我们在一切具体情况下都可能服从法律，但也可能犯罪"②。所以，人无权妄下断语，既不能对自己本人下判断，也不能对他人下判断，既不能说他善，也不能说他恶。

奥古斯丁对罪的理解导致一种道德上的谦卑态度，由于这种理解剥夺了人进行判断的权利，却向人发出警告：警示人别自以为是，警醒人在评判他人行为和自己行为的时候要小心谨慎。我是不是真的善，别人是不是和他想象的那样恶，这只有上帝知道。

二　对金规则的阐释

奥古斯丁对罪的丰富理解，不只导致了对想象中的他人功过进行评价时的一种值得深思的谨慎态度，它也提供了一种原则可能性，通过所谓善良意志和正当的爱，为那种依然显得如此残暴的行径辩护。如果行为本身是无关紧要的，那一切都是允许的，只要它只因正当的爱而发生。这里存在一种几乎无限制的行为霸权，天主教教会在后期权力鼎盛时期也大量使用它，以便肆无忌惮地迫害异教徒、基督教异端和形形色色的捣乱分子。奥古斯丁本人最初踌躇不决，但最后还是非常明确地表示承担这一后果，以便最终结束同正在对抗的多纳图主义者③的教会那令人疲惫不堪的论争："全心全意地爱吧，然后做你愿意的事。"④ 尽管奥古斯丁在个人性情上，不喜欢"尖锐的

① 〔古罗马〕奥古斯丁：《忏悔录》X 5。
② 事实上，我们甚至恰恰最容易在我们确信不会犯罪的时候犯罪，因为在这种确信中带有一种不恰当的骄傲，一种颠倒的自爱，以为自己是无罪的，因个人的成就而沾沾自喜，同时忘记了，一切善皆来自上帝。因此，奥古斯丁说："我那无可救药的罪就是，认为自己是无罪之人。"（《忏悔录》V 10）
③ 迦太基主教多纳图的追随者被称为多纳图主义者。他们坚持认为，事功的作用取决于捐助者的纯洁性，因而一个有罪的牧师失去了所有的权限，也丧失了实施精神行为的力量。多纳图主义者将自己理解为一个"纯粹者的教会"。参见 M. Hauskeller, *Geschichte der Ethik. Mittelalter*, S. 52。
④ 《约翰书信注释》7.8。

教化"，他偏爱的是"温和的教导"，可他还是逐渐地得出这样的观点：一个不愿意亲切地皈依正确的信仰并从他的错爱中脱身的人，在必要时必须强制他改信。特别是为了他自己的病态的灵魂考虑，灵魂对自己的病态一无所知，所以正需要一个理解力强的也不顾它的意志反对治疗它的医生。经过治疗，它会感谢医生的，因为每一个罪人当他被阻止继续犯罪时，他真是太幸福了。① "一个无可指摘的人的义务是，不仅不加害任何人，而且防止并惩罚罪恶，这样，要么被惩罚者本人吃一堑长一智，要么其他人引以为戒。"② 使用暴力因而可能成为虽然因违背人的感情而不怎么美妙的，但依然不失为邻人之爱的一个必要行为："严格管教有它独特的爱的方式。"③ 正如彼得·布朗（Peter Brown）在他的奥古斯丁传记里所写的那样，奥古斯丁成了"中世纪宗教裁判所的第一位理论家"④。

奥古斯丁指出，我们和邻人交往时应该遵循"爱的规则"，他常常把这个所谓金规则当作基本的道德原则使用。这就是："人也应该愿他人有自己所愿的善，也应该力图使你的邻人远离那些你要远离的恶。"⑤ "所以，无论何事，你们愿意人怎样待你们，你们也要怎样待人。"⑥ "在每次和人的交往中，遵守这样一条谚语就可以了：'你不愿人怎么待你，你就不要如此待人'。"⑦

在他看来，人为肉身所困，有七情六欲，需要满足这些欲望，对人而言，不满足欲望就是恶。因此，爱的法则要求我们不仅考虑自身的需要，而且考虑他人需要，就是说，我要在"尘世共患难"、同舟共济，而且要求我们注意，受苦受难的不是别人。⑧ 这不仅对相邻之间适宜，而且对不相识的人同样适用。所呼唤的团结延伸到所有人，没有任何例外，因为"作为人，即生来是有死的、具有理性天赋的存在者，不论他是谁，都使人觉得他在肉

---

① 〔古罗马〕奥古斯丁：《上帝之城》V 26。
② 〔古罗马〕奥古斯丁：《上帝之城》XIX 16。
③ 《帕尔门尼亚人的信》III 1.3，转引自 M. Hauskeller, *Geschichte der Ethik. Mittelalter*, S. 52。
④ Peter Brown, *Augustinus von Hippo*, 2 Aufl., Frankfurt am Main, 1982, S. 209.
⑤ 〔古罗马〕奥古斯丁：《论真宗教》245。
⑥ 《马太福音》7.12。另参见《路加福音》6.3。
⑦ 〔古罗马〕奥古斯丁：《论秩序》II 25。
⑧ 〔古罗马〕奥古斯丁：《忏悔录》XIII 17–18。

体形态、颜色、运动或者声音方面是如此陌生，他都可能具有力量、部分、性质，具有他所愿的东西，无论如何，他都出身于第一次的受造。这一点是信仰者不能怀疑的"①。

这是古罗马帝国时期的奥古斯丁对基督教金规则的活的运用，即便放到今天都有非常重要的价值。在强调全球化与民族性、普世价值与具体伦理之间多边对话的今天，奥古斯丁的思想无疑具有跨时代的意义。当然，无论古今中外，问题总是一体两面，有二重性。所以，奥古斯丁也承认，由爱的规则感召的、在生活困顿中的彼此帮助也是有限制的。为了在一切情况下也能正确地运用爱的法则，我们必须注意，人们所意愿的一切既不是什么善，人们喜欢远离的一切也不是什么恶。

也就是说，人们欲求的东西中，有的是善本身，有的仅仅是善的东西，人们喜欢远离的东西也一样。常常有这种情况，善并不仅仅是被意愿的东西，毋宁说，善的东西倒应该是被意愿的。只有当我所意愿的东西是某种善，或者起码不是恶时，爱的规则要求我也要愿他人有所愿，但是，我为他人祝愿的这种善不一定必然是他所愿的东西。事实上，对人而言，终归只有一种唯一真正的善，即靠着灵魂守望上帝。相应地，远离上帝是唯一无条件的应该避免的恶。按照爱的规则，当我不得不为使他人也拥有我为我自己本人所祝愿的善而担忧时，我就不能只关心使他的肉身需要得到满足，并且在通常意义上使他不遭受困顿，而且也必须力求让他人转向上帝，确切地说，不让他背离上帝。既然这是唯一真正现实的东西，既然与此有牵连的仅仅是人的幸与不幸，福与祸，那么，如果人们想照顾他人的肉身，但同时却容忍他的灵魂毁灭，就会是一种适得其反的照顾了。有时候，爱的义务就是与罪恶进行坚决彻底的斗争，在斗争中克制可能发生的同情冲动。奥古斯丁这样说："人们越是自作多情，其错误就越无耻，而且愈加违背显明的上帝之道。"② 爱邻人恰恰并不意味着像他已经成人了一样在所有事情上接受他、尊重他，而是爱他那由上帝按照他自己的肖像创造出来的本质，爱他的完善本性，即便他后来不承认这种本性，他也不可能失去它。③ 这样，爱邻人首

---

① 〔古罗马〕奥古斯丁：《上帝之城》ⅩⅥ 8。
② 〔古罗马〕奥古斯丁：《上帝之城》ⅩⅪ 17。
③ 〔古罗马〕奥古斯丁：《论真宗教》252，262。

先就意味着为了让他（确切地说利用一切可以支配的手段）认识他自己的完善本性并且热爱它而担忧，所以，被正确理解的爱邻人归根结底就是"帮助他去爱上帝"①。

可以看出，奥古斯丁对金规则的阐释是保守的正统观点，爱邻人是为了爱上帝，爱上帝是目的，爱邻人是手段，这和今天世俗伦理学中的道德金规则有很大的差异。

三 爱的命令

我们前面已经指出，奥古斯丁借以终结古典希腊哲学伦理学的，就是建基于意志决断的爱的伦理学，这里讲的"爱的命令"其实就是对爱的伦理学的具体阐发，从行为的中立性到金规则，再到爱的命令，无不体现出这种基督教道德哲学——爱的哲学的特点，爱的命令是金规则的"地基"。在爱的伦理学中，爱的命令具有举足轻重的地位。

爱的命令就是"爱上帝，爱人如己"，问题只在于，我们如何从爱上帝过渡到爱他人。爱人如己，本身作为命令包含了爱的特点，与他人相关。爱上帝是大前提，离开了对上帝的爱，邻人之爱就无根基。邻人之爱实际上也包含两个方面：爱他人，爱自己，究竟二者有何关系呢？

在奥古斯丁看来，当他人的灵魂因我的行为或不行为面临受损时，尽可能减轻他人的自然性困苦（如饥渴、疼痛等），甚至不给他们招致这些困苦，这类的爱之义务并不存在。同样，我也必须努力使我自己的灵魂免受损害，因为我虽然应该爱他人，但要"像爱我自己一样"去爱他人，这也意味着，爱他人并不比爱我自己更甚。但是，当我没有以"正当的方式"去爱时，我的灵魂就会受损。当奥古斯丁谈到"正当之爱"时，他所说的"爱"往往是指：爱的对象在末日审判中就是上帝。只要我对邻人的爱不能损害我，那么，对邻人的爱，必然同时就是对上帝的爱。但这意味着，我不能太爱他人，即不能爱他人胜过爱上帝本身，受造物决不能凌驾于造物主之上。②

---

① 〔古罗马〕奥古斯丁：《上帝之城》XIX 14。
② 《罗马书》I 25。

我们需要注意，一方面，奥古斯丁在此突出了爱他人和自爱之间的融通，主张要像爱自己那样去爱他人，也就是"爱人如己"，这是正当的爱的方式；另一方面，他始终提醒人，爱他人必须以爱上帝为前提，在这个前提下，爱人如己的他爱才是正当的爱。爱上帝，爱人如己，这一爱的命令具有秩序的特点，不能倒错，也就是说，爱邻人只要不再和爱上帝协调一致，它就不得不终止。

我们承认奥古斯丁的观点"（正当的）爱为每一个行为辩护"，但这并不意味着，奥古斯丁认为，人们可以决然触犯任何诫命，只要这种行为出于一种无论如何形成的爱，所以，我不可夺去任何人的东西，即便我根本就不想使我自己充实，我也不能这样做。即使我是为了减轻一个穷人的困苦，因而看起来是出于纯粹利他主义的动机，或者，如果人们愿意这样，出于人与人之间的爱（博爱）这样做，我的行为都应该受谴责，因为上帝命令我们，不偷盗。如果我是出于贪念而偷盗，我的罪就比我出于慈悲之心去偷犯的罪可能更重，尽管罪无论如何终归是罪。①

当然，我的行为之所以是错的，并非因为在偷盗这一案例中"诫命"要比"爱"更重要，而是因为，在任何情况下，对上帝的爱先于对邻人的爱。因为，如果我以正当的方式遵守上帝的诫命，我这样做就不是因为"我应该"，而是因为"我爱上帝"。我是在他的诫命中爱上帝的，我爱他建立的秩序，并且相信，他是为了善而安排一切。因此，既然我不能同时偷盗并且向上帝证明我的爱，那么，"诫命"在实践中就有绝对有效性。不过，这里说的也不是使偷盗成为罪的行为，而是正在缺失的对行为的爱，有些诫命是绝对不能触犯的，但决不应该只归因于上帝曾经愿意这样做。人类共同体需要这些绝对命令（无条件有效的诫命），因为没有这些诫命，就不可能有坚实可靠的秩序。每一个人可能会不断期待着献身于一个臆想中的善，因为常常会有这样的人，他比常人自己更急迫地需要一物。

"即便我们有可能这么做，我们为什么不隐瞒一个有效的遗嘱并以一个虚假的遗嘱替换，以便让遗产或者遗赠不落到那些根本不会用它们做善事的

①〔古罗马〕奥古斯丁：《驳斥谎言》19，转引自 M. Hauskeller, *Geschichte der Ethik. Mittelalter*, S. 56。

不配得到它们的人手里，而宁愿让那些给饥饿者饭吃、给赤裸者衣穿、接纳异乡人、赎回俘虏、建教堂的人得到？人们究竟为什么不能为了这些善的目的而做那些恶行呢，如果是为了这些善的目的，那些行为根本就不是恶的？"[1] 因为不是我们（因而随便哪一个人）必须决断，谁必须把什么传给谁，而只有那个有财物要传下去的人才须做决断，要不然，就没有人可以相信他的权利是有保障的，那样的话，根本就没有任何权利可言了，只有命令的无条件有效性才能保护个人免遭他人的专制。这种无条件的有效性意味着，我不能为了给我自己或者第三者带来好处而不顾其意志损害另一个人，即便这种好处大大超过害处，目的恰恰不尊崇手段。因此，人们也不可"为了一个更弱小的人有饭吃就违背其意志偷窃本不属于他的另一个人的面包，即便这个人更强大些，人们同样不能为了另一个人不被杀害而违背其意志鞭打一个无辜的人"[2]。

由于命令是绝对有效的，因此以功利主义方式来抵消恶习是不行的。死亡是否比鞭打（无论有还是没有）更糟糕，或者饥饿是否比丢掉面包（如果人们对它厌烦了）更糟糕，这对奥古斯丁不是问题。任何人首先必须尊重他人，条件是他本人不行不义之事。这不是说，他根本就无需关心，一个人遭到什么或者其他人做了什么，而只意味着，在他关心的时候，他同时不能蔑视上帝的命令。这是他的首要义务，尽管不是唯一的义务。不过，单单有优先权就已经足够了，为了使敬重上帝命令的人不受任何逼迫企图的影响。如果有人（采取什么形式无所谓）对我说："你行不义吧，以免我们不，那么，我就不会卷入争吵，例如，当有人要杀害我或者杀害我所爱的一个人，如果我没有犯这样那样的罪，那么，我将拒绝，不让自己为一种罪行负责。即便我无法阻止危险真的降临，我也不是谋杀者。事实上，的确只是实施谋杀的人。"[3] 如果我能预防这两种情况，既防止了人们勒令我犯的罪，

---

① 〔古罗马〕奥古斯丁：《驳斥谎言》18，转引自 M. Hauskeller, *Geschichte der Ethik. Mittelalter*, S. 56.

② 〔古罗马〕奥古斯丁：《驳斥谎言》16，转引自 M. Hauskeller, *Geschichte der Ethik. Mittelalter*, S. 56。

③ 〔古罗马〕奥古斯丁：《驳斥谎言》13，转引自 M. Hauskeller, *Geschichte der Ethik. Mittelalter*, S. 57.

又防止了令人恐怖的谋杀，那当然最好不过了，我肯定会尝试去阻止后者，如果我可以不使我本人承担罪责的话，别人做什么，终究不在我的掌控之中，但是，我做什么完全掌握在自己手中。"即便谋杀也可能是一种比偷盗更严重的罪，但是，偷盗还是要比遭受谋杀更糟糕。因此，我们假定，如果一个人不想偷盗，人们就会杀害他（……），他就会被恐吓，那么，因为他无法避免两种情况，他去避免他自己的罪要比避免另一个人的罪更合适（更好）。"① 即便所勒令的罪是小罪，其实几乎不应该称为罪，人们也不能卷入其中，因为伴随着迫近的罪的日益严重和量的增加，甚至我感到自己不得不犯的罪，其严重性和量也会随之增加。"这样，也许我很快就从小偷变为谋杀犯了，随后，就从单一的谋杀犯变成复杂的谋杀犯了，而这一切往往只是怀着最好的意向。"② M. 豪斯凯勒恰当地指出，奥古斯丁在此表述了一个完全经典的"堤坝决口论证"③，即便到了今天，这一论证还被人们乐于用以反对种种功利主义论证。按照奥古斯丁的观点，有绝对有效性的命令中尤其也包括了真理命令，"一个爱上帝的人决不可以撒谎，无论他是为了什么目的。即便为了预防谋杀或者任何其他严重的罪也不行，因为谎言杀死的是灵魂，反之，谋杀杀死的只是肉身"④。

奥古斯丁对谎言的重视不仅体现了一个护教者的使命，而且对谎言的驳斥历来都是他所有著述中最核心的问题，这关系到基督教的安身立命之本，谎言的实质是否定上帝的存在，也就是否定真理。谎言是对真理的一种有意否定，因此决不是小罪，因为灵魂除了追求真理之外不再追求任何东西，而真理的原则和源泉就是上帝本身。⑤ 早年他就指出："没有上帝就没有真和真理，因为没有上帝就没有尺度，任何东西都以此尺度来

---

① 〔古罗马〕奥古斯丁：《驳斥谎言》14，转引自 M. Hauskeller, *Geschichte der Ethik. Mittelalter*, S. 57。

② 〔古罗马〕奥古斯丁：《驳斥谎言》20，转引自 M. Hauskeller, *Geschichte der Ethik. Mittelalter*, S. 58。

③ M. Hauskeller, *Geschichte der Ethik. Mittelalter*, S. 58.

④ 〔古罗马〕奥古斯丁：《驳斥谎言》9，转引自 M. Hauskeller, *Geschichte der Ethik. Mittelalter*, S. 58。

⑤ 〔古罗马〕奥古斯丁：《忏悔录》Ⅲ 6，《上帝之城》ⅩⅣ 4。

度量。"①

　　一句话，上帝乃是万物的尺度，这是典型的神本主义立场，尽管如此，这还是极大地动摇了希腊智者那种"人是万物的尺度"的人类中心论立场。在他看来，万物越符合这个尺度就越真实，一、真、善三者的统一之根据和尺度就是上帝。真理论是以存在论为基础和前提的，基督教的上帝论就是中世纪的存在论。奥古斯丁利用柏拉图的理念论为上帝论辩护，上帝就是理念，是原型，万物（包括人）都是他（上帝和理念）的摹本，没有上帝，就没有万物的存在，上帝是大有、自有，万物是万有，是依存性的存在者（有限的存在者）。如果说万物和人是存在，那么，上帝就是那个是其所是者，是根据。

　　在奥古斯丁看来，"真理从一开始就不仅是陈述或表象世界的一种性质，而且是物本身的一种性质"②。一切存在的东西，可能或多或少都是真的，即或多或少分有上帝赋予的、只有在上帝中才完全实现出来的存在。时间性的世界，就其"即逝性"而言，存在性较少，因此与永恒的世界相比，其真实性更少。"现在，我也认识了其余在你之下的东西，我知道：它们既非全然存在，也非全然不存在。虽然它们是存在的，因为你造了它们。因为真正存在的仅仅是不变的持存的东西（inconmutabiliter manet）。"③

　　说到底，一切罪都是谎言，因为它们之为罪就在于："不喜欢无限存在者而偏爱相对的非存在者，因此爱较少存在的东西。"④ 犯罪意味着为了外在的假象而牺牲内在的、通过理智把握到的真理，而且这只意味着"以假为真"，尤其反映在如下的错误假定中，以为可以在那里找到真正的存在，因此找到至福。但是，谁要是相信这个，谁就是自欺欺人，虽然他本来可以更恰当地知道（因为他甚至在自己的灵魂中就可理解真理）。"因为人愿意永远幸福地生存着，而不是像他所能够的那样活着。有什么东西比这种意志更虚假吗？于是，人们不能够无根据地说，一切罪都是谎言。"⑤ 谎言构成

---

　　① 〔古罗马〕奥古斯丁：《论幸福生活》34。

　　② 〔古罗马〕奥古斯丁：《独语录》Ⅱ 8，Augustinus, *Der freie Wille* Ⅱ 147。

　　③ 〔古罗马〕奥古斯丁：《忏悔录》Ⅶ 1.1。

　　④ 〔古罗马〕奥古斯丁：《上帝之城》ⅩⅣ 4，参见《罗马书》Ⅰ 25。

　　⑤ 〔古罗马〕奥古斯丁：《上帝之城》ⅩⅣ 4。

罪之最内在的本质，罪之为罪，是因为它是谎言，并且就它是谎言而言，没有任何别的原因。所以，不可能有不是罪的谎言，谁说谎，谁就是在说不存在的东西，他接受了非存在者，因而远离了上帝。

第四节　恩典与神圣德性

奥古斯丁关于恩典的论述在《论自由决断》中不是主要的内容，但恩典学说却是他反对贝拉基主义的利器。关于恩典学说的意义，研究奥古斯丁的学者们普遍给予充分关注，如著名学者沃克·汉宁·德科尔（Volker Henning Drecoll）、亨利·马鲁（Henri Marrou）和卡尔·安德森（Carl Andresen）等人，对于恩典给以特别的关注，特别是德科尔的论文《奥古斯丁的恩典学说对于当代的意义》，关注《忏悔录》中恩典学说对于当代的重要意义[1]，安德森在《奥古斯丁的当代对话》一书中也对恩典的意义给予了足够重视[2]，亨利·马鲁在分析奥古斯丁的跨时代影响时，虽然着力于奥古斯丁对文艺复兴和笛卡尔的影响，但恩典思想也构成重要内容。[3]

奥古斯丁在《论自由决断》中的主要目的是反对摩尼教学说，讨论恶的起源，虽然没有集中反对贝拉基主义对恩典学说的削弱，但核心观点是为上帝的正义进行哲学的辩护，从而间接证明了恩典的基石地位，尤其通过对善良意志的正当性辩护证明上帝给予人自由意志这一恩典的目的。

一　贝拉基之争

反对奥古斯丁原罪说的一个主要对手是爱尔兰僧侣贝拉基（Pelagius），他于5世纪初突然出现在罗马，并且由于他的影响，奥古斯丁很快就写出了一系列著作。在这些著作中，针对贝拉基及其活跃的弟子凯勒斯替（Caelestius）的指责，奥古斯丁捍卫并进一步形成了自己的立场。贝拉基透

---

①　V. H. Drecoll, "Die Bedeutung der Gnadenlehre Augustinus für die Gegenwart," in *Augustinus – Ethik und Politik*, S. 129 – 150f.

②　Carl Andresen（Hg.），*Augustinus – Gespräch der Gegenwart*, Köln, Wienand – Verlag, 1962.

③　Henri Marrou, *St. Augustine and His Influence through the Ages*, trans. by Patrick Hepburne – Scott, New York – London, 1957.

过原罪假说看到"人的自我责任"受到了威胁，因此争辩道，人的本性在某种程度上就被第一个人的行为伤害了。亚当的罪只是恶的例证而已，正如耶稣的行为举止可以充当人的榜样那般，人的意志自由完全和亚当的罪无关，每个人重新站在决断的面前，决定究竟是向善还是从恶。

　　和奥古斯丁相反，贝拉基不明白，"新生儿为什么要受洗"①，因为这些新生儿是在完全无罪的状态下来到人世的，也不需要什么净化。人无需为其先人的行为负责，每个人只为他自己的行为负责。当然，以后他也必须真正为这些行为承担责任，因为他不能再暗示臆想中的原罪，肉身的软弱，或者诸如此类的事来为他可能出现的放弃开脱。"当我们说：这是沉重的，这是困难的，我们不能，我们是人，我们为衰弱的肉身所裹挟，哦，纯属一派胡言！哦，不可救药的放肆！这样说时，我们就违抗了主。"② 决不存在对恶的行为的辩解。事实是，上帝要求顺从，命令我们以某种方式去行为，如果我们没有能力遵守他的命令，"他肯定不会这样做"③。因此，我们必须遵守他的命令，没有"如果和可是"，只要我们遵守他的命令，我们也将得到永恒的救赎。按照贝拉基的观点，"能力来自命令"，用康德的话说就是，"你能够，因为你应该"。

　　在贝拉基的思想中，斯多亚的"个体性自我规定"这一观念、理性的统治这一古老的异教信仰再一次短暂复活，早期的奥古斯丁也同意这个信念。在罗马帝国的最后阶段，这种信仰已经摇摇欲坠，就连贝拉基也无法再阻止古典自我意识的衰落。最终，由于奥古斯丁的推动，贝拉基被驱逐出罗马，他的学说被官方当作异端加以谴责，奥古斯丁的原罪论第一次取得了胜利。对天主教教会而言，有充分理由同意奥古斯丁的观点，人的弱点是显而易见的，研究人性的专家对此几乎是不否认的。这一点我们姑且不论，对教会而言，强调这种弱点只会有好处，因为上帝的权能必然会这样在一道越来越明亮的光中显现。人被想象得越软弱越无能，他看起来就越加需要神圣的

---

　　① 〔古罗马〕奥古斯丁：《罪的惩罚与遗留》Ⅰ9，转引自 M. Hauskeller, *Geschichte der Ethik. Mittelalter*, S. 72。

　　② M. Hauskeller, *Geschichte der Ethik . Mittelalter*, S. 73.

　　③ 〔古罗马〕奥古斯丁：《罪的惩罚与遗留》Ⅱ3，转引自 M. Hauskeller, *Geschichte der Ethik. Mittelalter*, S. 73。

援助和基督教信仰所允诺的救赎。此外，正如奥古斯丁所强调的那样，原罪论也提供了对人在世上所遭受的无数苦难唯一可靠的解释。如果贝拉基是对的，并且不存在原罪，这种不幸再也不能被理解为正义的惩罚，可这为摩尼教的二元论大开方便之门，因为一个善良的上帝不可能一开始就创造出如其现在所是的世界。如果上帝是正义的，他就不会让人无辜地受苦，可是，因为上帝是正义的，所以当小孩子痛苦地死去时，人已经必然有罪了。既然这一切证成原罪假设，对原罪的否定只能来自一种错误的骄傲。"人们为什么会对本性的能力有如此多的期待？本性已经受伤，被侵，受苦，毁灭，人必需的是真正的忏悔，而非虚假的辩护。"①

在与贝拉基的争论中，奥古斯丁再次吸取了摩尼教的一些思想。摩尼教徒主张，一条鸿沟贯穿了人的本性，只是他们弄错了原因，人的原罪把这条鸿沟带到了世界上，由于人无法复制其原初本性，因此依赖于上帝的援助。救赎分三个阶段，救赎之成为可能伴随着耶稣基督的成人和死亡，开始于对耶稣基督的信仰和对他的命名，最终圆满完成，是在上帝使死者在末日审判那天复活新生。基督教信仰和命名仪式使人从原罪的"罪责"中解放出来，不过不是从罪的惩罚中解放出来，因为这样一来，人尚未从他们的贪欲中解脱，人通过信仰获得了开始和贪欲进行毕生战斗的能力，并且拒绝赞同贪欲。②

奥古斯丁指出："但是，在这种尘世生活中，即便我们仍很努力，但我们达不到这一点，我们充其量是借助上帝的援助达到这种程度，精神不向再次使它有欲望的肉体让步和屈服，我们没有任凭感情驱使赞同罪恶。但是，只要这种内在的战斗还在继续，我们肯定想不到去相信我们已经达到了我们愿意胜利地得到的至福。而且，谁会如此智慧，他根本用不着再和情欲进行战斗呢？"③ 由于原罪，贪婪就如此紧抓现在的人不放，没有人可以保证，就连虔信的基督徒也不能保证，他就不会再次在贪婪面前屈服，"如果不是以轻浮的行为，就是以轻率的话语和仓促的思想"④。

---

① 〔古罗马〕奥古斯丁：《本性与恩典》53，转引自 M. Hauskeller, *Geschichte der Ethik. Mittelalter*, S. 74。

② 〔古罗马〕奥古斯丁：《论节欲》21，转引自 M. Hauskeller, *Geschichte der Ethik. Mittelalter*, S. 75。

③ 〔古罗马〕奥古斯丁：《上帝之城》 XIX 4。

④ 〔古罗马〕奥古斯丁：《上帝之城》 XIX 27。

颠倒的爱有很多种，并非总是以同样的形态表现自己。有时，错爱以和善面目出现，有时甚至带着德性的面具，以至于我们被迫不断地对我们自身和我们的激动极端地戒备和不信任。罪很易在我们的思想、感情和行为中蔓延，在我们不知不觉时就发生了。原罪的结果也就是：我们不容易看清楚，什么是善的，什么是恶的，而且，我们可能搞错了自己行为的动机。不过，谁要是相信，他完全除去了心中所有罪恶的欲念，他不会再有危险，就会误以为自己拥有一种原罪后作为人所没有的权利。这最清楚不过地表明，他还没有逃脱错误的爱，因为他的臆测没有摆脱骄傲与自负，恰恰是重复了那种首先引发了人现在境况的罪。"我们总是在小心，我们不要把假象当作真理，不要让谎言欺骗，不要让错误的黑暗蒙蔽了我们的视野，我们不要认恶为善，认善为恶，既不要怕执行义务而裹足不前，也不要受情欲的驱使做出违抗义务的行为，太阳不会因为我们的愤怒而下落①，我们也不要受仇恨的唆使，以怨报怨。我们必须清醒，不要让不恰当的和过度的悲哀压制我们，以怨报德使我们懒得行善，诽谤使善的良心瘫痪，鲁莽的怀疑使我们误解他人，对他人的错误怀疑使我们变得失去勇气，我们必须小心，别让罪在我们必死的身上作王，使我们顺从身体的私欲，不要使我们的肢体献给罪作不义的器具②，不要让目光跟随贪欲，不要让报复心占据上风，不要让目光或思想驻足于恶的诱惑。在这场充满艰难和危险的战争中，我们不希望胜利来自我们的力量，或者，当我们赢得胜利时，希望不是把胜利归于我们的力量，而是归于上帝的恩典，门徒这样谈论上帝：'感谢上帝，使我们藉着我们的主耶稣基督得胜'。"③

二　上帝援助的必要性

如上所述，原罪的实际后果是多么深远。正如人们相信的那样（而且奥古斯丁本人首先接受），原罪的后果对人而言，只意味着下述意义上的一种额外负担，为了惩罚人的行为有意给人制造障碍，因此，有道德且有道德地生活，变得越发困难。如果仅仅发生这样的事，人总还有力量行善，只有当他充分地致力于此，一个成功者甚至还有更充分的理由夸耀自己的热情，

---

① 《以弗所书》4：26。中文是"不可含怒到日落"。实际上这里指：不记仇。
② 《罗马书》6：12－13。
③ 〔古罗马〕奥古斯丁：《上帝之城》XXII 23，参见《哥林多前书》15，57。

好像如果没有原罪，情况会怎么样。但是，这不可能是惩罚的意义，也就是说，惩罚应该教会人懂得，更准确地说，教会他明白，从自己本身出发他根本什么都做不了，他的所有力量都是被给予的。原罪后，如果人能够靠自己的力量和上帝重新结合，如贝拉基想象的那样，他就恰恰没有学会关键的一课，而且判处他的惩罚就无意义（这是不可能的，因为上帝所做的一切对任何一件事来说，都是善的）。

对奥古斯丁而言，原罪的后果并不限于人的意志的一种单纯衰弱，倒不如说，"从原罪中产生出人的一种彻底无能，无力行善，无力向善，甚或也无力去认识善"①。人先前曾经被赋予从善或作恶的能力，就是说，能够意识到他依附上帝，并且是上帝的受造物，或者能够出于纯粹的虚荣心挣脱上帝。但是，这在今天不再有效，人做出了选择，决心反对上帝，并且丧失了他曾经拥有的向善自由，仍然只为了保留作恶的自由。所以，他出于自愿再次转向上帝，这是不可能的。他所依赖的是，上帝首先使他恢复了他轻率地放弃的能力。因为一切能力来自上帝，行为的能力，正如意愿的能力和认识善的能力一样。因此，正确地向上帝祈祷并不是简单地如同贝拉基想象的那样，"你愿意什么就命令我"，而是"请把你所命令的赐予我，然后，你愿意什么就命令我"。② 离开了上帝的援助，人根本就什么也不能做，更有甚者，离开了上帝的援助，人甚至连请求上帝援助的能力都没有，如果上帝同意给人以援助，他也就会去做他凭着上帝的援助能做的事，因为上帝的援助是不可抗拒的，"这种援助导致人去行善"③，通过上帝的帮助，人不仅重获行善的自由，而且同时失去了作恶的自由。

对于这种受到贝拉基强烈影响的原罪论观点④，奥古斯丁决定从一开始就反对，从根本上要废除骄傲之罪。人应该永远牢记，他们不是自己本身的创造者，"人决不该夸耀自己的功德"⑤。即便我的信仰比我邻居的信仰更热

---

① 〔古罗马〕奥古斯丁：《致奚普里安的不同问题》Ⅰ 2.2，转引自 M. Hauskeller, *Geschichte der Ethik. Mittelalter*, S. 77。下面凡引此书，只注明卷、章、节。

② 〔古罗马〕奥古斯丁：《忏悔录》Ⅹ 29。

③ 〔古罗马〕奥古斯丁：《致奚普里安的不同问题》Ⅰ 2.12/13。

④ 参见《罗马书》3，23–24："因为这里没有分别：世人统统都是罪人，亏缺了神的荣耀，如今却蒙神的恩典，因耶稣基督的救赎，就白白地称义。"

⑤ 〔古罗马〕奥古斯丁：《致奚普里安的不同问题》Ⅰ 2.1。

烈，即便我的爱可能要比实际逊色，即便我的行为在善良方面超过了所有他人，都没有任何理由认为，我要比他人更善良，因为无论我的本性怎样，无论能做什么，都肯定不归功于我，我现在、过去和将来每每拥有的一切，都是被给予的。

无论如何，从人的方面否定一切功德，对宗教道德而言，都是一个很难接受的结论。如果我想、感受和做的一切，我的一切冲动，就它是善的而言，总是已经以上帝的援助为前提，我就不能从自身出发做任何事，去赢得这种援助，正如保罗所说，这"不在乎那定意的，也不在乎那奔跑的，只在乎发怜悯的神"①。如果上帝不着手甚至执行这一措施，我甚至连向上帝迈出最小的一步都做不到，也就无法理解，为什么恰恰是我得到了这个帮助，而很多其他人却得不到。同样地，所有人都和原罪有关，但不是所有人都与救赎有关，只有爱上帝的人才得到救赎。但是，只有在上帝干预的后果中，人才分为爱上帝的人和另一些不爱上帝的人，因此我也不可能因为我的爱而被奖赏，因为我的爱并不是独自完成的，倒不如说，我得到了帮助，而且没有它的话，我根本不可能做任何事，这种帮助就是恩典，因为它完全是白白地被赐给我的。"因着神的恩典我们得救，这不是靠我们自己，不是的，是神的礼物，不是靠事功，没有人为此而自诩。"② 但是，上帝的选择没有原因，即使帮助一些人，使另一些人入地狱，也不能说是不正义的。上帝发出怜悯，"他要怜悯谁就怜悯谁，要叫谁刚硬，就叫谁刚硬"③。更确切地说，"既不根据他们已经犯下的罪行，也不根据他们将来要犯的罪行"④，因此当他的怜悯和他的爱完全变为现实时，我那时还能怎样正义地称呼他呢？

无论怎样，不能怀疑上帝的正义，上帝是正义的，这是一条公理，不彻底改变整个基督教就不能侵犯这公理。因此，上帝本身必须被认为是正义的，倘若我们不能认识上帝判决的尺度。虽然它的正义很可能被隐藏起来，无法以人的尺度去探究，可它是无可置疑的。至少可以揭示：即便按照人的

---

① 《罗马书》9.16。
② 《致奚普里安的不同问题》Ⅰ 2.6。
③ 《罗马书》9.18。
④ 〔古罗马〕奥古斯丁：《致奚普里安的不同问题》Ⅰ 2.9。

标准，上帝依然不是不义的。因为如果有人向另一个人讨债，我们通常也不觉得这是不义的，尽管这也许冷酷些，但肯定不是不义。可是，如果有人免除了另一个人的债务，这同样很难说是不义，不如说这是一个仁慈的行为。现在，如果我向一个人讨债，而不向另一个人讨债，因为我喜欢这样，前者不能怀有敌意地指控我不义，因为我向他讨要的只是属于我的东西，并且没有什么事使我有义务立即免除所有人的债，只是因为我对某人已经这样做了。

按照奥古斯丁的观点，所有人都亏欠上帝，不是因为他们因某事责怪他，而是因为他们在内心里曾反抗过他。他们理该得到上帝惩罚，一切人如同一个罪恶集团，它应该从最高的正义那里领取死亡的惩罚。可是，尽管如此，一旦上帝从这个团体中找出几个人并使他们免于惩罚，那他绝非行了不义。毋宁说，他借此给其正义又增添了仁慈，只是，他为什么偏偏拯救这些人而不拯救那些人，这是人在此生无法理喻的。

三　神圣德性

人的理解力也被设定了界限，这同样可以被看作原罪的结果。按照奥古斯丁的观点，无论如何我们只能猜测，但达不到确然知识。有很多这样的事，是我们无法明白的，有很多这样的事，难以被"可怜的有死性的理性化伎俩"理解。尽管如此，仍然肯定有一条理性命题是不可动摇的，"最全能者，若没有合理的理由，做不了懦弱的人类灵魂无法理性解释的事情"。[①]带着这种确信，奥古斯丁最终告别了古典哲学的理性主义，他本人在年轻时还曾经坚持这样的观点。理性分为人的理性和神的理性，人的理性失去了曾经在古典传统直至早期奥古斯丁那里发挥的作用，即在人与神圣之间的媒介。"从前，人作为理性存在者，在其自身的灵魂中，占有一个直接的理解宇宙秩序原则的入口，现在却觉得，自己面对一个不再能够被毫无顾忌地当作完全理性的来认识的世界。人无法理解世界的秩序，认为世界按理性原则仍是有序的这种观点，因此成了单纯信仰的事。"[②]

---

① 〔古罗马〕奥古斯丁：《上帝之城》XXI 5。
② 〔古罗马〕奥古斯丁：《上帝之城》II 23。

奥古斯丁承认，人的理性和神的理性之间具有一条难以逾越的鸿沟，因此，信仰和理性的关系改变了。在他的《早期哲学对话》中，他把哲学知识理解为"通往神圣真理的道路"①，并且还使之置于信仰之上。信仰无疑是有益的，即作为知识的一个可能是必要的预备阶段，"仿佛是给无经验的人的路标一样，它向后者指出，他们必须在哪里去寻求知识"②，但无法代替通过哲学可以达到的知识。不过在晚年，奥古斯丁对自以为借助人的理性能认识上帝的哲学产生了强烈怀疑。这时，基督教信仰被他看作通往上帝的唯一可能的道路。"那些骄傲之人找不到你，即便他们有真才实学，能够计算星星与海中的沙粒，即便他们能度量天体、测算星辰运行的轨道。"③ 圣经现在显示出一种更高的理性，拥有毋庸置疑的权威，因此，不论它里面有何难解之处，即便完全矛盾，真正的理智都"应该服从圣经的权威"④。所有必要的知识都包含在圣经之中，和圣经相悖的，都是错误的，"超出圣经的东西，例如对自然的科学研究就是多余的或者完全有害的"⑤。因为它使视线转向外部世俗之物，并且恰恰偏离了重要的东西，即本己的灵魂的分裂，这种分裂只有通过上帝才能治疗痊愈，"他们能预测日蚀，却看不到自身当下的晦暗"⑥。

因无条件承诺圣经的权威而引人注目的理性就这样被废除了，假定存在一种更高的神的理性，人没有通往它的直接入口。实际上有一种高级理性，不过这甚至（与奥古斯丁的明确担保相反）不是理性定律，而同样也是一条信仰定律。但这不是说，不存在这种信仰的理由，而只是说，归根结底，这些理由与其说是理论性的，还不如说是实践性的。上帝决不会做什么非理性之事（这正好也意味着，不做不义之事），因此，世间发生的一切必有充分理由，这个信仰有助于人去忍受他每天要经历表面上的不义之事。"因为我们不知道，这边好人在受穷，而那边坏人在享福，这是凭的哪一条上帝裁

---

① 〔古罗马〕奥古斯丁：《论秩序》Ⅱ 16。
② 〔古罗马〕奥古斯丁：《论秩序》Ⅱ 26，《论真宗教》122。
③ 〔古罗马〕奥古斯丁：《忏悔录》Ⅴ 3。
④ 〔古罗马〕奥古斯丁：《忏悔录》ⅩⅢ 23。
⑤ 〔古罗马〕奥古斯丁：《忏悔录》ⅩⅢ 21。
⑥ 〔古罗马〕奥古斯丁：《忏悔录》Ⅴ 3。

决……我们不知道为什么一个坏人极其健康，而一个虔诚的人却久病不愈；我们不懂，为什么年富力强的男子做强盗，而哪怕连一句伤人的话也说不了的婴儿却要遭受一些可怕的病魔；我们不知道，为什么某人还能服务人类，就被过早的死亡夺去生命，而另一个（可能就如人们说的那样）完全不该出生的人，却格外长寿……这样的事不胜枚举。"①

奥古斯丁对神的理性的坚定信念不能归于盲目的乐观主义，而要归于一种只是对难以忍受的残酷生活的绝望的勉力克制。为了对付发生在我们身边的一切苦难，我们只须相信，我们的理智只是太无力了，以至于我们无法理解这样的事；我们必须相信，世界不是一个变化无常的偶然事件的产物，其中的一切都有其意义，尽管我们无法认识这种意义。为了不再绝望，我们必须相信，上帝不是任性而为，他不单单是掷骰子，而是"按照事物和时间的一个虽然对我们而言隐秘、但对他而言清楚地呈现在眼前的秩序"② 来裁决。于是，信仰靠着希望生活，而希望给人以必要的安慰，它允许我们热爱上帝，这是上帝应得的。

可是，这样一来，理解全体的含义不是被放弃了，而只是被推迟了。"我们此生不可能达到的知识被搁置到那遥远的一天，那天上帝将作出裁决，我们将理解一切。"③ 直至那时，我们除了信仰、希望和爱以外什么也不能做④，因为我们现在看到，正如保罗所言："我们如今仿佛对着镜子观看，模糊不清，到那时，就要面对面了。我如今所知道的有限，到那时就全知道了，如同主知道我一样。如今常存的有信、望、爱这三样，其中最大的是爱。"⑤

第五节　幸福与爱

著名的奥古斯丁学者弗里德曼·布登兹克（Friedemann Buddensiek）在《奥古斯丁论幸福》一文中把奥古斯丁的幸福观概括为两个阶段：早期对话

---

① 〔古罗马〕奥古斯丁：《上帝之城》XX 2。
② 〔古罗马〕奥古斯丁：《上帝之城》IV 33，另外参见《上帝之城》XI 5。
③ 〔古罗马〕奥古斯丁：《上帝之城》XIX 14；XX 1。
④ 〔古罗马〕奥古斯丁：《论真宗教》285。
⑤ 《罗马书》13，12/13。参见《上帝之城》XXII 29，参见《哥林多前书》13.12/13。

时期和晚期的幸福观。早期对话中的观点主要反映在《论幸福生活》、《驳学院派》和《论秩序》中，晚期思想主要反映在《上帝之城》中。布登兹克认为，早期对话中的幸福观可以概括为：成为幸福的和成为智慧的是一致的。说到底，想达到这一目的，根本途径就是"拥有上帝"。①

奥古斯丁关于幸福的思考，在早期主要是从概念和定义层面进行的，晚期思想则是着力于思考幸福的实现问题。按照布登兹克的观点，奥古斯丁的晚期幸福观主要讨论"幸福的彼岸性质、变得幸福起来的非自力性以及永生或永久和平"②。布登兹克的概括是准确的，我们的分析没有严格按这种时间分期的方法进行，但思路一致。我们的论述还更进一步，试图把"本体论、认识论和伦理学"三者结合，分析奥古斯丁的幸福论。③

一　开启幸福之门的钥匙

奥古斯丁在《论真宗教》一书中开宗明义地指出："只有真正的宗教才能开辟达至美好、幸福生活的道路。"④ 这种宗教只崇拜一个上帝，一个创造、完善并包容宇宙万物的上帝，这种宗教就是基督教。为了论证基督教的合理性，他对基督教的哲学化和哲学的基督教化进行了双重论证。

奥古斯丁首先指出，苏格拉底和柏拉图的哲学精神对基督教有可利用的价值。那些曾经宁愿崇拜许多神祇为真正的上帝和万物主宰的民族是鲁莽的，他们心目中的智者（哲学家）虽然有不同的学派，却照样有着共同的庙宇。苏格拉底和柏拉图虽然很清楚这一点，但他们内心充满恐惧和忧虑，因为苏格拉底明白，自然界随便什么作品都要把自己的存在归功于上帝的预定，这些作品要远远优于人类艺术家的作品，因此也就比庙宇中的

---

① *Augustinus – Ethik und Politik*，S. 68.

② *Augustinus – Ethik und Politik*，S. 71 – 73。

③ *Augustinus – Ethik und Politik*，这本文集的主编迈尔在前言中指出，柏拉图已经为哲学打下基础：本体论（Ontologie – Lehre vom Sein des Seienden）、知识学（Gnoseologie – Erkenntnislehre）和伦理学（Ethik – Sittenlehre），笔者认为，奥古斯丁关于幸福的观点就已经自觉地将三者结合起来，为基督教的幸福观进行奠基性分析了。本体论（存在论）、认识论和伦理学是一致的。他关于幸福的思辨具有独特的深度和高度，这也是他之所以对后世哲学和神学都同样产生了划时代影响的原因。

④ Augustinus, *über die wahre Religion*（*De vera religione*）Ⅰ 1, Lateinisch/Deutsch, Zürich, Artemis Verlags AG, übersetzung und Anmerkungen von Wilhelm Thimme, Nachwort von Kurt Flasch, 1962.

崇拜对象更值得享有神的赞美。所以，苏格拉底试图使那些崇拜多神教的人醒悟，同时，他也要向那些把可见世界当作至高无上的神性的人指出，如果把任意一块石头都当作至高无上的神来崇拜，就会产生可恶的后果。但是，只要他们讨厌这样做，就应该改变他们的意见并且寻找这个本身远甚于人的精神、创造一切灵魂及整个世界的上帝。柏拉图也认为，真理不是用人肉体的眼睛去观看，而是要用人的纯粹精神去观看，因为真理是不变、永恒的，是事物不变的形式和一如既往的美，真理没有空间距离，没有时间消逝。对上帝的永恒享受只归于理性的、精神性的灵魂，只能理智直观。

奥古斯丁对柏拉图和苏格拉底的迁就，源自他们对精神价值的重视。他特别在意基督教和柏拉图主义在精神价值观上的一致性，尤其在他的青年时代。他认为，基督教是真哲学和真宗教，"二者是同一的"①。之所以说基督教是真哲学，因为真哲学无非就是对真宗教的理性阐释，即对基督教关于人格神言论的阐释。当然它们在以下方面是有区别的：基督教作为真宗教利用了这些神秘的言论，作为真哲学仍旧是对关于人格神言论的阐释。而且，"基督教作为真宗教是对普通百姓而言"②，柏拉图忽视了普通人的幸福。基督教对有教养的人来说，不是宗教，而是真哲学。博学的人不必相信在哲学上站不住脚的神话，他们不需要从字面上来理解圣经；为了理性地理解基督教学说的真理，他们只能也应该对圣经进行哲学阐释。所以，基督教对哲学家是哲学，对普通人就是宗教。

早期奥古斯丁认为，只有基督教才能借助权威耶稣做到这样一点，使今天几乎所有的人不再关心性欲、财富和荣誉，只献身于真理和上帝。一些人因为基督教的权威命令他们这样做，另外一些人因为他们明白圣经的要求是合理的。后期奥古斯丁修正了他早期的一些观点，至少进行了限定。虽然作为主教，他还要求基督教的合理性，至少在基本特征上他还是柏拉图派，坚

---

① Augustinus, *über die wahre Religion* (*De vera religione*) V. 8, Lateinisch/Deutsch, Zürich, Artemis Verlags AG, übersetzung und Anmerkungen von Wilhelm Thimme, Nachwort von Kurt Flasch, 1962.

② Augustinus, *Die Größe der Seele* (*De quantitate animae*) 7：12, in A*ugustinus Philosophische Spätdialog*, Eingeleitet, übersetzt und erläutert von Karl-Heinrich Lütcke Günther Weigel, Artemis Verlag Zürich und München, 1973.

持了他早期对上帝的哲学阐释，但后来主要使用神秘语言，越来越熟悉正统的语言传统，作为传教士和主教转向了和早期著作中不同的听众和读者圈，这种圈子主要由普通人组成。尽管他的思想发生了转变，但他关于基督教是真哲学和真宗教的统一的观点没有本质改变，这奠定了他中世纪哲学导师的地位。"基督教是真宗教"保障了他在神学上的正统地位，"基督教是真哲学"保障了其哲学的理性品格。比如，他的《上帝之城》虽然是后期作品，毫无疑问是为了捍卫基督教的正统地位而作，但是，它主要是给文化人写的，远比那些写给基督教教区的注释性著作和布道更具有哲学味。奥古斯丁旨在说明，基督教的预言需要哲学的理性解释，如其不然，基督教也无法确保它的正统地位。

二　幸福就是拥有上帝

幸福构成基督教哲学的主题。著名中世纪哲学史家柯普斯登指出："奥古斯丁的伦理学和希腊伦理学有共同的特色，即幸福论。"[1] 虽然人们关于中世纪伦理学究竟是不是德性论常有争论，但从本质上看，中世纪伦理学的基督教性决定了其幸福论特色，也就是说，这种道德理论不仅要关心人的善生，更关注如何善生。幸福在于内心的和平，而和平，建基于人的超越精神，超越于万物之上，摆脱物质世界对灵魂的羁绊。这种幸福论有别于传统的经验主义幸福论，正如托马斯的德性论不同于康德的德性论一样。

奥古斯丁认为，幸福是人类行为的最终目的，是对永恒不变的追求。但是，这一目标不可能在俗世达到，因为任何有限存在物和外在的善不能使人满足，不能确保内心和平，幸福只能在永恒不变的上帝那里找到。寻找上帝靠的是意志和爱，不是理智和认识。"爱上帝"是人独自无法完成的事业，因为原罪，人的意志成为受限制的；相比上帝的存在而言，人的存在就是虚无。"理性的受造物……如此地被造，以至于它不能自己是善的，可以带给自己幸福。"[2] 所以，人需要上帝的恩典。"律法的词语是为了恩典的寻求，

---

① 〔英〕柯普斯登：《西洋哲学史》第二卷，第114页。

② 〔古罗马〕奥古斯丁：《书信集》140.23.56。参见〔英〕柯普斯登《西洋哲学史》第二卷，第114页。

恩典的赐予是为了律法的完成。"① "使你幸福的，不是你灵魂的德性，而是赐给你德性的他，他触动你的意愿，又赐给你行为的能力。"② 能给人幸福的，既不是伊壁鸠鲁派的理想，也不是斯多亚派的理想，而是上帝自己。"因此，寻求上帝就是对至福的羡慕，找到上帝就是得到幸福本身。"③ 正如他在《忏悔录》里所言："我们的心如不安息在你怀中，便不会安宁。"④

奥古斯丁首先对人的生存结构进行了分析。存在、生存、理解是灵魂的三一结构，理解是灵魂的本性，幸福是存在、生存和理解的共同目标。存在对应于善，生存对应于从大善到小善的移动，即痛苦、有限性、虚无或非存在。理解与上帝相关，是存在和非存在、有限与无限的桥梁，是存在的一种方式。在希腊"德性论"那里，善生靠的是理解，幸福也靠人的理性能力和现实的德性。在存在（善）和理解（理性）之间缺乏中介，少了生存和有限性这一环节。

他在具体解剖灵魂时，也继承了普罗提诺的秩序论，提出了别具一格的"位置"概念。人的灵魂"位于"一个自下而上的三一结构，即"有形之物、灵魂和上帝"⑤。"上帝之下、肉体之上"，这就是人的生存位置。人的一切幸福与不幸、善与恶等问题都和"位置"有关。如果人能守住自己的位置，他就是幸福的，否则就是不幸的，前者是行善，后者是为恶。人首先要理解自己的位置，善生就意味着按自己的位置生存。奥古斯丁说："幸福问题取决于，人为了成为幸福的人，要知道他可以要求什么，应当渴望什么。"⑥

人所追求的幸福，必须满足两个条件：其一，这个对象必须持久、永

---

① 〔古罗马〕奥古斯丁：《精神与文字》19.34。参见〔英〕柯普斯登《西洋哲学史》第二卷，第117页。

② 〔古罗马〕奥古斯丁：《讲道集》150.8.9。参见〔英〕柯普斯登《西洋哲学史》第二卷，第114页。

③ 〔古罗马〕奥古斯丁：《论基督教会的德性》Ⅰ 11.18。参见〔英〕柯普斯登《西洋哲学史》第二卷，第114页。

④ 〔古罗马〕奥古斯丁：《忏悔录》Ⅰ 1，周士良译，商务印书馆1981年版。

⑤ Augustinus, *über die Ordnung* Ⅱ 11, in *Augustinus Philosophische Frühdialoge*, Eingeleitet, übersetzt und erläutert von Bernd Reiner Voss Ingeborg Schwarz-kirchenbauer und Willi Schwarz Ekkehard Mühlenberg, Artemis Verlag Zürich und München, 1972.

⑥ Augustinus, *über das Glück* Ⅰ 10, in *Augustinus Philosophische Frühdialoge*.

恒，既不能依赖于幸福（有限的善）本身，也不能隶属于任何偶然性的东西；其二，人所愿不能是有死的东西和变化无常的东西。根据人的存在位置，一切肉体性存在（有形之物）不能满足这两个条件，只有上帝才具备这样的资格，因为他不仅永恒，而且持久、不变，是完满的无限的存在，是无条件的善。谁拥有了这样的善，他就善生，也就拥有了至福。奥古斯丁说："谁拥有了上帝，谁就是幸福的。"① 凡是爱慕并占有暂时的偶然性东西的人，都注定是不会幸福的，如性欲、财富和荣誉等，都因为是有限的善而不能使人满足，它们也不能充当道德的动力因，因为它们的位置在灵魂之下，灵魂背弃它之上的上帝，趋向它之下的万物，这种意志的移动就是善的缺乏。

为了使自己的论证更充分，奥古斯丁引入了"尺度"概念。他认为，按照自己的位置生存，就是按照合适的度生存。幸福的人之所以幸福，不是因为他拥有了善（物），而是因为他的自我节制，不幸的人是因为生活"无度"或"度的缺乏"。那么，合适的度究竟是什么呢？它肯定不是肉体，因为灵魂高于肉体；也不可能是灵魂本身，因为灵魂不能以自己为尺度。只有上帝才配得上这个尺度，因为它是在灵魂之上的超越的上帝，只有上帝才能使灵魂得到提升。这样，按照自己的位置生活，与按照合适的度生活，就是同一个意思，都是指按照上帝生活。按照上帝生活意味着"统治肉体，服从上帝"，这就是幸福。

在奥古斯丁看来，"拥有上帝"有三层含义：第一，做上帝愿意的事，即执行上帝的意志；第二，善生；第三，灵魂纯洁。这三者是一致的。拥有上帝之所以会使人幸福，是因为拥有上帝的人不再有任何"匮乏"，灵魂处于完满状态，而不幸的人之所以不幸，在于他的灵魂缺乏无条件的善。不过，奥古斯丁强调，拥有上帝使人善生，但不能反过来说，善生的人就拥有上帝。"善生"强调人的事功，是人自己的事，在基督教，就是信仰，在希腊哲学家那里，就是德性，是人自己凭借德性努力完善自己，自己使自己满足。如果说"善生"使人拥有上帝，就会得出结论，人的幸福（或幸福生活）取决于人自己，与上帝的救赎无关。如前所述，按照自己生活恰恰是

---

① Augustinus, *über das Glück* Ⅰ.10, in *Augustinus Philosophische Frühdialoge*.

不幸的根源，是道德的对立面，这就是奥古斯丁之所以反对希腊传统幸福观的原因。

"善生"分两步走。首先是理解，对基督教真理进行哲学阐释；其次是信仰，跟从上帝，这是"基督教是真哲学与真宗教"这一观点的展开。换句话说，善生只是跟从上帝，而非拥有上帝，是达到幸福的前提而非保障，是信仰的目标而非信仰的完成。奥古斯丁曾经说过，理解是寻找上帝，信仰是找到（享见上帝），而"拥有上帝"非信仰之功，它是恩典的结果，恩典使人善生，也使人幸福，善生是拥有上帝的回报，正如理解是信仰的回报一样。

奥古斯丁的深刻之处在于，他一方面强调善生、理解是重要的，人的信仰也是不可缺少的，重视成就道德的主观层面的积极意义，这是作为哲学家的奥古斯丁对希腊"德性论"遗产的吸取；另一方面，作为基督徒，他把人的幸福奠基在上帝的外来恩典上，"谁拥有一个恩典的上帝，谁就是幸福之人"[1]。可见，最终还是基督教正统的奥古斯丁占了上风。

三 爱的伦理

奥古斯丁把自由与爱统一起来，使哲学的自由意志学说和爱的伦理融贯起来，对阿伯拉尔和托马斯，甚至对笛卡尔和康德都产生了重要影响。本章"爱的哲学"就是分析奥古斯丁对古希腊知识论美德观的终结和对中世纪道德观的开启。与希腊的四主德相比，奥古斯丁的爱德无疑体现出中世纪道德观的独特实质。

柯普斯登指出"奥古斯丁的伦理学是爱的伦理学"[2]，这个概括反映了奥古斯丁对古典希腊知识论美德观的终结及其成果。前面已经指出，奥古斯丁秉承了新柏拉图主义的三一论，把人的生存刻画为一个三一式的结构。在"肉体、灵魂、上帝"这一等级系统中，存在性逐级上升，而非存在性逐级下降，在上帝那里，上帝和存在直接同一，上帝是至高存在，至善至真。不幸就是缺乏至高、至善、至真的存在，即还未拥有上帝，正是这种灵魂的内

---

① Augustinus, *über das Glück* Ⅱ.20, in *Augustinus Philosophische Frühdialoge*.

② 〔英〕柯普斯登：《西洋哲学史》第二卷，第115页。

在缺乏才敦促它试图寻求真理、拥有上帝。人追求幸福、超越有限的过程，就是由较低的完满向较高的完满逐步过渡的过程。正如 R. 沃斯（R. Voss）所言："只要人仍在寻找，他就可能错过与上帝的相遇。他还未被充满，尚未达到他内心的尺度。就完满性而论，他还缺乏幸福。因为上帝作为灵魂之路的目标虽然距灵魂很近，但同时又很遥远。在人的生命之上，存在着一种独特的张力，人同时总还要不得不成为他总是已经所是的东西，他拥有上帝同时不拥有上帝；他善于把上帝当作一项任务。只要人还没拥有上帝，他就没有掌握自己。"① 沃斯非常精当地道出了奥古斯丁对生命意义的理解。

奥古斯丁指出，在人的存在缺乏中，首要的是理智或精神的缺乏。从表面上看，人因为缺少财富而痛苦，或者缺少知识而不安，其实这都是假象。一个人精通一切知识而不认识上帝，是不幸的，相反，不知道这一切而能认识上帝，是有福的，一个人并不因为知识而更有福。如果能认识上帝，敬事天主，不使思想陷于虚妄，那么，他的幸福完全得于上帝。② 精神的缺乏与愚昧并无二致，愚昧"是智慧的对立面，如同死亡与生命的对立，幸福与不幸的对立，它们之间没有任何中保者"③。不幸的人既是缺乏者也是愚昧者，不幸者既遭受缺乏之苦，也饱受愚昧之害，"精神的所有恶都能够在愚昧这一概念下得到理解"④。在他看来，有智慧和拥有上帝是一致的。所谓智慧，就是"通过思想认识上帝，即享受上帝"⑤。这要求人的自我放弃，而自我放弃必须以拥有智慧为前提。然而，拥有智慧是一个过程，只要人们还在寻求上帝，人们就不会享受到源泉本身，也不会享受到那源泉的充满。也就是说，当人们还没有达到完满的尺度时，尽管上帝的恩典已经显现，但是人们仍没有拥有智慧，也不幸福。人们的思想不能完全满足，人们的生活还不能说是真正幸福的，因为人们尚未拥有最好的生活，最好的生活就是人的德性所愿的至善，即上帝。

奥古斯丁的思考是独一无二的，他并没有因此而否定人认识其他真理的

---

① Augustinus, *über das Glück*, "Einleitung," in *Augustinus Philosophische Frühdialoge*.

② 〔古罗马〕奥古斯丁：《忏悔录》V 4.7，周士良译，商务印书馆 1981 年版。

③ Augustinus, *über das Glück* Ⅲ 30.

④ Augustinus, *über das Glück* Ⅲ 30.

⑤ Augustinus, *über das Glück* Ⅲ 34.

意义。相反，他非常重视思想之于人的重要性，他强调，人应该对灵魂之下的事物有充分的认识，灵魂的自我认识是通往幸福之途的一个必要条件。奥古斯丁曾经将"ratio"置于灵魂与上帝之间，构成一个"corpus，anima，ratio，deus"（有形之物、灵魂、精神、上帝）四级存在系统。正如 S. 吉尔松（Stefan Gilson）分析的那样，"对真理的研究是幸福的绝对必要的一个条件"①。在人心中存在着一种感性欲求，必须使之趋向至善，使它受理智的支配，从而达至对至善的理智探究。在这个意义上，奥古斯丁赞赏柏拉图哲学是最好的哲学，"因为它使肉体服从于灵魂，欲望受理智的主宰"②。当然，思想不能确保人的幸福，并不构成幸福生活的本质。人对事物的认识只能达到一定程度的、有限的善，思想对于理论的观照是适用的，对于爱则不适宜。因为爱是一种命令、一种要求，它偏偏不属于思想的范畴。

奥古斯丁在论述人的信、望、爱三种德性时曾指出，对上帝的爱是德性中的至高境界。爱德虽然以信德为基础，却又大于信、望德性，并决定它们。谁拥有了正当的爱，谁就无疑有了正当的信和望，人是因为其正当的爱才获致幸福的。爱上帝的人是幸福的，爱自己的人是不幸的，两种爱，构成两座城，即上帝之城与人间之城。拥有上帝等同于爱上帝（进而爱邻人），所以，幸福的目标和获致幸福的途径在爱中合一了。即便这种作为达至幸福的爱是一种德性，那也不同于希腊传统的德性伦理学。与世俗德性相比，这种爱德（包括信和望）是神圣德性。所以他说："就我而言，德性最简单、最真实的定义是爱的秩序。"③"爱上帝"是灵魂的超越过程，这是自我否定的过程，自我否定是和希腊传统的自我肯定相对的。爱意味着人的自谦、谦卑，与人的自负、骄傲相反。如果一个灵魂爱自己超过了爱上帝，就会陷入无限的缺乏之中不能自拔，内心的和平、满足、至福就无法实现。

总之，"幸福就是拥有上帝"，这是奥古斯丁基于基督教立场为人的幸福开列的处方，幸福取决于人对自己位置的确认，人生存的正确位置是：万

---

① S. Gilson, *Der heilige Augustin. Eine Einführung in seine Lehre*, aus dem französischen übersetzt von P. Philotheus Böhner und P. Timotheus Sigge O. F. M, 1930, S. 30. Stefan Gilson 和 Etienne Gilson 是同一个人。

② Augustinus, *Vom Gottesstaat* Ⅷ 8, übersetzt von Wilhelm Thimme, eingeleitet und erläutert von Karl Andresen, Artemis Verlag Zürich und München1855. vollständig bearbeitete Auflage, 1978.

③ Augustinus, *Vom Gottesstaat* Ⅷ 8.

物之上、上帝之下。他的论断其实与希腊先哲殊途同归，就人的灵魂位于万物之上而言，他和希腊人是同归的；但就人如何超越万物而言，他和希腊先哲们殊途。这就是奥古斯丁思想的特质，真正体现他融合希腊哲学思想和基督教的企图，表现了基督教道德理论和希腊"德性论"道德价值上的共同目标：超越有形之物和感性欲望的限制。

第 二 章
意志主义的奠基

关于西方自由观念的本源，在国内外学界都是一个焦点话题。有人认为，西方自由观念源于洛克，也有人认为源于古希腊，有人要么侧重追溯政治自由（或自由主义）的发生，要么描述自由之思的逻辑起点，众说纷纭。[①]这里我们是从哲学上追问自由的本源（包括时间和逻辑两个方面），不仅追溯西方自由观念的历史起点，而且追问西方自由观念何以可能的哲学根据。我们也试图克服线性思维的局限，从后现代的视野切入，反思现代自由观念的问题，探索前现代的中古世纪的自由之思究竟在何种意义上构成我们所谓"本源"和逻辑起点。换句话说，西方自由观念的本源为什么不是植根于古希腊罗马，也不是肇始于近代的洛克，而恰恰是中世纪哲学，特别是奥古斯丁？我们的追问无疑是反思式的，我们的核心论点是：现代西方

---

① H. 约纳斯的《奥古斯丁和保罗的自由问题》是一部代表性作品，讨论"基督教－西方自由理念的本源"。参见 Hans Jonas, *Augustin und das paulinische Freiheitsproblem. Ein philosophischer Beitrag zur Genesis der christlich-christlich-abendländischen Freiheitsidee*, Göttingen, Vandenhoeck & Ruprecht, 1930。此外，也有不少著作讨论这个话题，但大部分是从政治自由角度讨论，如两本论文集《西方现代自由的起源》（*Origins of Modern Freedom in the West*, ed. by R. W. Davis, Stanford, Calif.: Stanford University Press, 1995）和《重要的是我们为什么操心》（*The Importance of What We Care about. Philosophical Essays*. Harry G. Frankfurt, Cambridge University Press, 1988）一致把洛克看作西方自由观念的本源。另外一篇文章是 Orlando Patterson 的 "The Ancient and Medieval Origins of Modern Freedom"，虽然认为现代自由观念在古希腊和中世纪就有其根源，但文章着重探讨政治自由，缺乏对哲学自由进行哲学形而上学分析。载于论文集 *The Problem of Evil, Slavery, Freedom and the Ambiguities of American Reform*, ed. by Steven Mintz and John Stauffer, University of Massachusetts Press, Amherst and Boston, 2007, pp. 31 – 66。德国哲学界也有人认为，希腊哲学，尤其是亚里士多德主义是自由观念的策源地，参见《哲学历史词典》第二卷，S. 1064f., *Historisches Woertbuch der Philosophie*, Herausgegeben von Joachim Ritter, Band 2 D – F, Schwabe & Co. Verlag, Basel /Stuttgart, 1972。

（乃至全人类）健康的自由不仅是自我决断意义上的生存论自由，而且应该是具有深度自身反思的"有限的自由意识"。或者说，自由说到底，是有限度的自由。只有把自我决断的自由意识和自由的受限制性两个方面结合起来，这种自由观念才是健康的观念，才是有恒久生命力的自由意识 。也只有这一自觉的体认，自由的神圣不可侵犯，才能从根本上得到辩护。我们首先讨论的是中世纪意志主义的奠基，这种奠基开出了西方自由观念的本源。

大多数人认为，柏拉图和亚里士多德的自由思想是中世纪的自由意志观念的直接来源。国内也有学者这样认为，尤其是《尼各马科伦理学》中的行为理论。[①] 这一观点切中了托马斯自愿行为理论与亚里士多德行为理论的内在关联。我们认为，奥古斯丁（尤其是他的《论自由决断》中）的自由之思才是真正奠基性的工作，他不仅奠定了中世纪的意志主义传统，而且极具原创性贡献和开拓性影响，对现代自由观念产生了划时代的影响。

上一章讨论了奥古斯丁如何利用新柏拉图主义哲学为基督教教义辩护，分析了爱的伦理学逐步确立的过程，本章则围绕奥古斯丁的原罪论阐明他关于恶的产生、人的自由和上帝的正义这三重论题的系统观点。他关于"罪恶起源"的追问，不仅表现出理性的自由意识，包含丰富的理性论证，更重要的是，首次突出了自由与恩典之间的张力和辩证法，剥离出自由与责任的内在逻辑关联。他的原罪论是对基督教教义的一次原创性的哲学阐释，最终且最有价值的哲学观点就是得出了一个具有持久效应的结论：人的自由是有限度的。正如 E. 吉尔松所说："自有天主教思想，便肯定人类自由。这并不是说天主教义发明了自由的观念，必要的时候，天主教义还会拒绝这种说法……自由通过人类的理性属于人类，其表现在于人意志的选择能力。从此，自由、理性和选择能力这些术语便彼此不可分离。"[②] 亚里士多德把"本性"看作行为的首要原则，即"自发性"，行为原则在心灵内部。从奥古斯丁开始，关于行为原则的讨论，才从本性（自然）转向了意志（自由）。本性行为和意志行为的区分，就是意志的自由决断。

无论西方自由观念如何演变，从中世纪的波埃修（Boethius）经过托马

① 张继选：《多玛斯的自愿行为理论》，（台北）《哲学与文化》2005 年第 32 卷第 5 期，第 133—149 页。

② 〔法〕E. 吉尔松：《中世纪哲学精神》，第 245—246 页。译文略有改动。

斯，再到邓·司各脱（John Duns Scotus），或者更晚些，到近代的路德（Martin Luther）、笛卡尔（Decartes）、莱布尼茨（Leibniz）和康德，无论是在信仰背景下，还是在理性启蒙背景下讨论行为和意志，都绕不开奥古斯丁的奠基性工作。所谓意志的优先性，在康德那里就是实践理性的优先性，优先性取决于人的自然（本性）对幸福的永恒意愿。正如吉尔松所言："中世纪的伦理学，必然建基于自由意志的不可毁灭性上。"① 这种不可毁灭性既来自基督教的信念，同样也源于奥古斯丁对自由意志的卓越辩护。意志主义不仅构成爱的伦理学的基石，也构筑了中世纪道德哲学的拱顶石，本章就是对中世纪哲学之所以能够进行道德阐释的一个尝试性论证。

第一节　自由决断

意志的自由决断对于中世纪道德世界观具有奠基性意义。奥古斯丁指出，借以行恶的自由意志正是这种需要论证的决断自由。换句话说，《论自由决断》第一卷的末尾，关于恶的起源的回答——恶起源于自由意志，需要从理性上加以论证，否则会导致将恶归咎于上帝这一"令人苦恼的问题"。既然自由决断使人犯罪，决断能力是上帝给予的，如果人没有这种能力，人本不会犯罪，那么，能否说归根结底上帝就是罪恶的元凶呢？

上帝并没有赐予人完全的恩典，因为上帝创造人是按照自己的肖像创造，人这个受造物不是木偶，不是被动的机器，而是拥有自由决断能力，这涉及信仰和理性的关系。神正论是一个信仰问题，而"神证"则需要理解。也就是说，人被赋予决断自由能力，是理性的，是善的，可是人却可能凭借决断自由故意作恶。出于基督教信仰，奥古斯丁对原罪的哲学阐释首先有一个"独断"信条，这是其神正论的内在要求。他对自由意志的强调，旨在说明，若没有自由意志，特别是意志的自由决断，善与恶的区分就不可能，中世纪存在论的道德属性将无从谈起，道德世界观也无从建立。《论自由决断》是奥古斯丁早期的作品，而且相对比较短，但非常重要。英译本的翻译与注释者马克·彭提费克斯神父（Dom Mark Pontifex）指

———————

① 〔法〕E. 吉尔松：《中世纪哲学精神》，第259页。译文略有改动。

出，《论自由决断》之所以重要，主要原因有两个：一是它抓住了神学的核心问题——罪恶的起源；二是"它是基于理性而非启示进行的哲学论证，尤其是基于光照论的知识论"①。

一　上帝存在的证明

"上帝是恶的元凶"这一怀疑，借第一卷的结论——我们是因着自由决断作恶依然可消除。上帝是恶的原因——虽然埃乌迪乌斯（Evodius）并没有说，上帝自己就是恶的，却很可能就意味着，恶可能来自上帝。这里包含对上帝及其力量的怀疑，被怀疑的是三一的上帝，作为造物主，他出于善意创造了一切，作为圣灵主宰并且在善中伴随受造世界，作为成为人身的道，出于善意拯救了堕落的受造物，就像遵循正当秩序热爱智慧的人认为的，上帝就是至善。②

奥古斯丁学者 W. M. 诺曼（W. M. Neumann）认为，"在奥古斯丁的著作中，没有哪部著作像《论自由决断》一样包含对上帝的详细证明"③。表面上看，奥古斯丁在讨论恶的问题，实质上是为神正论辩护，是一部神正论著作。"神正"和"神证"虽然一字之差，内涵却十分丰富。前者需要后者的支撑，后者为前者服务。"神是正义的"，这一神正论立场（信仰）需要证明（神证论），但证明上帝的正义和证明上帝的存在不完全等同。就本书内容而言，它直接证明的是上帝的正义（善），是对上帝之善的"强证明"，是对上帝之"存在"的"弱证明"。

"证明"为什么必须和自由意志问题结合？或者说，自由意志和上帝证明乃至上帝的正义究竟是何关系？在《论自由决断》中，奥古斯丁关于上帝的证明是围绕愚拙之人心中的谎言——"没有上帝"④ 展开，"揭穿"这句隐秘的谎言，证明"有上帝，而且是真实和至善"。"没有上帝"，这种忤

---

① St. Augustine, *The Problem of Free Choice*, translated and annotated by Mark Pontifex, London, 1955, p. 14.

② 〔古罗马〕奥古斯丁：《论自由决断》Ⅱ 9：27。

③ Waltraud Maria Neumann, *Die Stellung des Gottesbeweises in Augustins De libero arbitrio*, Georg Olms Verlag, Hildesheim · Zürich · New York, 1986, S. 15. 以下凡引此书皆简称为 W. M. Neumann, *Die Stellung des Gottesbeweises*。

④ 〔古罗马〕奥古斯丁：《论自由决断》Ⅱ 2：5；18：47。

逆上帝的话乃是一个行为，"是愚拙之人限于不幸的原因，其生活不如拥有善良意志的人的生活值得称赞"。①

为何恶人不愿意正当生活？他们为什么要赞同罪？因为他们好"说谎"，他们如此爱撒谎，以至于他们在其思想深处、在其心中就已经在欺骗自己了——没有上帝，人自我欺骗，人赞同了谎言，这是"魔鬼通过蛇这个媒介提供给人的"②，由谎言得出，上帝本身不是真实存在的，因此，真正说来不是上帝。这种对谎言的赞同本身就是恶的，因为它针对真理，本身甚至就是谎言。谎言大致与这一思想过程相符，上帝既不是其所是，因此，它不是上帝，即没有上帝。这是我们对奥古斯丁原罪论阐释的概括，以谎言反映愚顽之人心中的罪性本质。《论自由决断》第三卷最后几章围绕"智慧与愚拙"做了很多分析，无知既是罪之原因，也是罪之罚，重点强调赞同的自愿性质。他指出："这种对谎言的赞同是根据自己的意志做出的。"③ 同意是一个在心中自发产生的行为，因为赞同的话就是在那里说出的，愚顽的人在其心中诉说。

对谎言的赞同，实质是对永恒法的违背。如前所述，"永恒法意味着万物的有序，较坏的东西服从较好的东西"④。赞同谎言，就在其心中参与到撒旦的引诱中去了，即劝导人相信的引诱：如果你只做你能力范围内的事，那会更好。上帝并非假托所是的东西。他骗你，由于他隐瞒了你的本质性方面，他并不像你以为的那么善，因为他妒忌你的完善。他不是你相信的那个上帝，因为针对作为至善的上帝本身的谎言——"没有上帝"，就是针对至善上帝而言的，其他谎言都从此产生。撒旦作为说谎者，"目的就在于反抗永恒法的秩序并且颠倒这种秩序"⑤。对撒旦的赞同让自己成了愚拙者，这里表明，"神证"和自由决断之间有必然关系。

W. M. 诺曼指出："奥古斯丁本人在《论自由决断》中似乎仅仅附带性

---

① 〔古罗马〕奥古斯丁：《论自由决断》Ⅰ 13：28。
② 〔古罗马〕奥古斯丁：《论自由决断》Ⅲ 25：74。
③ 〔古罗马〕奥古斯丁：《论自由决断》Ⅲ 10：29。"正如人因着思想犯罪不是不愿意，人若不通过意志同意，那就不会同意邪恶的唆使。"
④ 〔古罗马〕奥古斯丁：《论自由决断》Ⅰ 6：15；8：18。
⑤ 参见 W. M. Neumann, *Die Stellung des Gottesbeweises*, S. 21f. 。

地和事后论及原罪事件。"① 原罪之于神正论的重要性，关键在于回答"恶从哪里来"这一难题。他从基督教知识出发，基础是《新旧约全书》，"恶从原罪开始就被传给整个人类"②。奥古斯丁在其他早期著作中已经深入探讨了原罪和由此派生的遗传性罪责，尤其是在这种关系中已经提及《论创世记、反摩尼教》（388—390）。按他自己的说法，那时他实际上已经在非洲定居了，此时他已经出版了这本书，因此它是在完成《论自由决断》第二卷和第三卷之前发表的。正是在《论创世记、反摩尼教》这本书中，他展开讨论了原罪问题。③

我们应该注意《论自由决断》和反摩尼教二元论和外物决定论的这一背景，奥古斯丁几乎同时写作出版三卷本的《论自由决断》和《论创世记、反摩尼教》，这也说明，反对摩尼教的关于恶的起源观念是《论自由决断》的主旨。正如奥古斯丁的其他著作（如《忏悔录》）也非常重视对《创世记》进行注释一样，原罪的分析构成《论自由决断》的重要一环，特别是在第二卷中。

奥古斯丁反复强调，在原罪之后人性变得不纯洁了，所有人都成了说谎者。从此，人性受到说谎的心灵（有罪灵魂）的支配与控制。应该怎样理解这种情形呢？让我们来看奥古斯丁关于罪的两个起源的分析。

二 罪恶的起源

罪有两个起源："一个是思想的自发性，另一个是劝服。"④ 判罪的根据和尺度不是别的，正是自由决断。以上两种情况之所以都是罪，不仅因为自发针对上帝的思想行为是罪，而且由于人的劝服对引诱的赞同也是罪，因为"两者都是自愿的"⑤。人的自发性思想是人的首要之罪，因为这是人自己的

---

① W. M. Neumann, *Die Stellung des Gottesbeweises*, S. 22. 这种说法不够客观。奥古斯丁关于原罪和谎言的密切关系十分重视，甚至可以说，全书都是对原罪论的哲学阐释，"恶来源于意志的自由决断"作为核心主题，是对罪恶起源的分析，不能说"仅仅附带性地论及这个事件"。

② 〔古罗马〕奥古斯丁：《论自由决断》Ⅲ 10：31。

③ 〔古罗马〕奥古斯丁：《论创世记、反摩尼教》Ⅱ 15：22，转引自 W. M. Neumann, *Die Stellung des Gottesbeweises*, S. 24。

④ 〔古罗马〕奥古斯丁：《论自由决断》Ⅲ 10：29。

⑤ 〔古罗马〕奥古斯丁：《论自由决断》Ⅲ 10：29。

行为，而不是他人决定的行为。奥古斯丁在此貌似强调自发性之自由，实则强调自由决断的本质，尤其是其系统特征。也就是说，自由决断有三个要素：自发性、思想与自行决定。这是由自己做出的选择与决断，他特别强调，"人的自由决断在获罪中具有优先性"①。奥古斯丁的观点与早期近代的莱布尼茨对自由的认识非常相似，莱布尼茨认为，自由有三个特征："理解、自发性和偶在性（Kontingenz）"②。作为 17 世纪的理性主义者，他始终强调，进行自身决定的自发性和在不同的可能性之间进行决断的偶在性都是借助理性（理解）进行的。

W. M. 诺曼在分析自由决断的特性时指出，"尽管人在伊甸园中没有选择的自由，无论他除了上帝的命令外是否识破了蛇的引诱把戏，并且也没有决定上帝发布什么命令、魔鬼怎样唆使的自由，但是，他拥有要不要把一个当作更优越的东西加以接受的自由，并且拥有要不要把另一个当作更低劣的东西加以拒绝的自由。更确切地说，由于他是理性实体，特别是因为他是在健全的智慧状态下受造的"③。下决断是不自由的，因为这是由恩典决定的，也就是说，他必然决断。但如何决断是自由的，因为恩典是不完全的。如何决断是指人在决断的方式上是有自由的，因为人有思想的自发性，思想可以使人做出自己的决断，人是上帝的肖像。接受或拒绝的自由不在他者手里，只在人自己手中。

奥古斯丁在《论自由决断》全书中一贯坚持这一立场，人的原罪是主动犯罪，是第一种恶的真正来源，是思想犯罪——意愿犯罪。愚顽之人在心中说，"没有上帝"，就是原罪的实质表达。这种行为和对他人劝服的赞同一样，是出于自愿而发生的。如前所述，两种情形都是罪，"因为两者都是自愿的"④。正如人因思想犯罪并非不情愿一样，"如果不是经过意志的同意，人也不会同意邪恶的唆使"⑤。

两种犯罪皆出自意志（voluntas），意志才是罪之根源，这是奥古斯丁对

---

① 〔古罗马〕奥古斯丁：《论自由决断》Ⅲ 25：74、75。
② 〔德〕Hans Poser, "Leibniz' dreifaches Freiheitsproblem," 电子版论文，引用时未发表。
③ W. M. Neumann, *Die Stellung des Gottesbeweises*, S. 25，脚注 76。
④ 〔古罗马〕奥古斯丁：《论自由决断》Ⅲ 10：29。
⑤ 〔古罗马〕奥古斯丁：《论自由决断》Ⅲ 10：29。

原罪的解剖，也是他对《论自由决断》的破题。人的原罪意味着两点：首先，反对上帝，反对真理；其次站在魔鬼的一边，即赞同其欺骗性的诱导。人遭遇正义的惩罚，是一种双倍的惩罚。不服从上帝导致人与神的疏离（心灵与智慧的疏离），因为人在其本性上变得不像上帝了，即不诚实了。听从魔鬼导致人与魔鬼的亲缘关联，因为他在其本性上像魔鬼了，即变得好说谎了。人听从了魔鬼，选择魔鬼作为自己的主，隶属了魔鬼，魔鬼现在就合法地统治人了，因为他获得了对人的占有权。尽管魔鬼是出于嫉妒和狡诈获得对人的占有权，因而他比被引诱的人更有罪，可是仍存在一个事实，他是合法地支配、拥有人，因为人是出于自由决断而赞同的。

　　总之，人是否有罪、受罚是否合法、行为是否应该谴责的根据不是别的，正是意志的自由决断。奥古斯丁指出："因此，正在惩罚的上帝的公义就通过两种罪被维护了。听从了魔鬼邪恶的引诱的人无法拒绝魔鬼的权能，这完全符合公平原理，相反，如果人不受魔鬼统治，反倒是不公平了。"[1]不过，和魔鬼的罪相比，人的罪并非是不可饶恕的，上帝的公义不仅体现在公义的惩罚，更体现在他的仁慈（这正是上帝的永恒正义，即公义，而不是世俗的正义：分配意义上的因果报应）上。"可是决不能设想，至高至真的、无处不在的上帝的完美公义，真的会不重建秩序就对罪人的不幸置之不理。"[2]在原罪中，人脱离了和上帝的直接真理性关联，从本质上受到了伤害，他不再能够和造物主直接联系，因为他根本上变得爱说谎了，他自己完全不能再认识如其本身所是的和使万物充满的真理。尤其是，他再也不能认识上帝的真理。上帝的真理意味着：他的真理性就在于其有效性的意义，不仅是正当性意义上的真理——有上帝，而且上帝是真的，是至上的。

　　这就是奥古斯丁对愚顽之人的隐秘谎言"心中说：没有上帝"的驳斥。有上帝，不仅是真的，而且是善的。人与上帝的疏离（原罪）首先导致"无知"，"看不见上帝了"。说谎的灵魂导致自己的认识能力陷于黑暗，"他就看不见智慧了"[3]。在人对上帝的盲目中，变得不服从的人就像一个失明的人，他失去了受造的健全智慧。他的视觉器官、他的心灵（mens）昏暗

---

①　〔古罗马〕奥古斯丁：《论自由决断》Ⅲ 10：29。

②　〔古罗马〕奥古斯丁：《论自由决断》Ⅲ 10：29。

③　〔古罗马〕奥古斯丁：《论自由决断》Ⅱ 16：43。

了，他再也认识不到他的至上者－上帝了，他被"无知"击垮。

关于无知究竟是罪的原因，还是罪的结果，奥古斯丁这样解答：无知是罪的必然结果，罪的必然原因是自由决断，而知或无知不是原罪的必然原因。他始终在第二种恶的意义上看待无知和无能，"因为无知或者对上帝的盲目，是惩罚（人遭受的恶）"①。它是人背离真理之光的后果，人感受不到光的愉悦了，借助光－暗这一比喻，他再次强调自由决断是恶的根源。认识到这种无知的来源，在我们关于奥古斯丁的"神证"地位的所有思考中具有非常重要的意义，因为奥古斯丁的神证恰恰就是为了证明"有上帝"这一知识。②

"无知"是人类始祖及其后代所遭受的所有惩罚中的第一罚，接下来的是"无能"和"死亡"③，也叫作生命的痛苦和肉身的死亡，这三重惩罚的必然性就是上帝对公义的喜好。不过，上帝的喜好是更加广博的，不可能只是对公义的喜好，赦免的仁慈可以被理解为赐予人的圣言：圣子耶稣基督的道成肉身。④ 在三重惩罚中，"无知"关乎人对真理、上帝的知识；"无能"关乎他的生活方式，即无法选择智慧；"死亡"关乎他的肉身。对应的是身体、灵魂、精神或心灵，类似于存在、生命和理解。奥古斯丁指出，只有当心灵的变暗（无知、蒙蔽状态）被揭示出来，人认识到其本性的堕落时，心灵才能意识到它被赋予的尊严。奥古斯丁的心灵哲学与众不同之处恰恰就在于此。

心灵的尊严在于人是被当作上帝的肖像创造的⑤，也就是说，人有自由决断的能力。只有当人意识到这种尊严时，他才能爱上帝，爱人如己。⑥ 这种对人而言乃是必要的思想转向：从蒙蔽转向自识，从恶意转向为善，从外感觉转向理性，就是对"没有上帝"这种谎言的克服和对"有上帝"这一知识（对信仰的理解）的接受。正是接受了"有上帝"这一信仰，心灵才

---

① 〔古罗马〕奥古斯丁：《论自由决断》Ⅱ 16：43。
② W. M. Neumann, *Die Stellung des Gottesbeweises*, S. 28。参见《论自由决断》Ⅱ 2：5。
③ 〔古罗马〕奥古斯丁：《论自由决断》Ⅲ 20：55。
④ 〔古罗马〕奥古斯丁：《论自由决断》Ⅲ 10：30。
⑤ 《创世记》1：26。参见 W. M. Neumann, *Die Stellung des Gottesbeweises*, S. 31。
⑥ 《马太福音》22：34。

重建和知识的关联。从此，心灵踏上了皈依之旅，成了宗教性的。真理之光的明晰性照亮了它的无知，伴随心灵的改变及其和无知的关联，灵魂同时在改变，并且灵魂与无能的关联以及身体及其死亡所具有的意义也在改变，心灵的改变攫取了整个人，灵魂的激情由此得到了一种前所未有的意义，人的生活方式从根本上发生了改变，行为现在在心灵的主宰下，已在智慧、基督的所为中找到其榜样。为了这行为，身体也被利用起来，因此回到其恰当的位置，但身体最多因为它的死亡在改变了的规定中出现而获得新的意义。虽然身体是有死的，死亡和无知与无能一样，作为惩罚并没有完全被否定，但相信有上帝的人明白，死亡的惩罚引起了改变，基督已经通过十字架之死，承担了对人的一切惩罚，死亡失去了绝对恐惧的意义，死亡现在就显现为通向永生的入口，或者说，死亡是重生的必由之路，在永恒生命中，"身体就被赋予了永恒性质"①。

愚顽之人不承认这一切，也不愿意听人们说，他极其坚决地反抗上帝，他决不愿意他的堕落和出于恶意的恶行曝光，因此说"没有上帝"，这就是他最极端的力量，这是他对印在他心里的知识（有上帝）的反抗。上帝不是作为一个以某种方式因此随意被想象出来的上帝而存在，而是仅仅以至善的方式而存在，这种至善包括了公义的惩罚和宽恕的仁慈，这是和宗教的启示知识相吻合的。

第二节　意志自由

本节是对意志概念的形而上分析，以期揭示出奥古斯丁意志论的精髓：意志的根据在于上帝。与第一节相比，本节对于中世纪哲学的道德阐释更具理论意义，因为对意志的哲学反思必然会逼问到意志的自由决断何以可能这一根本论题。

一　自由意志的优先性

在《论自由决断》第一卷中，奥古斯丁对恶的起源问题做了肯定性回

---

① 〔古罗马〕奥古斯丁：《论自由决断》Ⅲ 20：57。

答——恶来自意志的自由决断，第三卷对恶的起源问题做了否定性回答——恶不是来自上帝，在神正论背景下，第二卷详细论证自由意志概念，其中一个具有形而上学意义的问题是意志的根据问题。W. M. 诺曼在其《上帝证明在〈论自由决断〉中的地位》一书中指出，上帝证明和自由意志之所以有必然联系，有四个原因：必须揭示恶行、必须清除无限归咎、必须明察意志的根据、必须了解意志的尊严。① 前两个问题分别是《论自由决断》第一、三卷的核心问题，"意志的尊严"在三卷中都有论述，而"意志的根据"主要在第二卷中阐明。众所周知，意志概念是奥古斯丁的关键词，他不仅在反摩尼教著作《论自由决断》中讨论意志，而且在阐述教义与道德的《论公教道德和摩尼教道德》、反贝拉基派的《论恩典与自由决断》、阐述特定教义的《三位一体》中均对意志进行论述，尤其是《论三位一体》，围绕上帝三一和心灵三一，对人的意志和上帝关系的阐述具有高度的形而上学维度。他指出，意志和记忆、理解一样是心灵的三种能力之一，必须明白意志作为一种能力的根据恰恰就是上帝。②

如前所述，对上帝的证明（结合本书，奥古斯丁其实是对上帝存在方式的证明，尤其是对上帝的善和正义的证明）出于如下必要性，即卷一结尾部分重现的卷首的怀疑（上帝是恶的原因吗？）：上帝也许是恶的原因?!③

这之所以是"恼人的问题"，是因为我们虽然已经明白，恶行来自意志的自由决断，但依然不明白，既然人是凭借自由的意志决断犯罪，为什么还要说"人被赋予自由的意志决断是善的"？上帝给了人可能使他堕入不幸的"自由意志"能力，这不是和上帝的善相矛盾吗？如果他给了某种使人做出恶行的东西，他怎么是善的？这始终是摆在所有为神正论辩护的人的面前的一个两难问题。一方面，恶是人利用意志进行自由决断的结果；另一方面，人又是从上帝那里接受了这种意志能力。究竟在人的自我决定和上帝的给予两者之间哪一个才是恶的原因呢？这是奥古斯丁不得不面对的难题。他究竟是如何破解这一难题的呢？上帝究竟是不是一个善的上帝？

从根本上看，恶行不能归咎于上帝，上帝出于善意给予人自由意志，上

---

① W. M. Neumann, *Die Stellung des Gottesbeweises*, S. 15 – 81.
② 〔古罗马〕奥古斯丁：《论三位一体》，周伟驰译，上海人民出版社2005年版，第278页以下。
③ 〔古罗马〕奥古斯丁：《论自由决断》Ⅰ 1：1；16：35。

帝意愿善本身，只是人误用了它才做出恶行，罪责完全在人自己。奥古斯丁把这种误用看作"倒错"，只有倒错的认识才会产生诸如"可能根本就不存在什么善的上帝"之类的怀疑。真正理性的心灵明白，善良的上帝所给予的东西不可能是恶。这是出自牢不可破的信念，是独断的，奥古斯丁的思想不满足于近代以来那种怀疑主义的批判哲学所要求的彻底性资格，反而有一种鲜明的基督教性格，和启蒙哲学完全不同。人之所以能进行自由决断，是因为意志是自由的，意志之所以是自由的，是因为它是上帝给予的，意志的根据就是上帝，说到底，这也是意志之所以是善良意志的根据。因此，本节在整个第二章中都是核心，第一节的自由决断和第三节的善良意志都和本节的论题有本质关联。

弄清意志的根据就在于上帝，这对完成上帝证明极为关键，必须彻底破除对上帝的无止境的归咎，以便罪人最后认识到自己的罪责，以免无止境地推卸自己的责任。奥古斯丁的这种观点意味着人对自身自由的自觉，更是对其责任的自觉担当，自由与责任之间的必然联系就这样被建立起来。他始终把自由看作人的一种能力，自由意志就是赞成或反对一件事情的能力，即赞成或反对上帝这一实体（Substantia Dei）的能力。自由意志的能力，作为受造的东西，和所有其他受造物一样，其根据都在上帝本身之中。那么，这种根据和意志之间的关系究竟如何？

二　自由即服从

这个问题是在《论自由决断》第二卷中阐明的，构成上帝证明的核心。只有完成整个证明——上帝真的存在，并且它就是至善，自由的意志决断这一能力的善性才充分阐明。上帝证明需要解决三个问题："上帝存在怎样是显明的？一切事物，就其是善的而言，是否从上帝而来？自由意志是否应该看作善的？"[1]

从人的决断自由来看，上帝证明具有什么意义？奥古斯丁得出结论，"存在不变的真理"[2]。不仅从存在方式上看，而且从它对每个人都存在这一

---

① 〔古罗马〕奥古斯丁：《论自由决断》Ⅱ 3：7。译文略有改动。
② 〔古罗马〕奥古斯丁：《论自由决断》Ⅱ 12：33。

方式上看都是这样，准确地说，它作为至善甚至显现给每个人，对人而言，追求不变真理是无与伦比的重要。人只能通过其意志追求不变的真理，因为意志是一种使人追求真理的能力。人怎样才能喜欢并自为地意愿至善的真理呢？他只有通过对不变真理有一个"观念"或者一种"认识"才能意愿它。"幸福观念已经印在我们的心灵中了"①，通过这一观念，我们才能"意愿"那自在的、对我们而言是至善的智慧、真理。奥古斯丁在此不仅阐明智慧和幸福的关系，而且阐明意志和根据间的必然联系。有福的观念真的是一个完全可靠的知识吗？或者，它只是一个模糊的、可能是虚构的表象？对他而言，有福的观念无疑是一种知识，"我们通过这个观念肯定知道并且毋庸置疑地说，我们宁愿是幸福的"②。我们所有人都意愿幸福并且知道这一点。实现幸福的愿望取决于意志朝向不变的真理，或者说，向善的意志是幸福的前提。这意味着，意志必须实现其理性化状态，它必须是"理性意志"（Wille），而非横冲直撞的决断（Willkür），它必须以真理为目标。为了这个目的，它本身必须能被真理确定方向，以便它能朝着这个方向前进。因此，它必须服从真理，接受真理领导。它必须这样做，因为真理高于它，按照证明"真理就是高于心灵和理性的东西"③。由真理给自己确定方向，接受它的领导，这意味着接受真正的（本己的）自由（die eigene Freiheit）。如何理解真正的自由呢？"一旦我们服从真理，我们就有了自由。"④

需要注意"我们－自由"这个术语，奥古斯丁特别强调其"本己的"（eigen）、真正的、接受的含义，这是他对真理与自由的独特阐释，是在上帝的给予性和人自身的被给予性（接受性）这一独特视域中理解的。归根结底，奥古斯丁的自由观是"接受性的"、封闭的。不过，在《论自由决断》中，他对自由意志的理解更多地在丧失这种本己的自由和重新获得这种自由的善良意愿之间运思，他对自由意志的论述仍然保持了一定程度的开放性。上面的句子"一旦我们服从真理，我们就有了自由"中的拉丁文"subdimur"就是被动态，上面的句子"cum isti subdimur veritati"

---

① 〔古罗马〕奥古斯丁：《论自由决断》Ⅱ 9：26。
② 〔古罗马〕奥古斯丁：《论自由决断》Ⅱ 9：26。
③ 〔古罗马〕奥古斯丁：《论自由决断》Ⅱ 13：35。
④ 〔古罗马〕奥古斯丁：《论自由决断》Ⅱ 13：37。

直译成中文就是"我们被抛入真理之下"，德文的准确翻译应该是：wir werden der Wahrheit unterworfen①，奥古斯丁从未在主动意义上阐释这种自由。

注意这种区分是必要的，"接受的"自由就是在这个意义上说的，否则很难理解奥古斯丁基督教哲学的气质，反而会把他现代化。如果把"subdimur"翻译为反身动词"sich unterwerfen"，片面理解为"服从"，并没有传达出奥古斯丁的真正用意。② 这里的自由，实质是解放，而解放者不是我们自己，而是上帝。因此上面那句话的完整意思是，当我们服从真理时，我们是自由的，因为真理把我们从死亡、从罪恶状态下解救出来，真理就是上帝本身。这对应于《约翰福音》里的话："你们若常常遵守我的道，就是我的门徒。你们必晓得真理，真理必叫你们得以自由。"③ 因为"灵魂若非可靠地享有一件东西，就不可能自由地享有"④。显然，奥古斯丁谈论这种本己的自由时，是和真理、幸福与得救结合，不是在纯哲学、纯认识论意义上讨论真理与自由，而是在救赎论意义上讲生存问题，自由就是得救。人的得救不是自主的，自由是接受性的，是对真理的服从，不是自发进行的，而是被置于或者被抛入真理之下，这就是服从的含义。作为被动态的拉丁文动词"subdimur"，与之对应的德文最恰切的是"unterworfen（untergegeben）werden"，即便翻译为"sich unterwerfen"，也要做意志的被动活动去理解，因为主动的活动已经发生在原罪活动中了，此时的得救，从罪恶和死亡中得自由不再是人的意志主动获得。所以，中文翻译拉丁文"subdimur"或德文"unterworfen werden"时最好翻译为"被抛入……之下"。原罪是"sich unterwerfen，sich täuschen"，这是人主动地归向比灵魂更低级的东西，即偏离（defectus），这源于意志的自由决断（liberum arbitrium），得救只能是被抛（unterworfen werden），是被上帝抛入上帝之下，也就是服从上帝，得救有赖于上帝的恩典。原罪是"自抛"，是抛入死亡的牢笼下，罪恶之下，那时人不是服从了真理、上帝，而是听从了魔鬼的

---

① 参见 W. M. Neumann, *Die Stellung des Gottesbeweises*, S. 60，脚注 131。

② Augustinus, *Der freie Wille*, S. 91。

③ 《约翰福音》8：31－32。

④ 〔古罗马〕奥古斯丁：《论自由决断》Ⅱ 13：37。

谎言。

奥古斯丁为了突出根据（上帝）之于意志的主导地位，强调指出，根据使意志服从真理。人的意志在原罪之后，在背离了根据之后不能从自身出发（自动、主动），擅自归顺（sich unterstellen）在根据之下，主动性必须归于根据（上帝），这也是《论自由决断》第二卷的核心论证。如前所述，根据即上帝，他把我们从死亡和罪恶状态下解放出来，获得自由，这里的死亡首先是指灵魂的死亡，灵魂的死亡先于肉体的死亡，比肉体的死亡严重。奥古斯丁始终坚持秩序论的立场，"因为灵魂比肉体拥有更高的等级"①，因为灵魂的死亡导致肉体的死亡。从罪恶的状态下解救，意味着从奴役中解救。这对人而言，就是从死亡的奴役中解脱，正如灵魂的死亡导致肉体的死亡一样，从灵魂的死亡中得救也导致从肉体的死亡中得救。这种解救（解放）具有某种（暴力的）他律性，因为我们被抛入真理之下（服从真理）。这里的关键是：人的得救是外力的他律的结果，而非自救。只不过，人隶属于真理之下这一事件的暴力性质是合法的，因为"它是为了真理本身的缘故，是出于真理并且通过真理而发生的"②。

总之，意志的根据就是上帝，上帝本身就是自由的给予者，上帝期待人接受真理。接受之所以能够发生，是由于人认识到自己隶属于真理，他知道真理是高于理性的，人就这样实现"根据"以理性的方式向他提出的要求，要求他的意志以根据为目标，他接受了其中包含的自由，因为根据是不变的，以这种方式成为主体的人就"能够可靠地享有向他显现出来的真理"③。这种可靠性在享受其他所有可变的善物时是没有的，因为这样达到的自由可能因为自己的意志决断而丧失。

三　一切实体都是善的

奥古斯丁关于上帝证明的关键不是证明上帝存在，而是证明上帝怎样存在，即上帝是正义的上帝。明确这一点有助于我们理解他的神正论和神证论之间的逻辑关联，神证论是为神正论服务的。

---

① 〔古罗马〕奥古斯丁：《论自由决断》Ⅰ 10：20；Ⅱ 18：48。

② W. M. Neumann, *Die Stellung des Gottesbeweises*, S. 61f.

③ 〔古罗马〕奥古斯丁：《论自由决断》Ⅱ 13：37。

　　愚拙之人当在其愚拙中被击倒，这种愚拙只有当他彻底明白上帝有怎样的本质时才能被克服。证明上帝的存在，对顽固的愚拙之人来说，还不足以使他将思想的注意力集中于那为其自身之故要被爱戴的智慧。单纯的上帝存在证明还不会点燃这种爱，因为爱与智慧相关，而上帝存在的证明充其量是知识，这种爱只能指向具有三一本质的上帝。所以，证明不仅是证明上帝作为真理的本质存在（上帝是真的），而且要揭示出真理怎样存在并尽可能让心灵感受到它的美（上帝是至善的）。心灵应该且必须明白其全部的需要，以便准备好接受真理作为它事实上最高的善，它在其意志的自由决断的向善中可以被真理制伏。这是在对所证明的东西的承认中发生的，真理是存在的，它高于我们的心灵（mens）和理性（ratio）。奥古斯丁根据这一证明在一个详细的赞美中阐明了正在显现的真理的神圣本性。

　　人的所有渴望都在真理中得以完美实现。"你瞧，那就是真理本身：只要你能够，就拥抱它并且尽情享有它吧，而且，取悦于上帝吧，他会将你内心的愿望赐给你。因为你除了求有福复有何求？而且，谁还比享有持久、不变和最好的真理的人更有福呢？"① 在世俗的善物中没有什么应该像这一真理受重视。人通常习惯意愿拥有这些世俗之物，他们根据喜好通过感性知觉能够接受的所有物，无论是通过触觉、味觉、嗅觉、听觉还是视觉，都不能和真理的美相提并论。"唯独真理是真正值得追求的，真理之光是幸福生命的居所。"② 这样，作为至善的上帝这一实体的崇高性就一目了然了。他就是心灵的意志应该朝向的目标，以便心灵能够分享这种崇高，因为幸福正是对至善的享受。在"至高的善"这一真理中显现的是所有真正存在的善，即关于它们的理念是可以直观到的，因为它们是被真理显现。因此，大多数人总是根据其理解能力从真正的善中选择一些给自己，他们的选择是任意的。可是，"心灵的注视"（acies mentis）③ 应该越过大量真实不变之事转向完美的真理。因为只有在真理中"许多真实的东西"才会聚集，只有在真理中，真实的东西才可以按照秩序被认识和得到判断。哪里缺少认识真理的能力，哪里也就缺少根据真理进行判断的能力，判断就必然是不完全的。从

---

① 〔古罗马〕奥古斯丁：《论自由决断》Ⅱ 13：35。

② 〔古罗马〕奥古斯丁：《论自由决断》Ⅱ 13：35。

③ 〔古罗马〕奥古斯丁：《论自由决断》Ⅱ 13：36。

这样一种不完全的判断中也就产生了卷一结尾的那个问题：究竟是否应该给予人自由的意志决断能力，因为自由的意志决断对上帝证明提出了挑战。

在回答了上帝的存在何以是显明的这个问题之后，奥古斯丁接着讨论自由的意志决断这一能力的"善性"问题。自由的意志决断为何是善的？因为上帝给予人的一切都是善的，或本是善的，正因为如此，人利用它做出恶行才要被归责，只有本来善良的自由意志，若经过决断做出恶行才能问责；试想一下，如果像摩尼教的主张，本来就有邪恶的实体存在，或者适当转换一下，若意志本来就是邪恶的意志，那它做出恶行还有归责的必要吗？更何况，若是那样，上帝的惩罚怎能显出其公义呢？既然意志既可能向善也可能为恶，那么，对于没有把心灵的目光投向真理的人而言，仍然成疑的是：自由的意志决断究竟是不是一种善并且在何种意义上是善的。

早在第一卷中，奥古斯丁就指出："意志就其是善而言，是一大善。"①在第二卷中，他在追述已经完成的证明（上帝的存在是显然的）时指出，自由地做出这样那样决断的意志本身，是一种善，和所有的善物一样，都在已经证明的真理中有其根据。"例如四枢德（也称四主德——笔者注），即明智（prudentia）、勇敢（fortitude）、节制（temperantia）和正义（iustitia），或者像数目法则"②，都在"至善"真理中有其根据，这和"可变的意志"在真理中有其根据相比，更易于理解。意志的可变性意味着，意志可能从善转而倾向恶，或者从恶转向善。但是，这里可能涉及一个错误的结论：似乎在这样那样的情况下，单纯的可理解性都是适合的。奥古斯丁无论如何都不满足于此，而是要证明，不仅"不变的善"而且"可变的善"，都在"至善"中有其根据。

奥古斯丁指出，从我们现在是否已经是智慧的和幸福的这一问题看，"即便还不智慧的人也对智慧有所知识"③。智慧观念如同前面我们所说的幸福观念一样，被印在人的心灵中了，如果智慧的观念没有烙在他的心灵中，他就不知道他意愿智慧（和有福），归根结底，心灵所有的努力之所以指向智慧，只因为他的心灵拥有智慧的知识。意志能够指向智慧，这一点已经表

---

① 〔古罗马〕奥古斯丁：《论自由决断》Ⅰ 12：26。
② 〔古罗马〕奥古斯丁：《论自由决断》Ⅰ 13：27；Ⅱ 10：29。
③ 〔古罗马〕奥古斯丁：《论自由决断》Ⅱ 15：40。

明，存在一种像智慧的观念的不变的善，它必然是一种被给予的善，"因为人无法自己给予自身这种知识，由于他并不智慧，而是正在通向智慧的途中"①。不仅智慧观念和有福观念被看作不变的善，而且一切不变的和属于智慧的，或者通往智慧的善，都被看作不变的善，它们帮助人走向智慧之路，因为智慧本身使人愉悦，并且通过它们教导人，而且智慧把人吸引到自己身边。"这些真实确定的善，甚至现在就在这暗路上闪光，叫我们为之欢喜。经上岂不是记着智慧对前来寻找它的钟情者正是如此吗？它在他们的路上和蔼地向他们显现，并以一切照顾来迎接他们。"② 如果说"不变的善"在智慧（真理）中有其根据，"可变的善"通过智慧也就分有了不变的特征（智慧的特征），因此在不变的真理中有其根据。根据的特征是如何显现在"可变的善"之中的呢？很显然，根据的特征植根于智慧烙在其中的印迹里③，所有这些善都打上了永恒不变的形式之烙印。奥古斯丁有一个经典的上帝证明公式：对于任何存在者而言，要么就是上帝本身，要么从上帝而来："一切……实体要么就是上帝，要么来自上帝，因为一切善的事物要么是上帝，要么是来自上帝（omnis …substantia aut Deus aut ex Deo，quia omne bonum aut Deus aut ex Deo）。"④

四 意志与存在

意志无疑是《论自由决断》的第一关键词，是理解奥古斯丁基督教哲学的一把钥匙，不仅对上帝证明而言，而且对理解基督教哲学的奠基和效应同样如此。

"意志之前无存在"（Kein esse vor dem Willen）是"意志的根据在于上帝"这一核心论点的三个论据之一。⑤ 奥古斯丁首先结合事物（res）与形式（forma）的相互关系来阐述，其代表性命题是："任何存在物若无形式便

---

① 〔古罗马〕奥古斯丁：《论自由决断》Ⅱ 16：41 – 42.

② 〔古罗马〕奥古斯丁：《论自由决断》Ⅱ 16：41。

③ 〔古罗马〕奥古斯丁：《论自由决断》Ⅱ 16：41。

④ 〔古罗马〕奥古斯丁：《论自由决断》Ⅲ 13：36。

⑤ W. M. Neumann, *Die Stellung des Gottesbeweises*, S. 68. 另外两个论据是我们前面分析过的：自由是对真理的服从和一切实体来自上帝。

是虚无……形式若不存在，事物就不存在。"① 究竟形式与事物是什么关系呢？什么能够给予事物以形式呢？形式为何是事物存在的必要条件呢？这也适用于任何"可变的"和因此"可赋形的"事物。② "可是，无物能给自己本身赋形，因为事物无法给予它自身没有的东西，若它有形式，一定是被他物赋予形式的。"③ 奥古斯丁非常重视形式，他把形式和存在看作同一的概念。不过，他对存在和形式的理解和希腊哲学相比，有显著不同。存在者的形式不是自有的，而是被给予的，是被赋形的。形式和赋形两者涉及事物的存在及其原因，前者是事物的存在，事物没有形式便无存在，后者是存在之为存在的原因，是"是其所是"，是根据，事物本身不可能是自己存在的根据，这根据一定在赋形者那里。

E. 吉尔松指出："只有一个天主，这一个天主就是自有（Being），这是全部天主教哲学之基石，这块基石并非柏拉图，亦非亚里士多德而是摩西所奠立的。"④ 在 E. 吉尔松看来，基督教的存在论，特别是《出埃及记》中的上帝观念——"上帝是自有永有的"（Ego sum qui sum）⑤ 进一步为希腊存在论奠定了根基。希腊哲学家讨论存在时，要么是从善 - 理念（柏拉图）的意义上探讨，从而注重至善的神性，但由于与现实无涉，因此在通往存在自身的道路上往往是"半途而废"；要么是从运动的角度，从潜能到现实的转化考察存在（亚里士多德），进而强调思想的卓越，把神看作"思想的思想"，亚里士多德的"神的属性也只严格限制在思想的属性内"。只有《出埃及记》里面的"我是我所是"，才第一次给"神"冠以"存在"的命名，它不再是"善"理念，也不是"得穆革"，不是诸神，不是"万有"和诸存在者，不是思想、意志或权力第一推动者，不是思想的思想，不是存在者的集合，而是"那存在本身"（ipsum esse）⑥。如是，自天主教开始，存在概念才真正既告别了借助外物而成的"外求"方式，又告别了"反求诸己"

① 〔古罗马〕奥古斯丁：《论自由决断》Ⅱ 17：45。
② 〔古罗马〕奥古斯丁：《论自由决断》Ⅱ 17：45。
③ 〔古罗马〕奥古斯丁：《论自由决断》Ⅱ 17：45。
④ 〔法〕E. 吉尔松：《中世纪哲学精神》，第57页。
⑤ 《出埃及记》3：14。
⑥ 〔法〕E. 吉尔松：《中世纪哲学精神》，第57页。

的内在模式，真正达到了"超越的"（transcendent）层面，实现了上帝的存在与本质同一、万物的存在与本质相分这一认识上的划界目标。奥古斯丁究竟如何看待"赋形"和"被赋形"呢？

事物之"被赋形"，意味着事物可以被永恒、不变的"至高形式"赋予其规定性，即奠基（Grundlegung）。"这一根据本身通过其中固有的同样永恒不变的理性根据——永恒不变的理性或形式使他所造的东西形式化。"①关键不在于我们如何称呼这些理性根据，而在于认识它们的真理，即这些根据是真实的存在。他在《论八十三个不同的问题》中说："可以把它们叫作理念或形式或形相或理性，虽然多数人都同意这么叫，但只有少数人觉察到它们是真的存在。"②

总之，一切可认识的东西都属于受造物。（1）单纯的物体；（2）无理性天赋的生物；（3）有理性天赋的生物。③ 一切都是这样安排，以其方式赞美造物主。即便其可变的形式转变或堕落为更低微的东西，它都指向其永恒的形式并且指向其创造者、至上的形式。这三种存在者都是受造的，是被赋形的，而赋形者就是造物主、上帝。不过，这里仍有个问题：究竟自由意志在这个存在的秩序论结构（存在－形式－赋形）中处于什么位置？在奥古斯丁看来，意志的自由决断能力也属于上述三种被赋形之物（formatae）。这种被给予的能力，和所有受造物一样，都有善的本性，根据和意志之间的奠基性关联就这样被建立起来。只是依然不明的是："究竟自由意志是不是真的是某种善？"④ 这是奥古斯丁在《论自由决断》第二卷3章7节提出的第三个问题。上帝作为至善"存在"，一切"存在"的东西，本身就是作为"善"受造的。可是，如果人们依然怀疑自由意志是善的，我们能做什么呢？不理解这一点的人，应该尽其意愿和理解力弄清楚这一证明，除此，他别无选择。上述证明的结论是："上帝存在，一切善来自上帝。"⑤ 这就是第二卷中三个

---

① W. M. Neumann, *Die Stellung des Gottesbeweises*, S. 69.

② 〔古罗马〕奥古斯丁：《八十三个不同的问题》，转引自 W. M. Neumann, *Die Stellung des Gottesbeweises*, S. 69。

③ 〔古罗马〕奥古斯丁：《论自由决断》Ⅱ 17：46。

④ 〔古罗马〕奥古斯丁：《论自由决断》Ⅱ 18：47。

⑤ 〔古罗马〕奥古斯丁：《论自由决断》Ⅱ 18：47。

问题中的前两个。针对埃乌迪乌斯的第一个怀疑——似乎上帝不该赐给我们意志的自由决断，因为凡犯罪的人都是借着它犯罪，奥古斯丁在第二卷 17 章 48 节，对讨论的整个过程做了简要总结。"没有自由意志，人决不能正当地生活。"

从表面上看，这里的"正当生活"恰恰反映了神意，反映了上帝创世和恩典的目的。从形而上学角度看，这正是所谓"意志之前无存在"的真正意蕴。正因为自由意志是正当生活的前提，奥古斯丁才一如既往地为自由意志的为善本性（Gutsein）进行辩护并加以捍卫。没有自由意志，就没有善，甚至就没有存在。这和他讨论时间和存在的关系时所恪守的立场相似，作为心灵伸展的时间也是生成非受造的存在概念的根据。① 自由与时间一起充当了存在的根据，这就是奥古斯丁的存在论特征。

当然，奥古斯丁对存在的理解一直是具体的，具有生存论特点，他把对存在的理解和对个体人的具体存在处境分析紧密结合，他对埃乌迪乌斯的第二个怀疑——自由意志是不是某种善——做出了更为激烈的回击。"自由意志是那种没有它我们就无法过正当生活的善，远比那种我们不具备也能正当生活的小善更优越。"② W. M. 诺曼指出："这里有一个已经完成的证明的先入之见在起作用。每每在遇到怀疑时都可能被动用，直至《论自由决断》一书结尾都起作用。"③ 这种"前见"，在奥古斯丁那里是不言而喻的，表明信仰的优先性和特权。

在阐明我们自己的立场前，先看看奥古斯丁的解决方案。他坚持认为，造物主不能受谴责，说上帝以一种等级分明的秩序创造了世界，在这个秩序中，存在着较高级的善和较低级的善。上帝没有过错，因为他本身具有完满的善。他是如此至善，以至于在他的善和所有受造的善之间，存在绝对差异，最极端的例子就是上帝和心灵（mens）之间的差异，心灵进行真实的判断时，是根据高于心灵的真理进行判断，但它本身不是真理。

一切善都是来自上帝，这是奥古斯丁对第二卷 3 章 7 节中第二个问题的

---

① 参见张荣《自由、心灵与时间——奥古斯丁心灵转向问题的文本学研究》下篇，江苏人民出版社 2011 年版。

② 〔古罗马〕奥古斯丁：《论自由决断》Ⅱ 18：49。

③ W. M. Neumann, *Die Stellung des Gottesbeweises*, S. 71.

回答，即便是最低级的善，也是来自上帝。人如何使用这些善，这取决于其意志力，"他如何使用意志本身这个善，也取决于其意志力。"① 如果他的意志转变为邪恶的意志，这种善的下降就是"出自意志"，而且因此就被置于"我们的权力之下"。"一切善都是来自上帝，没有什么本性不是来自上帝的。"② 任何缺陷（Privatio）都来自虚无，那种出自意志的下降就是缺陷，这种下降来自哪里？它肯定不是来自上帝，这里又一次凸显信仰的权威。奥古斯丁强调，下降运动来自意志的自由决断，因为它是自愿发生的，是在我们的意志的权能之下。"若你不意愿它，它就不存在"，这是对"意志之前无存在"的消极诠释。任何该谴责的事，都不能发生在意志之前。任何事，任何实体或本性，作为受造的东西，至少都是善的，因为这种善是不可谴责的。善良意志向邪恶意志的转变，也是罪，不可以用一种实体或者一个存在解释，因此与上帝无关。背离上帝只能用意志本身来解释，因为任何存在作为受造物都是善的。

他以自杀为例。自杀者认为，其生存是痛苦的、不值得的，他的痛苦仅仅由于，他在其存在中远离了他从中获得其存在并且应该靠近的东西，不是他的存在令他痛苦，而是他疏离了至善。实际上，任何存在，不论它处于何种等级，都是值得热爱的，因为它是善，而且它是值得赞美的，因为它作为受造物指向创造者。在任何情况下，即便在自杀的时候，罪责都在于不愿意的人。在这种情况下，"自己"不愿意。他不自愿，虽然他拥有高的等级，因为他是作为上帝的肖像受造的，"即便他有最堕落的灵魂，和太阳光相比，他还是一种更高的善"③。他想任意挥霍这种善，希望不再活着。可是奥古斯丁仍旧在"自己"不愿意中揭示了同样任意的谎言。④

奥古斯丁总结道："拥有一种生活，其中你不愿意的事都不可能发生，这不是最大的安全吗？只是由于我们无法像自发地跌倒那样，也能自发地站起，所以我们就以坚定的信抓住那已从高天伸向我们的上帝的右手吧，那就

---

① 〔古罗马〕奥古斯丁：《论自由决断》Ⅱ 19：51。
② 〔古罗马〕奥古斯丁：《论自由决断》Ⅱ 20：54.
③ 〔古罗马〕奥古斯丁：《论自由决断》Ⅲ 5：12。
④ 〔古罗马〕奥古斯丁：《论自由决断》Ⅲ 6：18；7：20；8：23。

是我们的主耶稣基督，让我们以可靠的望等待他，以炽热的爱渴求他。"①

意志的自由决断是人正当生活的根据和基础，这一观点的论证，对中世纪道德世界观而言，无疑是奠基性的。

第三节　善良意志

上帝证明的目的是敦促背离上帝这一始基的心灵重归根据，劝服心灵相信真理。此外，还要让心灵明白，它通过哪种被给予的善才能改过自新？答案是：堕落的心灵只有通过它自己的和自由的意志决断才能完成这一回归。意志决断使人回归？这是一个疑难问题，因为每个人都有一个意志，每个人都能而且必须在自己的责任中使用这一意志，正如上帝证明是为了揭示受蒙蔽的心灵之愚拙一样，意志之尊严的阐明也是为了揭示心灵的蒙昧和愚拙。

一　意志之被给予性

关于自由意志的善，奥古斯丁已经在《论自由决断》第一卷中通过区分意志和善良意志得以强调。他曾经把"善良意志"界定为"渴望过正当诚实的生活并达到无上智慧的意志"（voluntas, qua adpetimus recte honesteque vivere et ad summam sapientiam pervenire）②。

在这个定义中，善良意志包含两个要素：其一，过正直诚实的生活；其二，达到无上的智慧。前者与我们的此岸生活有关，后者也与此生有关。但在本来的意义上，同样涉及期待中的彼岸生活。奥古斯丁认为，意志是借以过上正直且有德生活的手段，"正直"在秩序论意义上是"有德的"。这种正直和诚实的生活就自身而言，是达到无上智慧的手段，同时也是追求智慧的一个结果。智慧是真正的目标，而且本身是自我显现的。在这两个要素之间，存在着一个交互关系。正直诚实的生活是达到无上智慧的前提，是先决条件。反过来说，智慧是努力的真正根据。这两个要素在理论和实践两个方面描述了善良意志的特征：（1）意愿知道真理；（2）意愿行善。真理和善是意志的

---

① 〔古罗马〕奥古斯丁：《论自由决断》Ⅱ 20：54。

② 〔古罗马〕奥古斯丁：《论自由决断》Ⅰ 12：25。

旨归，意志应该以真理和善为目标，因为真理和善是用来赞美上帝的，正如在上帝证明中所指出的那样，"上帝存在，且真实无上（vere summeque）"①。上帝存在并且怎样存在，这应该是意志通过其求知意愿想知道的，并且把它看作自己行善意愿的例证。同时，善行必须以智慧为目标，智慧就是耶稣基督，具体地说，善行以耶稣基督所行为榜样，这只有通过意志才成为可能。这里其实有个循环，善良意志和意志之间互为前提。

善良意志的两个要素中包含意志的两个功能：真知和善行。只不过，当奥古斯丁强调善行必须通过意志才有可能指向智慧时，他强调的是意志之善的实现。W. M. 诺曼不失精当地指出："只有通过意志的'善'的现实化，人才能达到无上智慧。"② 一个人只有这样，才能过上一种"值得称赞的生活"③，并且赢得幸福的生命。奥古斯丁不仅对意志做了形而上阐明，而且也进行了功能性分析，他对意志的积极功能和消极功能的分析同样引人注目，他指出，和"可悲的痛苦生活"一样，"值得称赞的幸福生活"同样取决于意志，意志是能够在两种可能性之间进行自由决断的善，功德在于这种自由决断，奖与罚都取决于意志，只有意志才是达到幸福或不幸生活的手段。所以，当一个人想要达到无上智慧时，他可以并且应该通过被赋予他的自由意志这一手段实现，同时，"意志对有待达到或者已然达到的心灵对智慧的态度做出决断，已然处于支配地位的心灵只能通过自己的意志被最高的统治和正当的秩序废黜"④。

奥古斯丁以此强调意志的双重功能，进而强调意志的尊严，为自由意志的善进行辩护。正如他在《订正》里所讲的，本书是为反摩尼教的决定论而做，不是为反贝拉基否认恩典的自由主义而做，故没有集中讨论意志与恩典的关系，只讨论意志与本性的关系。

正是对摩尼教决定论的反驳，才奠定了《论自由决断》在哲学史上的地位。上帝为了让人正当生活才给予人自由意志。在上帝的善、人的自由和恶的起源三个主题中，虽然恶的起源被首先追问，但实质上，上帝的善才是论证的目的，因为它是神正论的基础。"上帝是善的"，奥古斯丁围绕"上

---

① 〔古罗马〕奥古斯丁：《论自由决断》Ⅱ 15：39.

② W. M. Neumann, *Die Stellung des Gottesbeweises*, S. 76.

③ 〔古罗马〕奥古斯丁：《论自由决断》Ⅰ 13：28。

④ 〔古罗马〕奥古斯丁：《论自由决断》Ⅰ 16：34。

帝存在方式"进行的神正论证明，在《论自由决断》中始终是通过"善良意志"的证明来完成的。所以他在第二卷中反复论证："意志本该追求善，它应该是善良意志。"① 一旦意志指向善的反面，指向了恶，它就错失了自己的目的。也就是说，如果意志被借以犯罪，就是不义了，因为它之被给予是为了正当生活。正当行为、正当生活、幸福生活都是意志的目标。如果完全缺少意志的决断自由，虽然排除了犯罪的权能（facultas peccandi），但缺少了正当行为（ad recte faciendum）的必要手段，若少了这种正当行为的手段，奖善罚恶的合法基础也就无从谈起。

意志的决断自由是奖善罚恶的合法根据，是道德归责的基础，自由意志与道德责任的必然关系由此被明示，尽管在神学的背景下提出，但无疑产生了深远、持久的影响，从中世纪的奥古斯丁主义传统，经过阿伯拉尔的意向论再到托马斯的自愿行为理论，再经过莱布尼茨的中介之后，间接地影响了康德的道德哲学。可以说，把道德行为的责任归于意志决断，是西方哲学与伦理学的一个悠久传统，这种传统在 20 世纪一度遭遇了语言哲学和元伦理学的怀疑甚至拒斥，特别是"当代英美心灵哲学家对意志概念合理性的抨击。吉尔伯特·赖尔（Gilbert Ryle）在《心的概念》一书中强调，意志概念纯属人为虚构，我们其实并不需要意志概念来描述和分析道德行为"②。但是，在主流的道德哲学史上，奥古斯丁的立场无疑很有代表性，他把这种自由意志看作有助于荣耀上帝的善，表达了上帝正义的本质。

比如他在《论自由决断》第二卷 1 章 3 节集中阐明"上帝赋予人自由意志是正当的"，"归根结底，假如人类没有自由的意志决断，怎么可能存在那种以奖善惩恶的正义面目出现的善？因为如果人没有自由意志，就既不会有罪，也不会有善行，而且因此惩罚和奖赏就是不义了。但是，在奖善惩恶中必然存在着正义，因为正义是一种来自上帝的善。因此，上帝应该给予人自由意志"。③

① 〔古罗马〕奥古斯丁：《论自由决断》Ⅱ 1：3.6。
② 参见吴天岳《试论奥古斯丁著作中的意愿概念》，《现代哲学》2005 年第 3 期。
③ 〔古罗马〕奥古斯丁：《论自由决断》Ⅱ 1：3，拉丁原文为：Deinde illud bonum, quo commendatur ipsa iustitia in damnandis peccatis recteque factis honorandis, quomodo esset, si homo careret libero voluntatis arbitrio. Non enim aut peccatum esset aut recte factum quod non fieret voluntate. Ac per hoc et poena iniusta esset et praemium, si homo voluntatem liberam non haberet. Debuit et in supplicio et in praemio esse iustitia, quoniam hoc unum est bonorum quae sunt ex Deo. Debuit igitur Deus dare homini liberam voluntatem。

也就是说，正当生活只能通过自由意志能力才会达到，因为一个人凭借意志正当生活，离开意志就无法正当生活。奥古斯丁说："适用于三种心灵（mens）能力的东西，同样适用于意志，它们总能通过自身被使用。正如某人通过其理性（ratio）不仅能够认识其他事物，而且也能认识其理性自身，正如他通过记忆（memoria）不仅可以记起其他事物，而且能记起他的记忆本身，同样，他通过意志不仅能够意愿其他东西，而且能够意愿意志本身。"①

意志具有意愿的权能，人将其意志的权能转向了恶，这与上帝的正义并不矛盾。这种转向行为仅仅和他应当行的事相左，这种行为违背了（为上帝所要求的）正当生活（recte vivere）。总之，自由的意志决断乃是人达至"正当生活"绝对的"必要条件"。②

二　意愿共同善的意志

上帝的存在已经被证明了，上帝存在，他就是真理。"若有什么比真理更完美，它就是上帝；若没有什么比真理更完美，真理本身就是上帝。"③真理的崇高无以言表，真理是"稳定、不变、最完美的"④。奥古斯丁围绕自由意志的尊严，进一步探讨了真理的崇高与卓越。意志只朝向真理，指向这种完美、不变、稳固的真理，以真理为旨归。真理是善，不仅对个人的意志而言，而且"对所有人的意志都是最高的善"⑤。奥古斯丁在这里区别了德性、真理与智慧。他指出："德性虽然是人心中最大的、最重要的事，但不完全是公共的，而为拥有它们的个人私有。但真理和智慧则不同，为一切人共同拥有，所有智慧、幸福的人都是凭靠忠于真理和智慧而成就。"⑥"忠于真理和智慧"，说穿了是意志的活动，因为意志配享这样的尊严，它能够在自由决断中为所有人以永恒的名义最终带来幸福（beatitudo），正如

① 〔古罗马〕奥古斯丁：《论自由决断》Ⅱ 19：51。
② 〔古罗马〕奥古斯丁：《论自由决断》Ⅱ 18：49。"没有自由意志，无人能正当生活。"
③ 〔古罗马〕奥古斯丁：《论自由决断》Ⅱ 15：39。
④ 〔古罗马〕奥古斯丁：《论自由决断》Ⅱ 13：35。
⑤ 〔古罗马〕奥古斯丁：《论自由决断》Ⅱ 19：52。
⑥ 〔古罗马〕奥古斯丁：《论自由决断》Ⅱ 19：52。

W. M. 诺曼所言："意志之所以能实现幸福，是因为意志忠于至善。"①

一切值得人追求的善，皆包含在福乐之中，即便是德性，也只有通过意志方可达到。"因此，若意志忠于共同的不变的善，就可得到属于人的首要的和最大的善，尽管意志本身是中等的善。"② 意志是中等之善，因为它是可变的，以至善为目标。意志在忠于至善这个前提下，就能达到那首要的和高级的、不变的善。四主德——明智、勇敢、节制和正义的情况就是这样。人能够通过意志做到这一切，只要他的意志是善的意志，即依靠和忠于那共同的不变的善，与之保持一致，他就能做到这一切。因此，善良意志是连接上帝与人、人与上帝的中介，它之作为连接上帝与人的中介，是因为"人被基督敦促着通过自己的谦卑模仿基督的行为"③；它之作为连接人与上帝的中介，是因为人意愿信靠（忠于）基督，因为基督是出于爱对人施以拯救，这个目标是人可以通过自由意志的善达到的。为了对这种善进行合乎理性的论证，他对上帝的存在（尤其是怎样存在）进行了证明。诺曼指出，奥古斯丁通过这一证明使"自由意志的尊严受到了维护，因为它的尊严显示出来了"④。

毋庸讳言，从这个证明中首先得以维护的，乃是上帝的善，其次才是人的自由的尊严。证明上帝的善和正义，是任何时代一切神正论的永恒主题，也同样是奥古斯丁的首要使命。他对自由意志的辩护不仅对后世哲学产生了重要影响，而且这种辩护不乏理性的性格，具有形而上的深度、高度和广度。如果无视这一点，我们就很难想象，自由意志问题何以会成为后世形而上学的核心课题。就连奥古斯丁本人恐怕也不会想到，他对自由意志的思考能够在哲学史上发生如此划时代的影响，因为他始终把维护上帝的善当作他思想的终极目标，而自由意志始终是他论证的工具。

当然，我们看待奥古斯丁自由意志思想的历史效应，应该结合历史和文本的实际做出限制性评价，否则就是主观的甚至是"暴力"的解读。让我们再次结合《论自由决断》结尾的话，"证实"我们的上述判断。通过意志

---

① W. M. Neumann, *Die Stellung des Gottesbeweises*, S. 79.

② 〔古罗马〕奥古斯丁：《论自由决断》Ⅱ 19：53。

③ 〔古罗马〕奥古斯丁：《论自由决断》Ⅲ 25：76。

④ W. M. Neumann, *Die Stellung des Gottesbeweises*, S. 80.

达到的永恒目标是神圣的，具有无与伦比的崇高和优越，这一目标具有高于一切世俗愉悦的美和喜乐："正义之美是如此感人，永恒之光、即不变真理和智慧的喜乐如此吸引人，以至于即便容我们居于其间不超过一日，但就算只为了这短暂的逗留，我们也要正确并且理该轻视那种追逐今生的富足快乐和充裕的世俗之善的无尽岁月。"① 奥古斯丁真正的旨趣在于阐明自由意志的目标不在世俗之物，而在于朝向那永恒之物，这样的意志才是善良的自由意志。相反，心灵那种背离永恒之物，转向世俗之物的意志活动，就是原罪，也就是堕落的意志。奥古斯丁的出发点和归宿在此合二为一。

　　奥古斯丁作为中世纪哲学的导师和奠基者，奠定了中世纪道德世界观的基础——意志主义。当然，我们在评估他关于自由决断的哲学思想时，不能片面夸大，应该看到其自由意志思想的另一方面。人的自由决断是有界限的，人因为意志的自由决断虽然获得了一个道德的世界——善恶相分的世界，但同时也会因为自由选择，丧失了善本身，背离了上帝，而这种重新向善的能力却需要上帝的恩典来成全。所以，恩典就对人的自由决断规定了一个界限与限度。正如奥古斯丁的时间观有上帝的创造和心灵的伸展两个向度一样②，意志的自由决断和恩典，对奥古斯丁的自由观而言，同样是一体两面：一方面，中世纪道德世界观的基础在于意志的自由决断；另一方面，上帝的恩典成就了人的至善。换句话说，人的自由决断是区分善恶的起点，而上帝的恩典则是成就至善的终极保障。

　　关于奥古斯丁自由观的这种二重性，E. 吉尔松的总结颇有道理，"其一：人的犯罪不是必然的，而是可能的，因为人是借助意志的自由决断犯罪；其二：恩典和自由不矛盾，是兼容的"③。恩典的作用在于：不是压制自由意志，而毋宁是帮助成就意志的目的。为了善的意向而使用自由决断（liberum arbitrium）的能力，确切地说就是自由（libertas）。可能犯罪是自由决断的一个证据，不可能犯罪也是自由决断的一个证明。然而，在恩典中被坚定以至于再也不可能犯罪才是最高程度的自由。恩典前的自由叫选择的

① 〔古罗马〕奥古斯丁：《论自由决断》Ⅲ 25：77。
② 参见张荣《创造与伸展——奥古斯丁时间观的两个向度》，《现代哲学》2005 年第 5 期。
③ 参见吴天岳《奥古斯丁论信仰的发端（Initium Fidei）——行为的恩典与意愿的自由决断并存的哲学可能》，《云南大学学报》（社会科学版）2010 年第 6 期。

自由，恩典后的自由叫解放的自由，是真自由。

当然，也有学者不主张这种兼容论观点，认为奥古斯丁的自由论题的意义就在于他使自由问题更加彻底、激进化了。例如著名学者 N. 费舍尔就持这一立场，他把人的意志看作"第一因"，认为奥古斯丁思想中存在一个激烈的"翻转"（Umschlag），特别是出现在《论自由决断》第三卷，从前两卷和《忏悔录》中形成的激进自由向彻底的恩典学说转变。他还描述了奥古斯丁转向恩典学之后的自由学说的命运，重点考察了《忏悔录》第十三卷的恩典学说，认为奥古斯丁完全把上帝看成了法官和判断的准绳。[①]

关于奥古斯丁对自由与恩典关系的讨论所具有的思想效应，最有启发价值的研究成果首推我们在导论里提及的一本论文集《恩典学说是理性"致命的一跃"》[②]，这是非常重要的一个讨论与对话，是对奥古斯丁和康德这两个相距遥远的不同时代的缔造者之间思想张力的总结与反思。自然、自由与恩典，这三个穿越时代的关键词在中古世纪的导师奥古斯丁和现代性的奠基人康德之间也存在共同的旨趣。正如诺博特·费舍尔指出的，康德对纯粹哲学宗教和历史启示宗教关系的阐释和奥古斯丁在《论真宗教》中对哲学与宗教的关联的基本论题的讨论是一致的，在奥古斯丁后期著作中，"存在着一种自由与恩典的辩证法"。[③]

综上所述，奥古斯丁围绕恶的起源、人的自由和上帝的正义这三个神正论的经典问题依次论证了构成意志系统的三个要素：自由决断、意志自由和善良意志，完成了对意志主义的奠基性论证，对应了前面提及的构成西方哲学与神学的三大主题词：自然（本性）、自由（意志）和恩典。归根结底，奥古斯丁论述了一个核心论点，人是自由的，自由是有限度的。这一思想不仅规定了中世纪哲学的方向，而且对文艺复兴、宗教改革、人文主义和 17 世纪哲学产生了划时代影响。[④]

---

① Norbert Fischer, "Der menschliche Wille als 〈causa prima〉. Augustins Radikalisierung der Freiheitsproblematik," in *Augustinus – Ethik und Politik*, S. 109 – 128.

② Norbert Fischer (Hg.), *Die Gnadenlehre als "salto mortale" der Vernunft?*.

③ Norbert Fischer, "Einführung: Natur, Freiheit und Gnade im Spannungsfeld von Augustinus und Kant," in Norbert Fischer (Hg.), *Die Gnadenlehre als "salto mortale" der Vernunft?*, S. 15, S. 11.

④ Henri Marrou, *St. Augustine and His Influence through Ages*, pp. 147 –180.

第 三 章
阿伯拉尔的伦理学

　　阿伯拉尔（1079－1142）是教父哲学之后第一个敢于挑战奥古斯丁权威的人，他在哲学上进一步推进"信仰寻求理解"的原则，在宗教和伦理的双重视野下拓展理性主义，将理性植入信仰，试图通过理性提高信仰的水平。在伦理学上，他发扬光大了爱的伦理学这一传统，推进了奥古斯丁的意志主义，提出了影响深远的意向伦理学，他对理性与信仰、意志、罪恶之间的错综复杂关系均给出了自己独特的回答，尤其是，他倡导的在不同文化背景和信徒之间进行对话的思想具有划时代意义。阿伯拉尔的意向伦理不仅是从奥古斯丁的罪－责伦理向托马斯德－法伦理过渡的一个中间环节，而且其意向决定论在西方伦理学乃至哲学史上具有突出地位。他强调人的意向在道德活动中尤其在道德"归责"中的决定作用，第一次对道德主体何以配享德性的问题给予充分重视，他对自由意志的分析，已开始摆脱奥古斯丁的"罪恶来自意志的自由决断"这一消极自由传统，开始走上积极理解自由意志的新道路。自从阿伯拉尔以后，意志逐渐摆脱了原罪论的阴影，开始踏上了成就德性与幸福的"善良意志"的道路，尤其是对康德德性论产生了深远影响，著名学者马太亚斯·佩尔卡姆斯（Matthias Perkams）认为，阿伯拉尔和康德伦理学之间存在深刻的共同点，即上帝信仰和人的自律之间的关系的看法。①
　　库尔特·弗拉什的评价尤其富有启发性，他说："人们可能宁愿把阿伯拉尔称作不可逾越的主体性的发现者，正如他证明了语言解释中人的主动性

　　① Matthias Perkams, "Autonomie und Gottesglaube. Gemeinsamkeiten der Ethik Abaelards mit der Immanuel Kants," in *Peter Abaelard: Leben-Werk-Wirkung*, Herausgegeben von Ursula Niggli, Verlag Herder Freiburg im Breisgau, 2003, S. 129－150.

阐释与文本的差异一样，他在伦理学领域使主体意向的突出作用课题化，他将自己的伦理学已经置于'认识你自己'这一带有苏格拉底－基督教中心思想的标题下，在相对'现代'的立场中，他不是在寻求一个客观价值体系，而是寻求一个合道德性标准。在道德方面，外在行为和心理倾向都不起作用，无论欲望还是意志，都无所谓善还是恶，而只是对一种欲求或意愿的赞同的内在行为。和早期中世纪不重视行为意向的布道书的习惯不同，他贬低外在行为，他把外在行为看作是价值中立的，事实上，阿伯拉尔从此开辟了道德反思的一个内在空间。"[1]

第一节　对话伦理学

一　信仰无理解则空

在 12 世纪，伴随世俗化思潮，哲学面临的首要任务是在神学内外展开对话，阿伯拉尔著名的《基督教徒、哲学家和犹太人的对话》、《伦理学》（或《认识你自己》）以及《和爱洛伊斯的书信》都包含一些激进观点，有理性的和世俗化的倾向，往往被对手当作异端抨击。当然，正如 M. 豪斯凯勒所分析的那样，"导致官方对他判刑的决定性原因与其说在于他坚持的论点本身，不如说在于这些论点的基本要求，使基督教学说理性化并且成为可理解的"[2]。也就是说，阿伯拉尔之所以被看作异端，是因为他力图使理性进入信仰。

阿伯拉尔是一位护教者，不怀疑天主教会教义的真理性，同时他坚信，"人们也必须努力去理解它们"，这也是奥古斯丁主义传统，早年的奥古斯丁深受新柏拉图主义影响，曾提出"真宗教和真哲学的统一"，离开了理解的信仰有迷信的危险，所以他把知识看得比（单纯的）信仰更高级，其名言是"我信仰以便理解"（Credo ut intelligam）[3]。此外，比阿伯拉尔更著名的同时代人坎特伯雷的安瑟伦（Anselm）早在阿伯拉尔之前已经致力于对基督教信仰的真理性进行理性证明，他认为，"我们在皈依之后，如果我们

---

①　Kurt Flasch, *Das philosophische Denken im Mittelalter. Von Augustin zu Machiavelli*, S. 222.

②　M. Hauskeller, *Geschichte der Ethik. Mittelalter*, S. 90.

③　参见张荣《信仰就是赞同性思考》，《世界宗教文化》1998 年第 1 期。

不努力去理解我们所信仰的"①，就是一种疏忽，这被看作一种不同于奥古斯丁意志主义的理性主义观点。

阿伯拉尔比安瑟伦更激进，他不满意奥古斯丁的立场——理解是信仰的一个值得期待的回报，相反，"离开理解的信仰根本没有价值，甚至不配赢得信仰的名称"②。对阿伯拉尔来说，虽然人们经常心甘情愿地布道或听布道，但如果没有被理解，仍然只是无意义的声音。理解无信仰则盲，而信仰离开理解也是空信，为了信仰，人至少必须知道，他究竟信仰什么，如果信仰某种东西，但对其意义却不清楚，就等于空信。

带着这种论证，阿伯拉尔勇敢地颠覆"正当的秩序"。按照安瑟伦，"正当的秩序"要求"我们敢于借助理性讨论基督教信仰的深度之前，我们首先相信它"③。安瑟伦无疑已经有一个充分的根据，坚决要求遵循正当秩序，如果像阿伯拉尔那样，把信仰从一开始就和理解相联系（取消了时间先后问题），信仰根本就不是必需的，因为理性向我显示是真的东西，我就无须再信仰了。更有甚者认为，"我立即将对那些理性不能够向我显示是真的一切东西不再相信了"④，令人担忧的是，一种像基督教这样的启示宗教不那么容易被嵌入一种理性宗教的狭小框架之内，与此同时又不失去其特征。

当然，阿伯拉尔并没取消信仰这一基础，上帝的启示和人的理智不会陷于彼此冲突中，他也没有如此放肆地向宗教提出要求，要求证明其内容的真实性，他只是期望并要求基督教理论与理性不矛盾，赋予基督教学说以清楚的意义。此外，如果能够证明基督教学说是可能的，就更好了，可能性决不会损害信仰（因为我们不可能知道：对我们显现为可能的东西是否在事实上也是真的），而仅仅是把一种盲目的（因此是空的）信仰转变为一种有根据的信仰。

---

① 〔意〕安瑟伦：《上帝何以成人》Ⅰ1，参见其《信仰寻求理解》，溥林译，中国人民大学出版社2005年版，第265页以下。

② M. Hauskeller, *Geschichte der Ethik. Mittelalter*, S. 90.

③ 〔意〕安瑟伦：《上帝何以成人》Ⅰ1。

④ 他的对手圣伯纳德（Bernhard von Clairvaux）写道："阿伯拉尔致力于摧毁基督教信仰的功绩，由于他认为，他能够借助人的理性理解上帝是什么这一问题的全部意义"（Epist. CXCI. 1）。参见M. Hauskeller, *Geschichte der Ethik. Mittelalter*, S. 91。

阿伯拉尔不仅强调理解之于信仰的意义，而且强调"上帝也意愿被理解"①，正如《新旧约全书》中记载的那样，基督教建立在上帝的圣言之上，可是，上帝的圣言也需要解释，有时，在这一基础上形成的信仰内容，简直是自相矛盾的，如核心教义——神圣三位一体。这个教义意义重大，虽然只有一个唯一、不可分割的上帝，但它同时是由三个所谓位格组成的，即父、子与圣灵。但是，某个东西怎么能同时是一个又是三个呢？

为了信仰之故，人们在理性地回答类似问题时可能畏惧，因为这关系到最重要之点，即灵魂的救赎。这个重点在何处，并且应该沿着什么道路达到，圣经上都有交代。只要人们想正当生活，学习圣经就必然优先于学习别的任何事情，仅仅出于这一目的，上帝就用这种方式给予我们启示，其本质和意志乃是正当、至福生活的主导线索和指南。如果他不曾愿意我们能够尽可能广泛地理解他的圣言，他肯定就保持沉默了，上帝对找到忠实的听众和有理解力的读者有足够的信心，"因为一个手捧书本而不知晓书本为何而写的读者，就如同一头驴站在七弦琴前一般"②。可是人毕竟不是驴子，上帝赋予他精神和理性，供其使用。"离开了理解，'道言'就是僵死的字母，但是谁认识'道言'的意义，谁就会领悟，'道言'便成了他取之不尽的生命之源，正像上帝坚定地所意想的那样"③，人应该坚持训练他的理性，增加他的知识。

奥古斯丁曾经指出，人一旦积累了太多知识并过分信赖自己的理智，必然会骄傲，阿伯拉尔也不否认，知识与自负常常相伴而行，但他并没有得出结论说，知识太多本身可能是恶的，懂得多的人的骄傲不是来自知识本身，而是产生于错误的看法，忘记了知识的神圣源泉，而意愿把知识据为己有，因为他没认识到，"他的所有知识都是上帝的恩典"④。某人正是由于他不认

---

①　M. Hauskeller, *Geschichte der Ethik. Mittelalter*, S. 92.

②　Abaelard, *Der Briefwechsel mit Heloisa* Ⅶ 130, übersetzt und mit einem Anhang herausgegeben von Hans - Wolfgang Krautz, Stuttgart, 1989. 以下引用不再注明出版信息，只列书名。

③　Abaelard, *Der Briefwechsel mit Heloisa* Ⅶ 133.

④　Peter Abaelard, *Theologia summi boni. Tractatus de unitate et trinitate divina* (*Abhandlung über die göttliche Einheit und Dreieinigkeit*) Ⅱ 32, übersetzt, mit Einleitung und Anmerkungen herausgegeben von Ursula Niggli. Lateinisch - Deutsch, 3 Aufl., Hamburg, 1997. 以下引用此书只注明 Peter Abaelard, *Theologia summi boni.*

识真理才变得骄傲起来，因而总是处在连续的无知状态，因为所有知识都来自上帝（上帝知道一切），所以事实上所有知识都是善的，确切地说，不仅关于存在者的知识，而且关于不存在者的知识，不仅善的知识，而且恶的知识都是善的①，人若没有区别善恶的知识（能力），他肯定无法过上一种善的、为上帝所愿的生活。可是，圣经教导我们，什么是善，什么是恶，善恶的决断权在上帝（的意志），为了按照圣经的指引行为，就必须正确地理解它，人们若不理解命令，就无法遵守命令，"我们越是不寻求理解，我们就越难识别恶的道路，因此我们就越难以避免犯罪"②。

阿伯拉尔认为，在基督徒中蔓延的对知识的恐惧恰恰就是背离上帝的开端③，他还针对无知者的自负展开批评。基督徒若不理解他们所信的内容，他们就不会感到羞愧，反倒可能觉得缺乏理解是一种荣耀，因为对信仰的理解是产生罪感的前提。他们自以为，自己信仰一种无比深奥、崇高、特别的宗教，以至于无人可以理解。不可理解性在他们看来就是特别的标志，这种宗教在他们眼里高于其他信仰，并且表明对它们进行谴责是正确的。既然某种无法用理性阐明的东西也不可能被批判，他们就可以随意地发表自由言论，而不必害怕任何指责。他们确定无疑陷入了骄傲之中，"这种骄傲甚至连一种知识的辩解都没有，缺乏任何根基"④。他们不知道，他们自以为信仰的，却成了任意的东西，除非理性让他们明白其信仰的合理性，否则他们就没有理由信仰，离开了理性的信仰只是一种单纯的习惯，因此不可能为自身提出真理的要求，"如果为了不牺牲信仰的功绩，在任何情况下人们不能借助理性来讨论它，如果人们应该信仰的东西不能按照自己的判断力进行讨论，而是不管宣布什么错误，人们立马赞同所宣布的东西，接受这种信仰就没有任何意义，因为凡是不允许运用人的理性的地方，人们就不能用理性驳斥任何东西。如果一个偶像崇拜者说一块石头或木头或一个任意的受造物，

---

① Peter Abaelard, *Theologia summi boni* Ⅱ 30.

② Abaelard, *Der Briefwechsel mit Heloisa* Ⅶ 126.

③ Abaelard, *Der Briefwechsel mit Heloisa* Ⅶ 127.

④ Peter Abaelard, *Collationes sive Dialogus inter Philosophum, Iudaeum et Christianum* (*Gespräch eines Philosophen, eines Juden und eines Christen*), Lateinisch und deutsch, Herausgegeben und übertragen von Hans - Wolfgang Krautz, 2 Aufl., Frankfurt am Main, Leipzig, 1996, S. 19. 以下引用只注明 Peter Abaelard, *Collationes sive Dialogus*.

这是真正的神、天和地的创造者，或者如果一个人宣布某个显而易见的恐怖事件——如果人们不能用理性讨论信仰的话，那么，谁会有能力驳斥他呢？"①

二 理性与权威

阿伯拉尔指出，即便援引信仰的某个公认的权威也无济于事，因为任何权威只要被人们合法地要求，它自身就必须再次以理性为根据，或者借助某种具有更高理解能力的理性。但是，究竟是否存在这种理性，显然不能由其他的权威决定，因为其理解力必定事先已经得到保证。事情也许不难断定，如果只存在一种被承认的权威，可是，信仰路线的争论恰好涉及下面的问题：应该确认，究竟谁的话是权威，即便当人们仅仅愿意把自己限制于基督教权威的范围，人们也在这些权威中不难为每个信仰问题找到两个互相矛盾的回答，以至于总是可以为每个任意的观点引证一个权威。如果这些权威中的一些人对什么是真理持有异议，我们究竟应该相信谁的话呢？归根结底，每个人都必须自己做出决断，必须选择对他具有决定性意义的权威，要么以这种方式，要么以别的方式，要么只是盲目地根据其出身，因此不顾他对他人的义务，要么是通过借助其自己的理性对各种权威资格的合理性进行检视，做出自己的决断，什么是他本人觉得最有说服力的。可是这样做，对权威的追问从根本上就不再有效，因为很显然，如果我们对一个权威资格的合理性已经心悦诚服，我们也就不是被迫赞同哪怕在任何个别情况下被我们承认的权威了，不论什么时候，一旦我们在深思熟虑之后觉得一段经文或解释不合实际，我们都有权进行批评性探询，有理由提出异议，哪怕这种解释是由那些在信仰问题中被看作内行的人对经文给出的。虽然圣经的真理性毋庸置疑，但圣言肯定不是以直接的形式被给予我们，而是一些人记下来，另一些人抄下来，再由其他人对其内容进行阐释，但人们可能出错，在翻译和传达的过程中，本来的意思也可能被无意间搞错，因此从根本上说，任何权威都无法逃脱出错的嫌疑，无论是伟大的教父还是被看作远高于权威的旧约和福音新约的先知，都不能幸免。

---

① Peter Abaelard, *Collationes sive Dialogus*, S. 19.

"也就是说，先知有时也会丢失先知书这一恩典的礼物，他们基于预言这一习惯——由于他们还相信拥有预言之灵——根据他们自己的灵进行一些错误的预言。"① 因此说到底，在人类这里根本就不存在什么一开始就免除理性检视的权威，而且借助理性根据证实为可信的，或者被当作无意义拒绝的东西，都无须再通过某种教会权威去认可。②

阿伯拉尔指出，我从来也不会盲目信赖那些可靠的权威，而是必须为了任何问题都要重新依赖我自己的理性，因此，人们也不必"带着信仰的义务去读权威的著作，而应该自由地去阅读、评判它们"③。也不应该轻率地拒绝这种被普遍认可的基督教教师的判断，因为出错的可能性当然不仅对这些人而言存在，对我自己来说也存在这种可能性，甚至我也可能犯错，当我觉得某事说得不对或者不可理喻时，我理解的某事可能不像人们通常所认为的那样，或者，人们简直就不识其意，尽管有这种意义。怀疑是重要的，因为只有怀疑的人才能探求，只有探求的人才能希望参透真理，可是我也必须有意怀疑我自己判断的说服力，尽管我不可能相信，若不理解我所信的东西就不能够说，我对事情的理解实际上是否与真理符合，只有上帝知道什么是真的，说到底，人只能为下面的事担忧，他信仰的东西也可以在人的理性面前得到辩护，"这尤其是因为他的推论和阐明充其量只是真理的影子和模本"④，"人的语言致力于受造的、时间性世界的论辩性知识，不适宜于表达永恒与神圣的东西"⑤。在人的语言中没有任何词语适合表达信仰试图把握的超时间性真理，关于真理，人们可以言说的一切都是隐喻，是对不可言说者的一种接近，"言谈的某种晦暗不清，在信仰中是不可避免的"⑥。

然而这并不是说，我们就根本用不着努力照亮黑暗，倘若我们可以这么做（应该这样做），正因为关于上帝和与上帝有关的东西的任何表述往往只

---

① 〔法〕阿伯拉尔：《是与否》序言，参见 M. Hauskeller, *Geschichte der Ethik. Mittelalter*, S. 96。

② 和阿伯拉尔不同，安瑟伦在他的著作《上帝为何成为人》中开宗明义急于保证，他对上帝为什么成人这一核心问题的讨论不言而喻，必须和"更高的"和"被奉为神明的"权威的判断相符合，以便能够满足有效性要求。参见《上帝为何成为人》第二章和第三章。

③ 〔法〕阿伯拉尔：《是与否》序言，参见 M. Hauskeller, *Geschichte der Ethik. Mittelalter*, S. 96。

④ Peter Abaelard, *Theologia summi boni* Ⅱ 36.

⑤ Peter Abaelard, *Theologia summi boni* Ⅱ 50.

⑥ Peter Abaelard, *Theologia summi boni* Ⅱ 53.

能是对真理的暗示，这种表述并没有从一开始就把信徒限定于一个特定的理解之上，而是向不同的阐释原则敞开，也就是说，既然在言语和真理之间不可避免存在鸿沟，信徒个人可以决定按照自己的思想解释宗教原理，传统表明，信徒个人要为信仰负责，因为他可以掌握和领受被给予的东西，据为己有，即他必须以他的方式接受。他不得不自己养成一种个人意见，然后也为此负责。

从根本上说，只有上帝知道真理。阿伯拉尔一方面要求，我们要获得一种权限，对我们所信的东西进行理性解释；另一方面，他提请注意，我们从来都不能肯定，我们的观点是不是真的正确。前者使我们有可能把自己的信仰告诉那些还不相信我们信仰之真理性并追随另一种信仰的人，而且使我们的信仰为人理解，这样，当他们不想将这些对所有人都有效的理性论据置之不理时，他们或者被迫同意，或者不得不说明他们为什么驻足于迷信中的理由。但是，我们可能很难向他人的理性发出呼吁，如果连我们自己也不自律，也不要求自己听从理性的声音的话，这就是说，我们不仅必须拥有向他人证成我们所信之能力，而且原则上要有准备同意他人在这方面可能提出反对我们的信仰、坚持其主张的理由，即只要这些理由比我们自己的理由更有说服力，换句话说，单纯的传达能力还不能被看作有理性效力，因为乐于接受他人的传达也属于理性范畴。理性在对话中保持下来，并且为了进行一次对话，我不仅要诉说，也要能倾听，但这种对话能力，并非我们通过认识才获得的，因为我们也可能就是那些自欺欺人者，由于对信仰内容进行理性论证这种努力受制于原则上总是存在的出错可能性，因此我们要杜绝自以为是（自负）的危险，"因为相信自己拥有真理，是一种流俗的信念，不论人们是否相信理性，这种信念导致了狂热、仇恨和暴力"①。于是阿伯拉尔坦承："我没有承诺要对真理做出规定，而是满足于在自己所有的著作中阐明我的想法，因为在这段时间中，对真理的执着甚至刺激我对那些在宗教名义上非常重要的嫉恨发表意见。"②

阿伯拉尔强调，甚至有一种特别的道德责任，在思想上和不同的信仰者

---

①　*Peter Abelard's Ethics. An Edition with Introduction*，English translation and notes by D. E. Luscombe，Oxford，1971，p. 126. 以下引用仅注明 *Peter Abelard's Ethics*。

②　*Peter Abelard's Ethics*，S. 127.

或不同的思想者进行讨论和对话，并不是从一开始就把他们看作愚昧之人，而是看作有理性的、同样追求至善的人，尽管途径也许不同。作为人，我们都是一项共同事业的参与者，不受限于我们已经同意的信仰。在他看来，一种"对话伦理"是不可缺少的，正如他在《哲学家、犹太人和基督徒之间的对话》中所言，我们如果不把自己的观点强加于人，而是致力于彼此学习，并且通过思想交流找到一个共同点，岂不是更好些！当然，共同之处是否真的如同阿伯拉尔似乎认为的那样大，现有的差异（分歧）是否真的能够通过理性讨论加以消除，毕竟还是值得商榷的，正因为如此，他才始终强调，要加强培养人的对话能力。

三　上帝就是爱

阿伯拉尔不仅继承和发展了奥古斯丁的意志主义，而且继承和发展了他的爱的伦理学这一传统。与他的对话伦理学和意向伦理学相比较，其爱的伦理学也同样很独特。有学者指出，在阿伯拉尔伦理学中，处于核心地位的不是意向，而是"爱"。① 也有学者把激情与理性看作阿伯拉尔伦理学的核心概念，并指出对托马斯的激情学说产生了影响。②

如前所述，阿伯拉尔提倡跨宗教之间、哲学与神学之间进行对话，进而达成共识。而达成共识的可能性基于如下二重假定：（1）通过理性，信仰的真理即便不能被证实，起码也可以让人理解。（2）这种理性也是所有人的一项共同财富。

基督徒并不比非基督教徒更优越，我们有理由相信，所有人凭借其理性都距离上帝一样近，任何人，无论他出生怎样，成长背景如何，不管他是犹太人、穆斯林还是基督徒，只要他敞开心扉，就能认识上帝的本性，只要他愿意，就能过上令上帝喜乐的生活。阿伯拉尔如此激进，如此强调宗教宽容，其观点在 12 世纪被当作异端就不难理解了，不同信仰背景的人之间需要对话，这种观点无疑是跨时代的，不仅适用于跨宗教、跨文化关系，而且也适合当今世界各个方面，可以说，阿伯拉尔的对话思想极富现代意义。

---

① Matthias Perkams, *Liebe als Zentralbegriff der Ethik nach Peter Abaelard*, Münster-Aschendorff, 2001.

② Lothar Kolmer, *Abaelard*：*Vernunft und Leidenschaft*, Wilhelm Fink Verlag, München – Wilhelm Fink, 2008.

　　之所以说阿伯拉尔是激进的，一个根本的原因在于他主张，上帝是一个恩典的上帝，他赋予人类取得一致、达成共识的能力。正如所有目的一样，为了达到这个目标，上帝的恩典虽然是必要的，但并没有说（像奥古斯丁主义的学说那样认为）这种恩典是选择性的，只有一些人凭借上帝的恩典获得知识，而另一些人则没有。在此，阿伯拉尔反对主流观点，他认为，"上帝并不拒绝给人获救的可能性，他向所有人伸出恩典之手"①，关键只在于人究竟是接受还是拒绝。

　　为了论证"上帝就是爱"这一论题，阿伯拉尔提出了一个有趣的"商人"隐喻，"因为上帝对待人如同一个商人，商人出售贵金属，把它们公开摆到货架上，向所有人展示它们，并通过展示其中一部分唤起人们的购买欲。聪明的人，知道自己需要的人，设法买到它们；疏忽大意的人，懒惰的人，就算有需求，也不会努力，因为他懒惰依然，尽管身体比人强壮，他也不会去买。因此，如果他缺乏它们，他就有罪责了"②。在对话过程中，人需要上帝的恩典，但人的决断自由也非常重要。看上去阿伯拉尔也坚持恩典和自由可以兼容的立场，和奥古斯丁一样，他首先结合罪恶的起源问题凸显决断自由的重要性，他明言："无决断自由就没有罪。"③　不过，阿伯拉尔并没有说过"没有上帝的恩典，人根本就一事无成"，因为如果他的所有成功都只因上帝而起，就没有理由为自己的心甘情愿而称赞上帝，若是没有作恶的自由决断，也就没有罪责，"凡是没有罪责的地方，也不会有惩罚"④。

　　阿伯拉尔和奥古斯丁在强调人的决断自由这一点上，是颇为一致的。正如晚期唯名论者邓·司各脱是奥古斯丁意志主义的卓越继承者一样，阿伯拉尔是12世纪奥古斯丁意志主义的主要推进者。我们认为，阿伯拉尔能够推进奥古斯丁的爱的伦理学，提出意向伦理学，除了受12世纪的世俗主义、理性主义哲学影响外，就是他对恩典的上帝所做的创新性理解。正是这种新的上帝观念（前述那个著名的商人隐喻所明示的），促使阿伯拉尔在继承奥古斯丁意志主义的同时，也在一些地方超越了奥古斯丁，比如，阿伯拉尔毫

---

① Peter Abaelard, *Theologia summi boni* I 3.
② 参见 M. Hauskeller, *Geschichte der Ethik. Mittelalter*, S. 100。
③ 参见 M. Hauskeller, *Geschichte der Ethik. Mittelalter*, S. 101。
④ 参见 M. Hauskeller, *Geschichte der Ethik. Mittelalter*, S. 101。

不迟疑地拒绝了他的原罪阐释。奥古斯丁认为，亚当的原罪遗传给所有子孙，亚当的罪可能作为恶的例证，带来了一种我们至今还不得不遭受的惩罚[1]；阿伯拉尔则认为，原罪不可能被转嫁给那些亚当犯罪时根本不存在的人类，"凡是不存在的人，就没有罪"[2]。明晰的理性告诉我们，人起初并没有必然戴罪出生，因为那时他不能区分善恶，只有当其心灵成长到他知道什么是他所期待做的、什么是当做的时候，他才有犯罪的可能（能力）[3]，因此，人的第一个状况（原罪）似乎是非决断性的（quasi indifferens），中立性的，无所谓善恶，"因为人没有决断力"[4]，一旦他在这种状态下死亡，也就不会被谴责，因为他什么也没有做，毋宁说，当他死后见到上帝时，他肯定会得救，因为他知道，上帝有多么爱他，所以甚至燃起对上帝真诚的爱。

阿伯拉尔反对奥古斯丁的原罪论，尤其对《论自由决断》中的"婴儿犯罪说"提出批评，意志的决断自由不完全是天赋的，而是获得性的，阿伯拉尔的批评在一定程度上反映了他对理性的重视。奥古斯丁在理性与意志的关系上，无疑强调意志优于理智，阿伯拉尔则肯定理性、理解力的成长在帮助人的决断中发挥重要作用。"理性的成长"，明显是一个后天论的术语，表明12世纪流行的辩证法与反辩证法的斗争对促成阿伯拉尔的概念论和唯名论有重要影响，同时，也反映了阿伯拉尔的恩典论的理性化特征。理解力的成长也是上帝赋予人的一项财富。

阿伯拉尔对奥古斯丁原罪论思想的剥离和批驳，在一定程度上反映了哲学史上两条认识路线的矛盾，即光照论与概念论、天赋观念论（普遍同意）和经验论的矛盾。阿伯拉尔的唯名论概念论、经验论也和上帝的恩典有密切关系，意志是恩典，理性也是恩典，理性的成长也是恩典，他的恩典论是一种新型的恩典论，这突出表现在他的上帝观念上。

他并没有违背传统，只是更强调上帝的善这一属性。上帝不仅全能、全知，而且首先是全善的，因为他的爱毫无分别地惠及所有人。正如前述"商人"隐喻所暗示的，阿伯拉尔的上帝和那种追求阿谀奉承的主宰完全不

---

[1]　*Peter Abelard's Ethics*, p. 22.

[2]　Cap. haer Ⅷ. 参见 M. Hauskeller, *Geschichte der Ethik. Mittelalter*, S. 101。

[3]　*Peter Abelard's Ethics*, p. 22.

[4]　Peter Abaelard, *Collationes sive Dialogus*, S. 200.

同，这种主宰者只求得到按法律来说该他所有的东西。在阿伯拉尔看来，人似乎不是作为一个依赖性的受造物，作为上帝的仆人或奴隶将自己的生存和他所有的一切归于上帝，为此对他有无限的服从义务，不过人作为自由的公民，谁也不欠，完全有能力、有资格自己选择自己的生活。上帝不是索求，而是给予，上帝对待人，并不像债权人对待债务人那样，非常精确地将人对他的债务记账，不会耽误有朝一日追回他的欠款。毋宁说，上帝像一位谦和的商人，不带任何强迫，给人机会获得某件非常贵重的商品，虽然他并不是无偿给予，也是以某种价格出售，但由于人们有待得到，该财宝应该被认为是价格低廉的，尽管从价值上看，他索求的要远少于他给予的，但他并没有吝惜自己的商品，上帝是慷慨的，他没有像统治者那样矜持并等待某人接近他，上帝无须巴结、奉承，而是平易近人，开诚布公地询问，人对自己有什么期待。因此，他做一切在他的权限之内的事，目的就是出售他的财宝。他这样做，不是期待从中获利，而是因为他爱人类，并且永远只是祝愿人类万事如意。

上帝如此爱人，也不强迫人追求自己的幸福，他只为此"担忧"。为了能够自由决断，每个人都必须明白，上帝呈献出来的东西是否值得他付出这样的代价，明白他必须做什么。现在，即便人们不赞成这项买卖，拒绝上帝的恩典，上帝也决不会迁怒于他，相反会为他"惋惜"，惋惜他成了一个即便是上帝的大爱也不能拯救的人，因为他扼杀了自己最好的、作为人可以获得的东西，他失去了天国、永恒的福乐，这不是上帝所愿的对他行为的惩罚，而是自由决断的直接后果。

上帝的爱也涉及不爱上帝的人，因为上帝的爱和人的爱不同，不是什么偶然的爱，不是某个时候一会儿开始，一会儿又结束的激动或激情。说上帝在某一时刻没有这种爱，是不可能的，因为上帝就是爱，爱是上帝的本质。和我们这些没有爱也能活的人不同，上帝若没有爱就不可能存在，因为上帝本身就是爱。

这是一个分析性命题。正如物体是有广延的一样，爱和上帝的本质与存在不可分离，上帝的本质就是爱，爱就是上帝本身。神圣的三一恰恰表明了这一点，上帝由三个位格组成，即父、子、圣灵，这意味着："神圣实体是有能力的、智慧的和善的，或者说得更确定些，神圣实体就是权能

（potentia）、智慧（sapientia）和善（benignitas）。"① 上帝把这三个属性必然地统一于自身，对阿伯拉尔来说，这是从犹太人和异教徒没有争议的假设中推出的，"上帝是至善或者完满的善"②，不可能还有什么比上帝更善的事物了，甚至连想都不敢想，如果这样想了，这个更好者就可能被叫作上帝。③

任何事物不可能是完满的善，它要么缺乏能力，要么缺乏智慧，要么缺乏善，也就是说，谁要是不借助理性就意愿善并且能够实施其意志（愿），他会很容易酿成灾祸，因为他不能估计他的权能而开始行为，实际上是否会产生他的善良意志曾经期望的结果，也是可疑的，事实上，一个不知道他做什么的人，究竟能否被看作有权能的，这早已引起了柏拉图和亚里士多德的质疑，自愿行为离不开理性之知的配合。不过，一个知道这个并且也拥有必要财富却没有行为能力的人，将无法实施他充分认识到的善，尽管他的意志还是如此善良，他的见解还是如此深刻，但是这两者是无效的，因而是有缺欠的。最后是第三点，"一个虽然不仅有智慧，并且有足够权能将其智慧化为机智行为但缺乏善意的人，只会更加毫无顾忌地追求恶，因为再也没有什么东西，无论内心还是身外之物都无法阻止他这么做"④。这三者所结成的对子中任何一个对子，从善的可能实现这个角度看，都是不充分的，无论权能与善的结合，还是善与智慧的结合，或者智慧与权能的结合，独立来看，都不具有如此性质，因此，更高的善、更完满的善都是不可设想的，只有权能、善和智慧三者统一，才能满足达成至善所需。

阿伯拉尔成功地将上帝的三位一体（这个对基督教是核心的、看起来似乎是非理性的教义）归因于最迟从柏拉图以来可能被作为哲学上卓有成效的那个上帝观念，三一构想由于其反理性特征，对异教哲学家而言曾经是眼中钉，现在看上去就逻辑地表达了一种通常被看作理性的、被清除了保守残余和局限性的上帝形象。如果说"上帝是完满的善"这句话是正确的，那么，上帝集权力、智慧和善于一身，正是基督教所宣讲的三位一体观念。

从完满的善这一概念引出三一教义，不仅使理性得到满足，而且还引发

① Peter Abaelard, *Theologia summi boni* I 3.

② Peter Abaelard, *Theologia summi boni* I 3.

③ 参见 M. Hauskeller, *Geschichte der Ethik. Mittelalter*, S. 104。

④ Peter Abaelard, *Theologia summi boni* I 3.

三个神圣位格的等级秩序的重要变化。就是说，由于人们不单单把三一性归因于某种更高级的统一，而恰恰归因于善的统一，所以，"父"这个位格，和其他两个位格相比，曾经在基督教传统中总是占据优先地位，现在就退居在圣灵这个位格之后，换句话说，在考察上帝时人们就把主要注意力从权力方面转向善了，因为"圣灵仅仅是对善和爱的神圣衷情的别称"①。这种说法是正确的，善就自身而言，很少能像权能和智慧那样被当作完满的善，而且，为了发挥善的作用，善需要权能和智慧，但是，和权能或智慧相比，善意显然对善具有更大的亲和性，例如，阿伯拉尔在此就把权能或智慧理解为认识达到一个决断目标的恰当手段。

唯独善意从自身出发，以善为目标（并且只以善为目标），而权能和智慧从本质上看，其向善倾向并不比趋恶的爱好更大，这两者只是那种乔装以善为目标者的手段。既然善（或爱）表达上帝意志的根本特征，它应该是理解上帝行为的钥匙，和其余两个本质特征相比，善具有逻辑上的优先性，因为上帝是善的，所以上帝意愿善，而不是相反，因为上帝意愿善，所以上帝才是善的，善意比权能、智慧优先。善是本体、本源、根据，是"是其所是"，而向善（意志）的行为才是"是"，是实体，而且因为上帝是智慧的，所以他知晓通达善的路，最终因为他也是有权能的，所以他能够将其意志付诸行为，但无论他做什么，动机仅仅是"善愿"。

四　新的上帝形象

正因为上帝是完满的善，所以人对待上帝的正确态度是"爱而非畏惧"，这里再次诠释了基督教的榜样伦理学实质。

阿伯拉尔始终承认，上帝的善意或爱与权能和知的方面相比具有主导性地位，这种地位首先让畏惧上帝不再适宜，尽管畏惧上帝在神圣的权能和全知中受到某种辩护，但既然这两种属性显然隶属于爱，那么，畏惧并没有准确反映上帝的本质，上帝本质上是善意的，从来都不会停止对人的爱，以至于人总是能够对上帝之爱抱有完全信赖，这样一个上帝绝不应该畏惧，而只能以爱来回报，显然上帝具有这种毫无亏欠的爱并不困难，因为上帝绝不要

---

① Peter Abaelard, *Theologia summi boni* I 7.

求人爱他，毋宁说，他配享爱，由于他所做的事远不止于仅仅向人启示他的法律，并且因此显示通往幸福的道路。他不仅给予人做出真正决断所需的知识，而且还给予人如此多的爱与善意的证据，以至于，人几乎只能反过去爱，爱"如此爱人的上帝"。上帝通过自己摄取人衰弱的肉体本性，把他的爱赐给人，上帝在耶稣基督身上化身成人，但并不是像传统观点认为的那样，"道成肉身"是为了使人从魔鬼的暴力统治下解放出来，人先前是由于堕落落入魔鬼之手；或者是为了把人从原罪的负担中解脱出来，阿伯拉尔反对这种观点。

他认为，上帝之所以"道成肉身"，化身成人，只是"为了通过它的智慧之光照亮世界并且向世界（和人）昭示：什么叫爱"①。上帝通过乐于分担人的苦难，并且因此忍受死亡之苦，让人觉察到他的大爱，受这种爱的触动，人也将能无条件去爱，这也是对基督教的"爱上帝，爱人如己"这一命令的阐释，对客观的世界状况而言，通过上帝的道成肉身什么也未曾改变，上帝给予人的东西，不是解脱（无论解脱什么），而是人可能仿效或者也可能不仿效的榜样，因为上帝不可能强迫人仿效，他只会把爱的能力植入人心，并且赐给人爱的动机，而不是给他爱本身，否则，就违背了"人是上帝的肖像"这一基本教义。

在此我们重提一个观念：有恩典，但不完全。"上帝的爱，我们把它叫作圣灵，并且从一开始恩典就通过信仰注入人类心灵和理性之中，使一些人复活为善工的成果，这种爱敦促我们谋求永恒的生命，但是对另一些人而言，圣灵是多余的，因为他们顽固的错误阻挡圣灵"②。耶稣基督是爱的典范，关键在于使我们配得上这种爱，因此我们同样无条件地回应这种爱，"圣爱"已经为我们做出了榜样。

如上所述，上帝的道成肉身是爱的明证，目的是激发人的爱。当然，按照阿伯拉尔的理解，上帝并不关心自己是否被爱，而是关心人是否在爱，换句话说，这种报答性的爱并不是为上帝服务，而是为了报答胸怀上帝之爱的人，因为只有当人像上帝爱人那样爱上帝时，人方能得到灵魂的拯救，上帝

①　Cap. haerⅣ. 参见 M. Hauskeller, *Geschichte der Ethik. Mittelalter*, S. 107。

②　Peter Abaelard, *Collationes sive Dialogus*, S. 200.

允许人爱的，绝不是一个渴望崇拜的统治者的虚荣，而唯独是上帝自己向人显现的爱。上帝爱人并非为了被爱，也绝对不是为了任何回报，而是白白给予的（gratis），他的爱从来都是他向我们显明的恩典（gratia）。

当人以上帝的爱为榜样时，他就会以上帝爱人的方式爱上帝，也就是说，人的爱也将是不求回报的，尽管他知道，他通过对上帝的爱说明了自己得救的理由，但他绝不会为了这种得救而去爱上帝，毋宁说，他追随基督这一榜样，自己扛起最大的苦难，无须指望任何补偿，绝不是为了允诺给他的报酬，或者为了某种上帝可能给他的东西，仅仅因为他爱上帝。如果为了上帝为我们所做的而爱上帝，严格地说，我们根本就不是在爱上帝，而是只爱他的作品，因此说到底只是爱我们自己，我们自己从这种作品中获利。

毫无疑问，这种爱是超越的爱，纯粹的爱，进而也是"自由的爱"，上帝之爱，本身就是一种真自由，在阿伯拉尔的"爱"观中，无论是爱上帝还是爱他人，都意味着为了他的所是（本质）而爱他，而非为了他（为我）的所为（因此绝不是因为他的权能）而爱他。他在给爱洛伊斯的信中这样写道："他不渴望你所有的，而是渴望你自己。这是真正的朋友，为你而死，没有人还有比这更大的爱，他把自己的生命留给他的朋友。"① 这里所说的真正的朋友，当然是耶稣基督，出处是《约翰福音》，接下来是："这是我们的命令，你们要彼此相爱，正如我爱你们。"②

人对上帝的爱和对邻人的爱之间彼此并不矛盾，毋宁说，爱上帝构成爱邻人的基础，爱上帝也包含全心全意实现上帝的命令，更确切地说，不仅在爱中而且出于爱，绝不是出于对没有实现的情况下可预期的惩罚的恐惧，或者出于对得到永福的希望。"我是出于爱而实现上帝的命令，这意味着，我没有勇气违抗。"③ 但上帝的命令恰恰是，我们要像上帝爱人类一样去爱人类，而且实现这个命令并不困难，因为"对于一个在爱的人而言没有什么事能难倒他"④，因此只要上帝之爱有了根基，就不再需要爱邻人这一命令，如果人们不爱上帝所爱的东西，也就不可能正直地去爱，但那爱人的，肯定

---

① Abaelard, *Der Briefwechsel mit Heloisa* Ⅳ 23.
② 《约翰福音》15：12。
③ *Peter Abelard's Ethics*, p. 86.
④ *Peter Abelard's Ethics*, p. 72.

不会首先被命令敦促去爱，对于爱上帝的人而言，上帝向他显明的爱，成为他和他人交往中不言而喻的典范，于是，人也就按照上帝爱人的方式去爱邻人。"爱上帝，爱人如己"，这里蕴含了一种爱的传递，把对上帝的爱传递给他人，"每个人必须遵循谦逊的尺度模仿上帝，尽管他什么也不需要，但他绝不为自己担忧，是为所有人担忧，不是为自己，而是为所有人解决燃眉之急"①。

阿伯拉尔指出，人对上帝的态度，与其说像一个奴才对主子的态度，还不如说像一个学生对待老师的态度。人们面对上帝时，如果觉得自己被挤到一个命令接受者的角色，其唯一义务是服从，就是对上帝本性与意向的误解。上帝不愿意做主子，只想做榜样，因此基督教伦理学从本质上说，就是爱的伦理学，不是规范的命令伦理学，而是示范性的榜样伦理学，它强调的是引导而非强制，是道德而非法律，是动机而非效果。如果他使人信服，肯定不是因为权能，而是因为爱，这不是对上帝的顺从，而是对他的模仿（上帝的形象），我们通过这种模仿实现他的意志（达成他的心愿），我们越像上帝那样存在，我们就越能更好地为上帝效劳，因此，道德努力的目标就是使自己尽可能地与上帝相近。乍看起来，这种说法可能让人感到诧异，当人们回想起，奥古斯丁恰恰把这种与上帝相似的企图看作原罪，亚当的原罪是企图像上帝一样有力，在权能上和上帝相似。

奥古斯丁和阿伯拉尔的根本差异表现为对上帝三种属性中哪一种属性更为首要这一问题的回答不同。奥古斯丁把权能看作上帝的首要属性，而阿伯拉尔强调的是善意，对上帝形象的不同阐释呈现出两种不同的上帝形象。奥古斯丁将上帝首先看成绝对的权能，万物都靠这绝对的权能，离开了这种权能，万物就无从发生，简言之，上帝就是绝对的权能，尽管上帝也可以说是仁慈的，但并非如此仁慈，以至于人们可以怀疑其权能的无限性，这就是说，奥古斯丁始终强调上帝与人在权能上的绝对差异，为了使上帝的权能不受限制，他只能用完全任意的偏爱行为这一形式承认上帝的仁爱本性。

阿伯拉尔把上帝首先理解为爱，权能隶属其下，以便在权能与爱发生抵触的时候，使权能为爱让步，上帝也没有不爱的权能。"权能优先还是爱优

---

① Peter Abaelard, *Collationes sive Dialogus*, S. 184.

先"，这是区分奥古斯丁和阿伯拉尔上帝观的关键。在阿伯拉尔看来，爱更符合上帝的本质，上帝之为上帝是因为爱而非权能，他并没有决定为善，因为他本就是善，因此，"他不可能支配他的善意，而是他的善意拥有了他"①。奥古斯丁认为，上帝的权能设定了其爱的界限，而阿伯拉尔则认为，支配上帝权能的，恰恰是爱，是善意。

因此，当我们在阿伯拉尔的意义上把上帝的形象——爱规定为伦理上正当行为的基本原则时，我们不能这样理解，人在每个方面都可能变得像上帝一样，人应竭力仿效的典范绝不是上帝的权能，而且同样不是他的智慧，因为这两者对人的有限性而言，本来就是无法企及的，而唯有善意，或者上帝的爱，才是人类竭力要效仿的，这是阿伯拉尔爱的伦理学的独特之处。

第二节　德性观

一　自然的道德律与至善

阿伯拉尔指出，由于虔诚的基督徒努力以其善意效仿上帝，所以教会作为所有信徒的团体成为爱的一个联盟。"在这个联盟中一个人向另一个人伸出援助之手"②，这一联盟的观念并不是基督教的发明，因为任何伦理学在实质上都是对爱的命令的一个阐明，比如，在《哲学家、犹太人和基督徒之间的对话》（简称《对话》）中，哲学家解释说"自然法说到底只不过是对上帝和邻人的爱"③，自然法的效力只因其理性才使人明白，完全与其信仰的特殊情况无关。《对话》中的哲学家虽然是一个公然的异教徒，他仍然相信一个"神"的存在，正如他的大多数古典先驱者那样。纵使阿伯拉尔是一个基督徒，但他感觉自己与古典哲学更接近，古典哲学已然有基督教思想的气质，或者说是以另一种形式表述基督教思想，只是哲学家的自然法作为道德律，不足以实现爱的命令。

阿伯拉尔的《对话》以老生常谈的问题开始，即人们如何使自己生活

---

① Cap. haer Ⅲ. 参见 M. Hauskeller, *Geschichte der Ethik. Mittelalter*, S. 106。

② Peter Abaelard, *Theologia summi boni* Ⅰ 18.

③ Peter Abaelard, *Collationes sive Dialogus*, S. 36.

得最好；或者更确切地说，遵循所谓自然法的规章是否能够使自己达到至善，还是另外需要遵循其他规则，如一方面在犹太人的圣经中，另一方面在基督徒的圣经中就存在这样的规则，"哲学家在对话的开始立即就将他作为根据提出的自然法和道德科学（scientia morum）或者伦理学（ethica）等量齐观了"①，伦理学被基督徒规定为一种通过理性讨论开辟出来的学科，"理性讨论的问题是：至善在哪里？我们必须沿着什么道路到达至善？"②

显然，从根本上说，只有理性的讨论才准许对话和取得共识，三个对话伙伴都宣布，自己乐意通过理性对他们各自关于至善的本性和达到至善的道路的信念进行一次检视，他们愿意在界定的意义上进行一次伦理学对话，但是如果伦理学被等同于自然法，就根本不可能再涉及这样的问题：人们事实上是否仅仅在这个基础上就能够对认识至善和达到至善的手段做出判断；也不可能是这个问题：从根本上看，是否存在诸如自然法的东西。如果没有自然法，就没有原则上为每个人都可认识的道德真理，也就不会有伦理学，即关于道德的科学。但这样一来，关于什么行为是善的任何共识就成为不可能，对话的任务就只能是探究自然法的真实内容。《对话》最大的特点是理性讨论，最大的贡献是创造性地提出了"对话"这一具有跨时代意义的主题，它主张在不同文化、不同宗教的人们之间进行对话，这开启了一个新的时代，一个讨论普世价值何以可能的时代，在今天都有鲜活的实践意义。

在阿伯拉尔看来，伦理学与自然法可等量齐观，爱的命令是所有伦理学的核心内涵，自然法的内容就是上帝的永恒法，自然法的有效性只是鉴于人的理性，因完全独立于其信仰的特殊性而使人明白，而爱归根结底是对上帝和对邻人的爱，自然法就是实现这一爱的要求的手段，与人的幸福生活密切相关，遵守自然法的目的是达到至善。问题是，除了遵守这一法则外，是否还有另外的法则要遵守，比如道德法则，这都要经过理智的讨论，以建立自然法的具体内容。

哲学家完全从自己的立场出发谈论理性，他首先要解释关于自然法的观

---

① Peter Abaelard, *Collationes sive Dialogus*, S. 14.

② Peter Abaelard, *Collationes sive Dialogus*, S. 106.

念，而被哲学家首先从纯粹形式的方面当作"至善"来规定的就是"得以使每一个人一旦达到就幸福的东西"。相应地，他把"至恶"就规定为"得到它就使一个人成为不幸者的东西"，至善使人幸福，"至恶"使人不幸。"每一个人"这一表述表达了至善或至恶的普遍性，而唯独使我或者虽然使一系列人但并非使每个人都幸福的东西，就不能是至善，至善只有一个，无论它在哪里，每一个得到它的人都必然会幸福。可是，按照哲学家的观点，我们得到至善或者至恶都是由于我们各自的道德行为（mores），"即一个是由于德性（virtus），另一个是由于缺德（vitium）"①。但是，这种规定还不够清楚，因为它还遗留一个问题：德性如何确保幸福。在《对话》中，哲学家倾向于回归斯多亚派的传统，并且把合乎德性的志向（Gesinnung）理解为直接使人幸福的手段，这是一种主观主义，导致德性使人幸福这种理智主义独断论，以至于认为，一个有德性的人，在任何时候、任何情况下绝不可能不幸，德性决定幸福。正如 M. 豪斯凯勒分析的那样，"伊壁鸠鲁尖锐地指出，智者即便在老虎凳上也能幸福"②。按照定义，德性甚至就等同于至善，因为有德性的人，也一定有幸福，这恰恰是康德对至善的第一个界定，只是在康德看来，拥有德性是配享幸福的前提，而不是德福相配本身，因此德性只构成最高的善，而非完满的善。

哲学家的上述观点也遭到基督徒的反对，理由是这个世界上存在着数不尽的不幸，只要我们生活在这个地球上，贫穷、疾病和死亡就会伴随我们。"因此真正的幸福（至福）在此世是不可能实现的"③。一种完满的、不受任何不幸损害的幸福对于灵魂而言只能超然于其世俗的存在之外，"每一个相信灵魂不朽的人（即任何理性存在者），都必然建立起自己的与此有关的对基督预言的永生希望"④。因此阿伯拉尔认为，德性不可能是至善本身，而仅仅是通往至善的道路，人们也不能为了德性本身而追求德性，而只能为了那种未来的不可能被足够频繁地想起的善，因为没有什么能比对与这种善相

---

① Peter Abaelard, *Collationes sive Dialogus*, S. 126.
② 参见 M. Hauskeller, *Geschichte der Ethik Ⅰ. Antike*, S. 186ff. 。
③ Peter Abaelard, *Collationes sive Dialogus*, S. 134.
④ Peter Abaelard, *Collationes sive Dialogus*, S. 136.

关的幸福的渴望更强烈地激起德性了。① 然而，至善不仅就其本身而言，而且对人而言，只能是上帝，作为德性的报答向我们昭示的那种彼岸生命的完满幸福，恰恰就在于对上帝的荣福直观，在于"拥有上帝"②。

在哲学家看来，至善就是自然法的内容，至善意味着每一个人都达到幸福，问题是，用什么方式达到至善和幸福？有德性就有幸福，幸福就是对上帝的直观，拥有上帝就是至福，因为上帝就是至善。这又是基督教的观点。可见，阿伯拉尔关于"德性是通向至善的道路"这一立场首先是他在哲学家和基督徒之间进行理性对话的成果，其中表现出他对古典哲学伦理学的某种妥协，同时又在什么是至善、什么是幸福的问题上回归基督教，这表明，阿伯拉尔坚持的其实仍然是奥古斯丁主义的路线，在这些基本问题上，阿伯拉尔只是在完善奥古斯丁的思想，并没有真正摆脱奥古斯丁的影响。

二 德性乃心灵的最佳境界

阿伯拉尔在分析了至善这一目标之后，进一步剖析了达到至善的道路和途径，提出了自己的德性观。在德性观上，奥古斯丁对阿伯拉尔的影响要逊色于波埃修和亚里士多德，这是我们需要注意的。

《对话》在讨论德性时，首先借哲学家之口回顾了波埃修和亚里士多德的逻辑学著作③，将德性规定为"心灵的最佳境界"（habitus animi optimus，亦称心灵的最佳习性）④。同时，habitus（习性）应当被理解为一件事情的品质，"并不是以自然的方式被移植给事情的那种品质，而是经过努力和深思（studio ac deliberatione）获得的而且很难改变（difficile mobilis）的品质"⑤。他强调德性的获得性特征，德性不是一种很容易变化的状态，而是某种可以坚持并持存的东西，德性是后天努力形成的，而非本性具有，

---

① Peter Abaelard, *Collationes sive Dialogus*, S. 140.

② Peter Abaelard, *Collationes sive Dialogus*, S. 218.

③ 〔古希腊〕亚里士多德：《范畴篇》8b – 9a，波埃修：《论区分》（*de divisione*），p. l64，885b。阿伯拉尔并不熟悉亚里士多德的伦理学，因为相关著作在 12 世纪完全处于被遗忘状态。参见 M. Hauskeller, *Geschichte der Ethik Ⅰ. Antike*, S. 114。

④ Peter Abaelard, *Collationes sive Dialogus*, S. 164.

⑤ Peter Abaelard, *Collationes sive Dialogus*, S. 166.

德性是达到至善的手段，也是通往上帝的道路，因为至善与上帝是同一的，阿伯拉尔用习性（habitus）解释德性（virtus），目的在于阐明：德性是获得的，不是来自本性，而是来自意志，因此才是有力量的。

德性不是什么自然现象，不像热与冷、健康与疾病那样，可以轻易从一个时刻的状态转变为另一时刻的状态，不是瞬息万变的，而是某种甚至拥有特定阻抗性和延续性的东西。决不可以说，某人逢双日是有德性的，而逢单日就无德性了，因为昨天有德性的人，今天也仍然是有德的，而且，今天无德之人，不可能昨天还是有德的，但这并不是说，任何很难改变的灵魂状态（Verfassung）已经定义这种意义上的境界了，一种境界只有当它"借助努力和深思"获得时，才是境界，才是根本行为，才是德性。换句话说，德性乃是一切行为之根。"如果我本性倾向于某种行为，这种与其坚固性（意志坚定）无涉的行为不可能被看作根本行为（境界），因此就不能被称作德性。如果人们认为，德性就是控制自己的欲望（这正是柏拉图以来的传统），那么，从来都没有感受到强烈欲望的人就没有德性（这里就是审慎），而只有某种肉体的冷淡（frigiditas）。审慎这种德性以制伏贪欲为前提，更确切地说，是对贪欲的一种审慎的蓄意克服。之所以要求这种克服，是因为德性概念应该是为值得赞扬的倾向预留的，但是值得称赞的东西仅仅是需要特别努力的东西，即需要反抗自己的倾向，要求意志制伏本性，反抗人们本性上所意愿的东西。功德恰恰在于强迫自己反抗自己的本性。"① 也就是说，"凡是没有反阻力的战斗的地方，也就没有胜利的德性。意志遇到的阻力越大，其德性的道德力量也就越大"②。诚如佩尔卡姆斯所言，这俨然是一种类似康德的道德自律观念。③

为什么要如此重视有德之人需付出的努力？某人无需任何努力就能够做到另一些人只有经过努力方能完成的事，他为什么不应该也被视为有德性呢？原因在于，阿伯拉尔相信，上帝建立的世界是合理的和可理解的，只有

---

① Peter Abaelard, *Collationes sive Dialogus*, S. 166.
② 〔德〕康德：《道德形而上学》，张荣、李秋零译，载李秋零主编《康德著作全集》第6卷，中国人民大学出版社2007年版，第417－418页。
③ Matthias Perkams, "Autonomie und Gottesglaube. Gemeinsamkeiten der Ethik Abaelards mit der Immanuel Kants," in *Peter Abaelard：Leben－Werk－Wirkung*, S. 129－150.

这种信仰才使他把德性看作一种克服的结果，以至于没有人天生就能够是有德性的，他始终强调德性的获得性特征，尽管阿伯拉尔试图理解世界，但他还是真正虔诚的基督徒，上帝才是其世界观的核心，相应地，德性概念在他的观念中也早已一贯地从上帝出发来思考了，就是说，德性乃是达到至善的手段，如果一些人天生地，因此甚至无须为此付出什么，也可能是有德的，那么，他们就是从一开始即无须为此给出理性理由就比那些没有这种幸福（运气）、反而天生就具有一种趋恶的倾向的人占优势，因此人们就不能够说，他们通过自己的德性为自己赢得了永生作为报答，没有任何理由拿某种在一定程度上是被给予的东西奖赏他们，如果上帝满足了他们，而拒绝了另一些人，他肯定就公然行不义了。既然上帝绝不会做什么不理性的事，也就不可能是不义的，因为不义肯定只是一种任意的，因此是无根据，进而是非理性的偏好行径。如果说，一些人以完满的幸福过上永生，而另一些人没有，那么，保障或阻止人们通向幸福之门的东西肯定就掌握在个别人手上，这就是说，如果我们真的靠我们自己的德性赢得拯救，我们自己也必定就是被归责的人，所以德性必定建基于一种自由的、自律的、不受任何前提限制的向善的决断。

如果说，阿伯拉尔在"什么是至善"这一问题上还表现出基督教神学家的立场，那么，在如何通往至善的道路上，他的观点真是惊世骇俗。他的德性观不啻强调德性的可获得性，甚至接近一种自律伦理学了，他的思想不仅激进，而且更加理性化与世俗化，尽管其宗旨是基督教的，但思想的韵味具有一种明显的康德主义气质，这也是《对话》这部著作的又一不同凡响之处。另外，阿伯拉尔对至善与德性的论述也引发了几个值得注意的问题，这是在《对话》中依然没有提及或者隐含的，当我们讨论构成德性的诸条件时，一方面是德性起源问题上的非自然性（非本性状态），即其原因的非决定性，也就是说，意志乃是德性的本源；另一方面是德性的境界问题，我们不可能根据一个人当下的意志状态（Verfassung）或行为倾向（Disposition）来判断：他究竟是否有德性。再次以审慎为例，"我"（阿伯拉尔在《对话》中常常以第一人称指代对话的人，有时指哲学家，有时指基督徒——笔者注）在某个特定的时刻以恰当的努力成功地控制我的欲望，以至于我（例如在亚里士多德那里就是这样）还只是渴望我应该的事，我应该的时间和应该的方式①，那么，从我的渴望看，现在的我可就和一个一生下来就无须努力仅仅按照他应该的那种方式欲求的人不再有什么不同了，尽管现在我们两个人并没有任何区别，但是我可能是有德性的，而另一个人则没有德性，那样的话，我之有德，并非由于我现在的"所是""所行"，而是由于我决断将来要成为的事（欲求），德性不在于获得的结果，而只在于获得过程本身。

只有当有德之人完全停止以恶的或不恰当的方式欲求，并且仅仅坚定不移地不屈从其欲求时，情况才有所不同，在有德之人的灵魂状态（Verfassung）和无德之人的灵魂状态之间很可能存在一种区别，虽然我们很难看出这种区别。

这样一来，我们还怎么能坚持哲学家所说的德性的第二个条件，即相对的不可改变性呢？对于亚里士多德而言，他首先把德性规定为一种坚定的境界（根本行为、习性），被获得的坚定性恰恰就是从欲求能力的可变性状态中推出的。可是，如果欲望正如曾经所是的那样恶，我们就不可能谈论德性，一个总是一再被迫压制自己被看作恶的欲望的人，总是游弋于屈从其欲望的危险中，即便他从来没有行恶，这样的人并没有"审慎"这一德性，而只有"自制"能力，这种自制能力之所以不是德性②，是因为没有理由解释，为什么节制者并不是任何时候、日复一日地改变其行为，即恰恰可能失去其节制，如果人们不愿意承认这一点，并且坚持认为，也可能存在一种在习性上说是心灵的决断方式，它长期使有德之人免于屈从于一种被看作恶的欲望，这会导致如下后果。

一个虽然很喜欢作恶却从未不由自主地作恶的人，很可能被视为比一个没有作恶的人（因为他总是意愿善）更有德性，而且照此看来，他越是渴望作恶，他就越有德性，我不仅可能（正如这要求"努力和深思"这一条件）天生就具有一种畏惧的倾向，以便能够变得更勇敢，而且此外还可能感到我的整个生命穿越了恐惧（这就是说愿意远离它），以便能够勇敢面对有关情况，为了能够夸耀我的审慎，我肯定不仅曾经有过强烈欲

---

① 〔古希腊〕亚里士多德：《尼各马科伦理学》Ⅲ 14，1119a。参见 M. Hauskeller, *Geschichte der Ethik Ⅰ. Antike*, S. 101f. 。

② M. Hauskeller, *Geschichte der Ethik Ⅰ. Antike*, S. 107 – 110.

望，而且也不停地强烈地欲求，而且，恐惧越大，欲望越强烈，我赢得的功德也越大，只要我成功地战胜冲动，战斗越激烈，德性就越强大，这里又一次表露出康德的那种志向伦理，作恶的倾向越强大，为善的可能性就越大。

人们究竟是把制伏这一德性引发的行为理解为已经结束了的因而是过去了的事件（其中，我们的恶的倾向一劳永逸地被战胜了），还是认为这种行为因为反对恶的战斗在我们心中永不停息，总是一再重复，这无所谓。可是，无论在什么情况下，意志（作为感情倾向或原始的行为倾向）都不再具有决断性的道德含义。从伦理的观点看，我所愿的东西完全不重要，重要的仅仅是我与这种意志打交道的方式，而且归根结底意味着，我如何决断去行为，如果意志对一个人的道德判定不再起决定作用，德性（按照自亚里士多德以来人们对德性的理解，即德性是意志的坚定的根本行为）也就丧失了它在迄今的伦理讨论中曾经占据的核心地位。

由此看来，《对话》中的德性观立足传统的哲学德性论立场，而且极具康德主义的气息，虽然这种观点在《对话》中也潜在地受到来自基督教徒观点的强烈抨击，但真正告别德性主义的古典论证，在《对话》中尚未成为主要论题，只有在阿伯拉尔较晚出版的著作《伦理学》或《认识你自己》中，传统的德性伦理学才最终被摈弃。

三　仁慈而非正义

在《对话》中，似乎古典的伦理规范没经过重要转换就被融入基督教伦理学中了，可第一印象往往是错误的。虽然哲学家为了使自己的德性概念从内容上具体化，就以赞同的方式解释柏拉图的四主德，即明智、正义、勇敢、节制，但他马上就把德性的数目压缩至三个，"明智"从德性的范围中被抽离，因为明智实际上并非德性，而似乎是德性之母，因为它充其量只是将善与恶区别开来的能力，而且，没有这种能力似乎就不可能有德性，也就是说，明智乃德性之首。这么一来，德性的反面——缺德也就建立在一种有意识的对恶的判决之上，因此同样以区分能力为前提，因此人们也可能同样合理地将明智描述为恶习之母。但是，"一种不仅可能用以向善，也可能用以作恶，同样为善人和恶人所共有的品质，是不可能被叫作德性的"①。总之，明智并不在德性之列，这种伦理的中立性不仅属于明智，而且属于信仰和希望（真正属于基督教的德性），"因为恶人也有信仰和希望，只有善人才有爱"②。

对哲学家的"我"而言，其余三种主德才被看作真正的德性，哲学家或者三个对话伙伴中的任何一个可能会注意到，这同一个论证瞬间导致了对明智的排除（以及信仰和希望），在合乎逻辑的一贯运用中也可能导致对勇敢和审慎的排除。哲学家极力想把"正义"当作这样的德性："我们借助它意愿，每一个人都得到其所应得的（quo dignus est），除非这样只会造成损害。"③而"勇敢"对于他而言，是"对各种侵害的一种深思熟虑的即理性的承受和对危险的经受"④。最后，"节制"是"理性对欲望的坚定和恰当的控制"⑤。

根据古典伦理学，被当作德性理解的肯定是使一件事情可能的最佳状况，既然理性是人身上最高的和最高贵的，理性的控制对德性而言就是不可或缺的，然而，在阿伯拉尔看来，如果德性有价值，那只能在于对上帝和对人的爱，正如哲学家在一开始就指出的那样，可是，勇敢和节制与对上帝和人的爱有何干系呢？正义是善良意志，审慎或节制（以其各种形式：谦卑恭顺、知足常乐、温和、贞洁、冷静平实）使这种意志免于贪欲，勇敢使意志免于恐惧，它们只是为了能够实施正义所必需的手段，类似于三位一体的模式。按照这种模式，上帝的权能与知识的功用在于将上帝的爱付诸实现，"正义是心灵的一种坚定意志（constans animi voluntas），它保障每个人自己的东西，而勇敢和节制是心灵的特定潜能（potentiae）和坚定不移的状态（animi robur），它们使善良意志强化为正义"⑥。当一个人意愿善的时候，他就已经是善人了，即便他由于自己的无能而不能将其意志付诸实施，因此，正义是唯一真正的德性，而勇敢、节制、明智，都只是实现正义的手

---

① Peter Abaelard, *Collationes sive Dialogus*, S. 168f.
② Peter Abaelard, *Collationes sive Dialogus*, S. 170.
③ Peter Abaelard, *Collationes sive Dialogus*, S. 172.
④ Peter Abaelard, *Collationes sive Dialogus*, S. 174.
⑤ Peter Abaelard, *Collationes sive Dialogus*, S. 176.
⑥ Peter Abaelard, *Collationes sive Dialogus*, S. 190.

段，不是德性本身，于是，诸德性最终就被归结为正义这一个德性，"只有正义才配享有德性之名，而且这也正好是哲学家所理解的"①。

只是还不能下结论说，正义也是伦理学的理想，是人为了他自己的幸福而追求的东西。显然，人们可能有很好的德性，然而缺乏对上帝的爱，因此错失了通往至善的道路，正如已经表明的那样，首要的行为目标在于效仿上帝，阿伯拉尔始终强调，奠基于上帝之爱的真正德性是仁慈而非正义，只有这样，才能真正完成由明智主导的古典伦理学范式向由爱主导的基督教伦理学范式的转换。

"上帝并非正义，而是爱和仁慈本身"②，正义与仁慈完全不同，因为上帝的仁慈之爱恰恰具有无条件的特征，而正义按照哲学家的规定，受两个条件的限制，正义就是意志，即按照其功德给予每个人应得的，前提是这样做不损害共同体，因此，共同体的利益在任何情况下都要高于我对个人的可能性义务，而这些可能性义务本身，精确地说，就取决于与义务照面的人的功德。我是正义的，往往是指我在共同体利益准许的情况下给予某个人应得的（拿掉他不该得的）。

按照阿伯拉尔的理解，一个在爱的人，总是仁慈的，他只是希望别人好，而不担心那是不是应得的，仁慈的爱也宽恕人的罪过，即便惩罚也是恰当的，因而是正义的，思考正义的古典哲学家在仁慈中只能认识到一种不可原谅的弱点："谁有罪，谁就必须赎罪，帮助他就是对上帝的不可饶恕的冒犯。"③ 因此，从正义（公正）这一立场看，"仁慈是一种缺乏，因为它缺少本质上属于正义的报答决心（即一报还一报）"④。正义之人向每个人证明，他应得什么，并且归还他所欠的，但仅限于此，而在爱的人，乐意为每个人付出的比他应付出的多，索取的比他应得的少，他蔑视正义（公正）的那种冷静的算计，只看重眼下的困境。按照阿伯拉尔的观点，这种无条件的、无法估量的爱就是世人应该铭记于心的典范，"他们常常在这种首要且被宣示的正义借口下，被更固执地虚构为正义的，当他们愿意仁慈生活的时候，

---

① *Peter Abelard's Ethics*, p. 129.

② Abaelard, *Der Briefwechsel mit Heloisa* Ⅱ 5.

③ Peter Abaelard, *Collationes sive Dialogus*, S. 180.

④ Peter Abaelard, *Collationes sive Dialogus*, S. 182.

他们为自己被看成弱者而羞愧；或者，当他们修改了一条公告时，他们为自己被看作言而无信之人而羞愧；或者，当他们对自己欠考虑就规定的事未加说明时……"[1] 人们爱上帝，不是因为他们坚持正义，而是由于他们超越了单纯的合乎义务的要求[2]，也就是说，这种对上帝的爱，超出了传统的德性范畴，远非义务所能比拟。阿伯拉尔赞同地引证摩西三书中的话："不可报仇，也不可埋怨你本国的子民[3]……若有外人在你们国中和你同居，就不可欺负他。和你们同居的外人，你们要看他如本地人一样，并要爱他如己，因为你们在埃及地也做过寄居的。"[4]

阿伯拉尔首先从传统四主德中剥离出他所倚重的正义德性，承认哲学家的所谓"只有正义才配享德性的名称"，但随后指出，人若只有正义而缺乏爱，同样会错失通往至善的道路，因为爱就是效仿上帝，上帝是仁慈而非正义。从众德性到正义，再到仁慈，这就是阿伯拉尔的思想道路，也是他对爱的伦理命令的辩护之路。一个在爱的人，总是仁慈的，要以爱效仿上帝。他始终在哲学伦理学和基督教之间徘徊，最后还是终结于基督教爱的伦理学。

第三节 意向伦理学

阿伯拉尔在奥古斯丁之后，完善了爱的伦理学，最终奠定了自己的意向伦理学，这种意向论首先体现在他对罪的根源与本质的看法上，也就是说，阿伯拉尔从意向、意志的赞同这一主观意愿或意向的角度论述罪，回答什么是罪这一根本的罪 – 责伦理学问题，将奥古斯丁奠基的决断意志论发展为意愿主义。如果说，《对话》还反映出阿伯拉尔对古典知识论伦理学的某种让步和妥协，那么，在《伦理学》里，阿伯拉尔则第一次明确地告别传统伦理学，开始回归其别具一格的意向伦理学。

---

① Abaelard, *Der Briefwechsel mit Heloisa* Ⅱ 4.

② Peter Abaelard, *Collationes sive Dialogus*, S. 158.

③ 《利末记》19：18。

④ Peter Abaelard, *Collationes sive Dialogus*, S. 68. 参见《利末记》19：33/34。

一 意志的赞同是罪的根源

阿伯拉尔对罪的根源、本质与和解的讨论集中反映在他的代表作《伦理学》（或者《认识你自己》）① 中。他首先指出，人的性格缺陷（本性）不是罪，他执着于其德性可教的后天论立场，用标识意志主义的"功德"概念取代了古典知识伦理学中的"德性"概念，而无德或德性的缺乏同样被"罪"所取代，功德与罪，成为阿伯拉尔讨论德性问题时的一对术语。

在他那里，德性或缺德，被理解为肉体与灵魂的增强或衰弱，正如肉体可能天生具有恶的性质（因此缺乏最好状态意义上的德性）一样（如受到无力、麻木或失明的损害而衰弱），灵魂也可能因为一种迟钝的理解力或者一种坏的记忆能力而衰退，也可能由于诸如狂躁、好色或者吝啬这些性格方面的品质而受到损害，这些品质可以被描述为灵魂的一些导致恶行的倾向，通常被看作在伦理上有重要意义的仅仅是后者。

灵魂的这些倾向，之所以被说成性格的缺陷，而不能说是罪，是因为这里说的是已有的品质，因此只与总是存在的东西相关，而不涉及它是否在一个特定的时刻以一种行为表现出来。如果我是狂躁的，那我就总是那样，即便在我安静的时候，甚至在睡眠状态，因为狂躁只意味着我有勃然大怒的倾向，我心中的这种倾向是如何形成的并不重要，只要它发作一次，它就被保留下来了，甚至当我恰恰不愤怒的时候，也许这是因为情况不易于我的倾向发作，因为倾向（狂躁）总是存在，所以，我并没有把它当作倾向来支配，在一个适当的时刻我无法控制这种倾向，如果没有不犯罪的自由，即我可能犯罪，那就和理性相矛盾了，我的这些倾向就不可能是罪，因为它们是我的天性，仿佛是我生来具有的性格一样。

但我必须以这样那样的方式面对这种性格，我必须而且能够这样那样和它照面，因为我如何存在（生存），我做不了主，但是我做什么，一定是我说了算，我究竟倾向于行善还是倾向于作恶，或者我是否拥有德性，说到底并不重要，前者不能保证我上天国，后者也无法保证我受永罚，关键的不是倾向，因而不是意志的本性，而是我在自己的行为中受哪些倾向支配，这

---

① 关于这部著作，遗憾的是，只保留下来第一卷和第二卷的开头部分。

样，他就超出了单纯性格的讨论，而达至意志的层面，更确切地说，阿伯拉尔从意的赞同这个高度探讨罪（sin）而非缺德（vice）的起源，这种新视角，引导阿伯拉尔完成了对哲学伦理学的基督教转换。

阿伯拉尔始终强调，只有通过赞同（consensus）、通过以某种方式行为的决心（断），进而通过听任事情发生的意愿（意志），才产生罪。因此，"无德"尽管是一种作恶的倾向或意志，但既不是罪之充分的条件也非必要的条件，我可能无需任何德性，完全充满在任何时候犯罪的倾向，只取决于我是否屈从这些倾向，因此恶的意志很少规定罪，相反，似乎是为了争取一个功德。"因为我也许通过简单地做我想做的事就能应得那种功德吗？"① 离开了在恶的意志中展示出的犯罪的能力，放弃犯罪就是无意义的。② 他再次从意志对本性的制伏出发，探讨罪的伦理含义。"我必须克服的内心阻力越大，我赢得的功德也就越大，如果我的克服成功的话。"③ 这与康德后来论述德性的力量时所持的立场惊人地相似。

同样可能的是，尽管我可能根本没有任何作恶倾向，因而完全是有德性的，我还是犯了罪，德性被理解为"心灵的最佳境界"或者持续的意志倾向，因此就不是对罪的可靠保护，正如阿伯拉尔借助于如下情况清楚表达的那样。我们假定，某人无辜地被他残暴的主人迫害并且面临被他杀害的危险，尽管他没有做过任何理该得到这种惩罚的事。起初，他试图逃走，但最终，为了不被杀害，感到自己必须杀死这个迫害者（正当防卫）。在这种情况下，下面的说法就是错误的。他杀死了人，因为他没有德性，这个男子根本不想（主动意愿）杀死他的主人，毋宁说，"他所意愿的，是拯救他的生命，而且他看不到任何别的得救可能，除了杀人外"④。这个例子典型地反映了他的意向论特征。

人们也许会指责，一个人想要（意愿）目的，可是肯定也想要（意愿）手段，如果我想要（意愿）将某人的财产据为己有，并且只能通过杀死他才能得到时，我不也必然意愿这种死亡吗？阿伯拉尔会说，这并非无条件

① *Peter Abelard's Ethics*, p. 12.
② Peter Abaelard, *Theologia summi boni* II 31.
③ *Peter Abelard's Ethics*, p. 4.
④ *Peter Abelard's Ethics*, p. 6.

的，可能是，我想要其中一个，放弃另一个。这样做的后果有两种情形：要么放弃自己的计划，放弃他人的财产，要么我杀死他，尽管这并非我的意志，因为意志的目标是他人财产，杀人只是手段。无论我是有意还是无意犯事，这都完全取决于我在事件中的感受。如果我感到只是勉强下决心谋杀，那么，我就是以某种方式违背自己的意志谋杀。反之，如果我觉得谋杀他人无所谓，甚或感到在谋杀时很愉快，那么，这种行为就很可能是我的意志的表达，主观感受和动机紧密联系在一起，同样的事也适用于以下情况，例如我想要有一个造型完好的物体，并且整天做一系列勤奋的练习以生产或者得到这种形式的物体。可能的情况是，这种练习甚至使我感到愉悦，并且在这种情况下，似乎就可以正确地说，我意愿做这种练习，但也可能这样，我憎恶这些练习，但仍然做了，因为恰恰想要（意愿）给人以好印象，因此就把这种恶当作必然的容忍了，可是，容忍某事并不等于意愿某物，在阿伯拉尔看来，人们喜欢做的一切事都是有意而为，而人们不乐意做的一切事，都是无意发生的。

在阿伯拉尔的上述例子中，这个男人并不是积极意愿他的主人死亡。首先，他做这一切，并非为了必须采取这种手段，他也可能考虑，这样做要受到严重惩罚，这同样说明，他只是勉强出此下策，而且，也许他更情愿看到不必杀他的主人。所以，人们也许会相信这位犯人，当他申明，他本来没想到事情会有这个结局，如果情况是这样，（杀人）行为也不能够归因于德性的某种缺乏，因为德性概念恰恰就表明了意志的一个特定属性。

尽管谋杀行为是违背行为者的意志而发生的，但这种行为非常可能是借助意志的赞同而发生的，因为除了他没有人拿起刀，挥舞起来并且实施了杀害行为。现在，既然无人强迫他这样做，他要为自己的行为负完全的责任。[①] 我们不难发现，从奥古斯丁的意志主义到阿伯拉尔的意向与赞同，再到托马斯的自愿行为主义，中世纪的道德世界观自始至终都贯穿了一个基本线索：自由意志之于道德行为具有优先性。阿伯拉尔对奥古斯丁意志主义的推进，最清楚地表现在他对"赞同"之自愿性的看法上，正是这一点，使他成为从奥古斯丁意志主义到托马斯自愿行为理论的中间环节，在某种意义

---

① 以上案例均出自 *Peter Abelard's Ethics*，p. 6。

上，赞同（同意）这种行为自然也是有意（自愿）发生的，而这一切都与人们如何理解意志概念有关。当阿伯拉尔把意志和赞同理解为彼此分离时，他是为了能够通过这种区分更仔细地表述罪的来源和本质。如果我为了得到我想要的，而同意去做我本来不想要的，那么，我的同意肯定是在自愿（voluntarium）意义上说的，因为严格说来，无人强迫我去同意，但这也适用于这种情况，我同意去做我想要（意愿）的事，即我意愿"意愿"。然而，同意在这种情况下是自愿的，不一定是因为我做了我的意志所要求的事，完全可能是因为我也不同意这种意志，尽管我违背自己的意志去行为，但我这么做是自愿的，自愿违背自己的意志。

同意的自愿性质和一种行为的有意性完全无关。有点悖谬的是，"同意"受意志规定越强，它甚至就越可能不自愿，我甚至感到完全被迫地以某种方式行为，我的意志力逼迫我这样做，随后，我可能对自己的所为感到羞愧，这暗示了某种非自愿性意识，尽管我很可能不得不以某种方式意愿我的所为，但我的惭愧和悔恨仍然表明，我起码现在宁可意愿别的或至少不屈从自己的意愿。我感到，我似乎屈从于一种内在的强制，似乎我的意志在关键时刻比我更强大，我意识到，我同意（赞同）本来不想要的东西，尽管我同意的意愿无疑是我的意愿，而且我紧接着可能同样这么做，但我本来意愿我有别的意愿，我本来意愿我可以意愿不同的事。①

在此，起作用的是某种像意欲的第二个层面，一种"反意志"，它和催逼我做出某种行为的原意志（第一意志）一起，争夺行为的最后决断权。阿伯拉尔的意志概念依然受制于这些有稳固基础的倾向，一旦没有什么事阻止一个人，这些倾向就会宁可使他做别的事。显然，我们心中没有力量能够拒绝这种和奥古斯丁的"贪欲"相应的意志统治权。我们也可以把这种力量叫作意志，只要我们别把它和第一种意志混淆，因为后者是强制，前者是自由。这是一个很关键的区分，因为这两种意志中的任何一方都可能对同意或者不同意起决定性作用，但其中一个不可以强制同意，所以它既不是和一个同一，也不是和另一个同一。

阿伯拉尔的意向论通常被看作主观主义的动机决定论，但对此要小心谨

---

① *Peter Abelard's Ethics*, p. 16.

慎，我们首先要理解，意向论的核心是强调自愿赞同在对欲望的顺服中所起的决定性作用。

二 明知故犯才是罪

既然罪是通过自由的、不受任何意志决定的同意才产生的，罪就既不能被当作恶的意志来理解，也不能被当作这个意志的后果来理解。可是，若不意愿，我如何能犯罪？同样，若无行为我怎么可能犯罪呢？行为本身对罪并不重要，重要的只是处于意志（意愿）与行为之间的东西，即使意志成为行为的决断。罪就发生在决断这个间隙。阿伯拉尔再次坚持了奥古斯丁的意志主义，因为后者曾明确指出，罪源于意志的自由决断（liberum arbitrium voluntatis）。

如前所述，在阿伯拉尔所举的上述例子中，男子虽然本不愿杀人，但他决断（心）这样做。此外，由于他"已经知道"，他所做的不是他想要的，所以他的行为才是罪。在阿伯拉尔看来，决定性的因素，不是意志，而是"知道"。罪的核心，说到底是"对上帝的蔑视"（contemptus dei）[1]。不过，"蔑视上帝"并不简单地意味着违背上帝的意志行为，而是"明知故犯"。如果我对上帝期待我所做的事没有任何概念，我也就不可能犯罪。一个动物不会犯罪，一个异教徒或任何具有和基督教不同信仰的人，当他在其行为中忠实于自己的信仰时，无论如何他同样不会犯罪。犯罪意味着，知道或知道信仰我应该做的事，但却没做，而做了别的事。我既不可能在我不知道上帝意愿什么时犯罪，也不可能在我搞错了其意愿时犯罪，因此犯罪并不意味着，行为真的忤逆了上帝的意志，而是意味着，行为有悖于我本人"认为"是上帝意愿的事，我们也可以设想相反的情况，我犯罪了，由于我相信行为忤逆了上帝的意志，而事实上我根本就没有这样做。

正因为罪的本质是蔑视上帝，它就以罪的意识为前提，如果情况果真如此，如果某人以最好的意向（荣耀上帝）做了实际上忤逆上帝的事，就不能看作某人的罪了，即便早期基督徒的迫害者也没有犯罪，因为他们不相信基督教的上帝。"甚至那些将耶稣钉在十字架上，并且看起来犯了最严重的

---

① *Peter Abelard's Ethics*, p. 4.

罪的士兵，也必须免除罪的谴责，因为他们并不知道这是不义，相反，他们相信，他们是在按照他们的上帝旨意行事。"① 因此不难设想，阿伯拉尔的激进观点为什么会招致 12 世纪同时代人的忌恨，因为他太过大胆，并且太执着于基督教信仰的理性化了，罪产生于"明知故犯"，即明明知道这是上帝不意愿的却去冒犯，阿伯拉尔非常重视"良知"的作用。在他看来，根据最好的知识和良知行为的人，不可能在上帝面前有罪，亚当和夏娃犯罪，不是因为他们吃了知识树上的果实，而是因为上帝禁止他们吃，但他们还是吃了。他们知道，那是违背上帝的事，但他们还是这样做了，这就是他们的罪，也就是说，他们是"明知故犯"，如果上帝没有对他们说过，他们不能吃知识树上的果实，他们就不会因为他们的行为而犯罪。同样，如果上帝虽然向他们说了这件事，但并没有使他们知道伊甸园许多树中哪一棵是知识树，他们也就不会犯罪，罪并不在于某种纯粹外在可以描述的行为，而在于对被认可了的秩序的有意蔑视，罪的本质就是藐视上帝，颠倒了神圣的秩序，这种蔑视（绝非行为）也和禁令有关。阿伯拉尔举了一个例子。如果一个男子娶妹妹为妻，但自己不知道，那他并不违背乱伦禁令，因为被禁止的不是乱伦，而只是对乱伦的同意。犯罪的人，不是做了被禁止之事的人，而只是同意去做显然被禁止的事的人。② "同意"或赞同在此具有关键意义，正因为如此，阿伯拉尔认为俄狄浦斯是无罪的。

　　意识到践踏或已经践踏一个禁令，阿伯拉尔称之为"良心"（conscientia），犯罪意味着违背自己良心行事。这样，人们就可能根据迄今所言认为，当我同意某种我知道在基督教信仰中是禁止同意的行为时，我就已经是违背我的良心行事了，前提是有人使我切记，正如上帝谴责说谎，但我还是说了谎，这样，"我明知道，说谎是被禁止的，因此，如果我说谎，我的行为就是有意践踏一个禁令，因此就犯了罪"③。但这个结论似乎有点鲁莽。严格地说，因为在这种情况下，我并不知道，说谎是被禁止的，而只知道，有人说，说谎是被禁止的。有人告诉我，禁止说谎，而我知道，有人这样告诉了我，这尚未强迫我也承认这种所谓禁令的有效性，但是只要我不

---

① *Peter Abelard's Ethics*, pp. 54–55.

② *Peter Abelard's Ethics*, p. 26.

③ 参见 M. Hauskeller, *Geschichte der Ethik. Mittelalter*, S. 130。

这样做，根本就不会践踏任何禁令，禁令往往只是作为被承认的东西才存在，因此，认识一个禁令就意味着承认它，认识（Erkennen）就是知道（Kennen），知道就是承认（Anerkennen）。

M. 豪斯凯勒进一步阐释，"如果有人用粉笔在人行道上画一条线并且告诉我说：我不可跨越这条线，因为线的那边是他的领地，只要我没有理由相信他，我就会认为，这条线没有任何别的意义，会继续不为所动地走自己的路，甚至丝毫不会感到自己良心不安，我不会承认画线人的要求是禁令，因为我不认为他有权颁布这样一个禁令，我只承认，合法的要求或者我认为合法的东西才是禁令"①。

一个人虽然知道上帝期望他做什么，并且承认这种期望的合法性，因此也承认上帝的权威，但仍然赞同不实现这种期望，这个人就是违背自己良心行事，因此犯了罪。在阿伯拉尔看来，说到底，一个不信仰上帝的人，不可能犯罪，这是《哲学家、犹太人和基督徒之间的对话》的另一重要思想，正如耶稣基督化身为人、与人同在的道理一样。犯罪的前提是信仰，以及对一种责任的自愿担当。② 我可能违犯一个我也已经使之成为我的法则的法则，这和康德道德观中由我的主观准则到普遍的客观法则的次序有所不同，这里的次序是由普遍的法则（自然法）到我的主观准则，"良心"在此扮演了准则的角色。阿伯拉尔在给爱洛伊斯的信中写道，"我们犯罪"，"在我们做了违背我们自己的良心、违背我们的信仰的一切事中犯罪。我们通过我们赞同的事，即通过我们赞同和接受的法律进行判决和自我判决。例如，我们吃了一些我们在吃的时候有所怀疑的饭菜，根据法律这些饭菜是禁止我们吃的或者被视为不洁的、不能吃的，我们的良心这一见证就这样形成了，以至于它在上帝那里谴责或谅解我们"。③

但是，如果法律仅仅是因为我们接受它才获得了效力，那么，归根结

---

① 参见 M. Hauskeller, *Geschichte der Ethik. Mittelalter*, S. 130。

② 阿伯拉尔和康德在"自律"和"上帝信仰"这两个主题上的态度是不同的，在阿伯拉尔那里，上帝信仰是自律的前提，在康德那里，意志自律是德性力量的表现，也是德性之为德性的根据。所以，马太亚斯·佩尔卡姆斯（Matthias Perkams）的观点——认为他们的伦理学的共同点在于上帝信仰和自律——也有可以商榷之处。参见 Matthias Perkams, "Autonomie und Gottesglaube. Gemeinsamkeiten der Ethik Abaelards mit der Immanuel Kants," in *Peter Abaelard：Leben-Werk-Wirkung*, S. 129 – 150。

③ Abaelard, *Der Briefwechsel mit Heloisa* Ⅶ 80.

底，要求我们遵守某种命令的，就不是上帝，而是我们自己了，是我们自己要求这样做的。所以，宗教－伦理的约束只是作为自我约束（自律）而存在的，例如，也只有当上帝真的是爱的朋友时，他才可能成为阿伯拉尔所说的那个仁慈的上帝，道德律也不是单纯由最高的权能颁布的，而只是被提议的，法律应该被看作上帝给予人的一个礼物，并且本身可以被接受或拒绝。一旦我接受了它，并且把法律（法则）当作我的法律（法则），那不是因为我除了服从别无他法，而是因为我知道或至少相信，接受对我而言是最好的。我把法律（法则）当作应该是的东西接受下来，即当作一种引领灵魂得救、幸福的指南，但是，只因为法律（法则）就是法律（法则），而意愿承认法律（法则），也是不恰当的，不仅因为只要我不承认，这种法律（作为法律）根本就不会存在，而且因为遵守法律（法则），若无理解，相信其内在的价值就是无效的。法律（法则）不是目的本身（为了法则而法则），而毋宁是服务于人。既然上帝就是爱，而且只有爱通向上帝，法律（法则）的唯一意义就是教导人以正确的方式去爱。阿伯拉尔在此强调的是人的主观性，人的主动赞同、理解和相信在道德约束中的某种"自律"性，这是奥古斯丁所缺乏的，正如我们在一项研究中强调的那样，阿伯拉尔对奥古斯丁意志主义的推进不仅体现在他关于罪的本质的认定上，而且在于他强调赞同之于罪责的规定性地位，强调赞同在由罪恶返回至善途中的积极作用，所以我们才说，阿伯拉尔走在通往善良意志的道路上。①

不是人为了法律，而是法律为了人，所以法律总是必须考虑人的不同的和变化的能力和需求。阿伯拉尔认为，曾经肯定有一段时间，遵守严格的犹太行为规则对于一个还完全囿于复杂形式的民族宗教－伦理教育就有重要意义，但是，伴随着耶稣基督及其门徒而来的是一个新阶段，在这个阶段，这些规则成了多余的，这些规则就像是固定好的轮子，它们会使小孩容易学会骑自行车，但是一旦他会骑了，他就不再需要它们，一旦人学会了区分外在行为和内在行为，那么，在什么时间吃没吃过饭，动没动过饭菜，就变得不重要了。②

---

① 参见张荣《罪恶的起源、本质及其和解——阿伯拉尔的意图伦理学及其意义》，《文史哲》2008年第4期。

② Abaelard，*Der Briefwechsel mit Heloisa* V 12－19.

　　由于不是每个人都能够根据其本性在同等程度上过上虔敬生活，所以不是所有人都能够按照同一个法律生活，每个人都是不同的，而且，"谁还会不知道，若加给弱者的重担和加给强者的重担完全一样，这就与理性相矛盾了？"① 但是，我多强壮，我可以苛求什么，不能苛求什么，说到底只能自己来裁决。在人们讨论一种约束之前，应该详细考虑，人们是否感到自己的约束也在不断地增加，否则的话，人们就会冒着危险违背自己的意向而被他的意志（即他的倾向和感情－激情）制伏。② 如果人们对自己的力量有严重怀疑，那么，低调些并且对自己要求少些，这样做就更好了，尽管还有人对自己的期望更多，更自信，一般的人性弱点和特殊的个人缺点在法律上都应该被考虑到，因为上帝从来也不向我们要求比我们能够胜任的东西更多，存在一个"本性之不可达到的、不容忽视的要求"③，因为"一个以前就不信奉法律的人，并不触犯法律"④。正因为如此，阿伯拉尔认为，不发誓总要好过不遵守诺言，"在你想信奉前，要省思，如果你信奉了，就要持之以恒，此后是强制的东西，现在则是自由"⑤。

三　欲求本身不是罪

　　如上所述，阿伯拉尔的意向论使奥古斯丁意志主义更加纯粹，更为理性，为托马斯的自愿行为理论做了准备，这集中表现在他关于欲望与罪恶的关系论述中。

　　他以性欲为例，人尽可能过一种洁净的禁欲生活肯定不错，因为以这种方式肯定要比任何别的方式更接近上帝和永福，如果不能这样生活，人应该尝试以合法的方式满足其欲望，"并不是说，这样我们才会有福，因为神圣的父给了我们规则，而是说，这样一来，我们就会更容易有福，并且能更纯洁地与上帝交流"⑥。他进一步指出，正是为了给"欲求"一个地位，使人

---

①　Abaelard, *Der Briefwechsel mit Heloisa* Ⅶ 108.

②　Abaelard, *Der Briefwechsel mit Heloisa* Ⅶ 102.

③　Abaelard, *Der Briefwechsel mit Heloisa* Ⅶ 81.

④　Abaelard, *Der Briefwechsel mit Heloisa* Ⅶ 98.

⑤　Abaelard, *Der Briefwechsel mit Heloisa* Ⅶ 98.

⑥　Abaelard, *Der Briefwechsel mit Heloisa* Ⅶ 98.

们无需犯罪就能满足欲望，比如婚姻制度。在传统教义中，在自然法规定中，婚姻的合法性只在于为了人类自我保存和繁衍后代，但在阿伯拉尔看来，婚姻绝不只是为了人类的繁衍，而且同样也是为了合法地满足性需求。

注意这种观点的变化是必要的，因为我们可以从中看到 12 世纪伦理学是如何向世俗伦理学妥协的，同时也表明阿伯拉尔与时俱进地吸取了 12 世纪的时代精神，主动向他的前辈特别是奥古斯丁发起尖锐批评。奥古斯丁曾经主张并且为教会正统所采纳的观点是，性交本身虽然是好的，但是在性交时感到的性欲却是原罪的后果和象征，而且本身是有罪的。阿伯拉尔则认为，这种观点是荒唐的，是抬高权威、贬低理性的一个恰当例证。[①] 因为这似乎是不合理的：一方面，在制度范围内允许性行为；另一方面，却谴责性交时感到的性欲。但是缺乏性欲根本不可能完成性行为，这样，人们很可能认为，上帝准许人们只以一种不能如此行为的方式行事，好像上帝给予了一种自相矛盾的准许证似的，因此，"很明显，不应该把罪归之于自然的肉体欲望（nullam naturalem carnis delectationem）"[②]。谁不能或不想放弃他的性欲，他可以放心地结婚，"甚至当他失去其伴侣时，可以再娶，这肯定比因为性缺乏而犯罪要好"[③]。这样获得的功德尽管微不足道，但"也可能避免犯罪的危险"[④]，有许多通往上帝的道路，"爱上帝的人，上帝不会拒绝他"[⑤]。

前面已经指出，罪不在于行为，而在于意志的赞同，但是，意志的赞同是对什么的赞同呢？只能是对行为的赞同，可是，这只有在行为可以区分为善的和恶的行为时才有意义。我犯罪，是就我同意一种恶的行为而言，而功德来自对善行的赞同。与此同时，赞同是否付诸实施完全不重要，因为完全可能的是，我无法主宰的那些情况阻碍我的赞同付诸实施，例如，我缺乏必要的资金（或者我从来没有，或者被夺取了），我无法通过慷慨捐赠来真正减轻他人的贫穷，如果仅仅因为这样我就在上帝面前比一个不用牺牲什么就

---

① *Peter Abelard's Ethics*，p. 20.

② *Peter Abelard's Ethics*，p. 20.

③ Abaelard，*Der Briefwechsel mit Heloisa* Ⅷ 82.

④ *Peter Abelard's Ethics*，p. 22.

⑤ Abaelard，*Der Briefwechsel mit Heloisa* Ⅷ 98.

捐出大量财物的富人更卑微，似乎就很不公正了，"因为我此刻行为无能，是无罪的，不可能减损我的功德，这是由于我坦诚的决心带来的功德，我决心做一切在我能力范围内的事，以帮助别人"①。如果情况不是这样，人们就可能说，某人可能更善，因为他更富裕，似乎财富可能对灵魂的内在尊严（animae dignita）有益，按照阿伯拉尔的说法，这似乎是"最疯狂的事"（summa insania）②。

阿伯拉尔指出，人的功德绝不取决于捐赠的多少，而取决于其爱的程度，这种程度表明了一个范围，我在其中决心首先不考虑我，而是考虑他人，于是，一个付出较少的人完全可能比另一个付出更多的人获得更大的功德，正因为他的起点更低。但是，正如功德不取决于行为一样，其"无功德"也不是罪，如果仅仅是外在情况使我无法实施谋杀，那么，事实上我是否犯了谋杀（我自己决定实施），可能无关紧要，也就是说，是否"实施谋杀"不重要，重要的是"赞同谋杀"，或"同意谋杀"的倾向，因为客观偶然的外在情况可能阻止谋杀的实施。"赞同谋杀"肯定意味着，如果我不是偶然地被阻止，我就会谋杀，这里再次表达出阿伯拉尔的意向论-动机论伦理学立场，和后来托马斯的自愿行为主义很接近，如果谋杀没有发生，并不是"因为我"的缘故，不是由于我的决定使情况发生改变，我对谋杀的赞同肯定不会因为谋杀不能实施而受影响。

正因为如此，行为在伦理上就被阿伯拉尔看作中立的、无关紧要的，超然于道德价值之上（indifferent），因为只有行为的决断（决心、决意）已经足以明确规定价值或无价值了，然而，人们仍然会这样认为，行为起码还有重要性，尤其是当罪与功德的区别取决于我同意什么行为，不同意什么行为的时候。于是，当我赞同一些导致一个人死亡的行为时，这时我就犯了罪，而当我赞同一些减轻世界上贫穷的行为时，我就赢得了功德。③

我们认为，前一种情况是非常严格的，具有道德意义，而后一种情况则是太过宽松了，因为他纵容了知行分离，只说不做，不重视善行，前者之所

---

① *Peter Abelard's Ethics*，p. 26.

② *Peter Abelard's Ethics*，p. 48.

③ John Marenbon，*The Philosophy of Peter Abelard*，Trinity College，Cambridge University Press，1997，p. 251.

以有很高价值，因为他强调的是"恶意"。这样一来，按照阿伯拉尔的观点，任何行为，不论什么行为，只是为了自己本身，被当作事件，既无所谓善，也无所谓恶。但是，如果不存在善的和恶的行为，罪就不可能取决于我赞同什么行为了，如果一个行为并不比另一个行为更善或更恶，我们就无法理解，为什么赞同一种行为可能是罪，而赞同另一种行为却可能是有功德的。赞同不可能涉及行为本身。既然赞同和行为无关，那究竟与什么有关呢？这个关联问题的核心是意向概念。阿伯拉尔在给爱洛伊斯的信中写道："对我们而言，正当行为比行正当更好，而且，人们应该着重考虑的不是发生的事，而是考虑以何种志向行事。"① 阿伯拉尔把"志向"（animus、Gesinnung）理解为某人在行为时胸怀的意向（intentio），也就是说，他以意向来理解心灵，心灵就是志向，志向就是意向，意向最终只对行为的价值做出裁决，即道德与否的根据不是别的，只是意向，没有更恶的行为，只有更恶的意向，所以，如果我赞同犯罪，那不是因为我赞同了某种行为（actio），而是因为我赞同了某种意向。

　　奇怪的是，阿伯拉尔在此对行善和做善事做了一个本质区分，常当作行为理解、当作道德行为判定的东西肯定总是已经包括其意向，也就是说，行为是一种意向行为。一种行为若无意向，根本不是行为，而是一个事件，一个发生、结果。尽管两者很难进行外在的区别，但在一个行为和一个单纯的反思活动间有一个基本区别，一个以意向为前提，而另一个则不是，比如，如果我的手因为受到神经系统的刺激抬起来，这就不是行为，说"我举起手"，就可能是错误的或者至少是误导性的，尽管在我这样做的时候"看上去"完全一样，但在这种情况下，不是"我举起手"，而是"手升起"（受刺激引起的条件反射）。可是，如果是我把手举起来（并且做出一个动作），这只是志向、意向，意向指导行为。如果我是为了欢迎某人举手，这就是一种行为，如果我是为了警告某人举起手，这是另一种行为，所以，当阿伯拉尔解释，可以被分为善的或者恶的东西是意向而非行为时，他就把行为仅仅理解为单纯外在发生的事，理解为一个可以为观察者描述的事件过程，这里，人们谈论的可能是行为事件。然而，如果人们按照今天的习惯，把行为

---

　　① Abaelard, *Der Briefwechsel mit Heloisa* Ⅶ 74.

理解为一个完全"有意"的行为，那么，照阿伯拉尔的说法，也就有了善的或恶的行为，以至于罪，因此可以被规定为对一种恶的行为的赞同，这是在意向意义上说的。

因此，单纯外部发生的一个行为充其量是行为事件，从自身来看，既非善的也非恶的，由此不能得出如下结论：一旦排除了预期的意向，世界上所发生的事就不可能是善的或恶的。阿伯拉尔承认，"行为可能引起善的或恶的后果"①。可是，人们为什么也不能够说一个行为事件是善的，就它引起善的后果而言，在相反情况下，说一个行为事件是恶的，就它引起恶的后果而言？原因就是这种行为究竟是偏向善还是偏向恶，绝不依赖于行为者及其行为方式，虽然很可能是我的行为引起了善，但关键是我从来都不知道自己还会为此担心，阿伯拉尔在《对话》中说，"直截了当地看"，善就是"一个善的事件被叫作那种事件，如果它适合某种利益，就通过自身必然地不受任何事情的利益或价值的限制；相反，我以为，人们说到一个恶的事件，就说它是那种事件，必然通过它达到利益、价值的反面"②。

在阿伯拉尔看来，只有必然有益的东西或者增加一件事情的内在价值的东西，同时必然不损害事情的价值和益处的东西才能在真正的意义上被称为善的。但是，对于行为事件本身而言，不存在什么能阻止其后果是恶的东西，正如上帝能使任何人世的恶成为善一样，人所行的任何善，原则上也可以被转变或改造为恶，每个人，无论善恶，只要事情和人有关，都可能行善或作恶，既然行为事件一直向未来开放，并且只有在我把它置于世界之后很长时间，才能规定其价值，那么，最终产生什么样的后果并不重要。行为事件从自身来看，无所谓善也无所谓恶，完全是中立的，既然行善或作恶，并不在人的掌控之中，行善也就不可能是人的理性目标，这必须听任上帝安排（或者如果人们愿意，听天命或者运气、偶然事件摆布）。人只需关心，遵从自己的良心并且按照良心行事，他自己或他人都不能谴责他，因此，做一个善人并不意味着行善事，而是在一个善的志向中实施善行："善人不是由于他做的善事（quod bonum sit, facit）和恶人有别，而毋宁在于，他善良地

---

① Peter Abaelard, *Collationes sive Dialogus*, S. 272.
② Peter Abaelard, *Collationes sive Dialogus*, S. 266.

行（quod bene facit）。"①

阿伯拉尔再次强调了善行（正当行）和行善事（行正当）的区别，前者是基于志向（意向）的善良行为本身，后者则是效果主义的，着重于行为的后果，这不仅仅是道德标准的差异，而且是两种思维方式的区别。

"善行"意味着在一个正当的意向中实施一个行为（或者对这样的行为表示赞同）。阿伯拉尔举例说："如果两个人有意剥夺一个被告的生命（判处死刑），可能的情况就是，一个人是受其个人的仇恨驱使，另一个人则是基于他对正义的爱。在这种情况下，后者的行为是善的，而前者的行为是恶的。"② 更确切地说，即便当被告的死是一件善事时（值得期望的或者为上帝所愿的），如果一个人没有善良地行（正当行），无论他是否借这种行为做了善事，全然是无所谓的。犹大折磨过耶稣基督，但是他能够这么做，只因为上帝也听任他的儿子蒙受十字架之死。犹大和上帝做的是一件事，而且有助于完成上帝所愿。客观地看，犹大行了善事（而非善行），因为耶稣必须死，以便叫人明白上帝的爱，以此方式唤醒人自己的爱。虽然上帝仍然是在"善行"（善良地行），但犹大就是在"恶行"了，因为当犹大出卖耶稣时，他这样做并不是为了拯救人类于地狱，他的行为不善，是恶行，"乃是因为他的意向是恶的"③，这个出于仇恨杀死被告男子的行为也应该根据其意向被判为恶。

值得特别注意的是，中世纪道德观具有一个普遍特征，那就是重视善行为（正当行），而非行善事（行正当），这就是中世纪意志主义的奠基、演进中一直传承下来的。④ 事实上，说发生的一件事是善的，仅仅是就它与上帝的意志一致而言，甚至如果上帝不允许，连魔鬼都不能做任何事，虽然他总是意向作恶，但他做了善事。⑤ 歪打正着是无所谓善恶的，因为上帝操纵着其恶的意向并且使他成为工具，上帝使用他是为了试探人、惩罚人。一切

① Peter Abaelard, *Collationes sive Dialogus*, S. 272.
② Peter Abaelard, *Collationes sive Dialogus*, S. 274.
③ *Peter Abelard's Ethics*, p. 28.
④ John Marenbon, *The Philosophy of Peter Abelard*, p. 235.
⑤ 魔鬼就如歌德的《浮士德》中的莫菲斯特一样，"是那种总想作恶但总在做好事的力量的一部分"，《浮士德》1：1336f.。

行为的力量都是善的，如果人不是从上帝那里领受恩典的话，他就没有这种行为的力量。"行为的力量"在此就是指"自由意志"这个恩典。但是，意向——"为什么而行"不是来自上帝，毋宁是每个人自身具有的（a se habet）①，来自一个完全的、不受任何东西限制的自由，这是阿伯拉尔从奥古斯丁那里继承并且推进、使之更纯粹的那个"自由决断"，或者决断的自由。在这一点上，阿伯拉尔显然比奥古斯丁更加彻底，把决断自由归给人自己，只是他称之为"意向"而已。阿伯拉尔的意向论的确够激进，人具有完全的意向自由，这是人之所以能够做出决断的初始根据，由于我理解一个意向，所以我就决定赞同或反对上帝，赞同或反对爱。在世界上不可能存在真正恶的东西，除了恶的意向外，可是，既然恶人的意向是恶的，那恶人之"恶意"究竟是天生的还是获得性的呢？这一点依然是悬疑的，有待澄清。

四　上帝的善行也因其动机

为了贯彻意向论，阿伯拉尔搬出上帝做终极论证，这是中世纪哲学的一贯风格。他指出，甚至对上帝而言，似乎也同样有效的是，他的行为只有通过所遵循的意向而成为合理的。当上帝首先命令亚伯拉罕将它的儿子以撒献祭，然后又阻止他不要这样做时，似乎上帝不知道他要做什么，人们可能会想，如果实施这种行为是不善的话，上帝就不会下令实施了，所以就出现了两难选择。只有当人们不再注意上帝做了什么（即命令和收回命令），而注意他通过其行为意向什么时，这种两难才会消除，尽管上帝命令杀死以撒，但是他的意向（为什么下命令）并不是杀死以撒，他的意向、进而他的命令之功能仅仅在于试探亚伯拉罕的信仰，因而为所有后代树立一个坚定信仰的典范。这当然是善的目的，上帝是通过其命令达到的，因此，实施命令就成为多余，"在这种情况下，下命令去实施某种曾经不善的东西就是善的了"②。

不过，我们从阿伯拉尔对该问题的解决中并没有看出，上帝的命令应该如何来评判，如果他真的借助以撒父亲的手，既意向且允许以撒之死。对于

---

① *Peter Abelard's Ethics*, p. 28.

② *Peter Abelard's Ethics*, p. 30.

这个假定：上帝不可能这样意愿，这里只是表明，上帝显然不愿意这样（由于他通常不会这样阻止）。知道发生了什么的人可以推而知之，不会发生任何别的事，但是，如果我们设想，一个人亲耳听到，上帝是怎样命令亚伯拉罕的，而不知道上帝最终会阻止实施，这个人有充分理由相信，上帝可能并不是真的要这样命令并且因此肯定会阻止实施吗？无论如何，从阿伯拉尔的论证中看不出这种理由。但是能够被大胆断定的是，无论上帝做什么，或者意向做什么，肯定是善的，否则，他就不是上帝了，我们知道，上帝由于他善意的本性（作为圣灵）总是在正当地行为，可是我们并不具体地知道，什么是善、什么是恶，至少在上帝通过它的行为向我们昭示之前。

　　这种信仰的确证是通过"道成肉身"进行的，当上帝以充分的意向让亚伯拉罕将它的儿子献祭的时候，我们不得不承认这种行为是善的，由于其恶的性质显然不像人们首先可能认为的那样，可以从其特性（让一个无辜的孩子被其父亲处死）中推出，而"最终"只能从上帝并没有准许这种行为实施这一事实推出。阿伯拉尔解决问题的方案就是回溯到上帝的意向，因此，绝不是上帝命令人谋杀孩子，而在于他先是命令这一谋杀，然后又阻止谋杀，因为上帝命令做的事必然是善的，这是从本体论层面、形而上学层面讲，是因为善本身；但他阻止的事，可能是不善的，这是伦理学的层面，是因为善事、后果，被排除的不是出于善的意向杀死一个孩子或者被上帝准许这一可能性，而仅仅排除谋杀既善且恶的可能性：要么发生某事要比不发生某事更好，要么不发生某事要比发生某事更坏，但是，两种情况哪种更好呢？阿伯拉尔没有妄言，也许只有上帝知道。

　　然而，阿伯拉尔并不认为，某事之所以是善的，只因为它是上帝做的或者上帝意愿这样做，这似乎是一个后果，如果"这是善的"这个命题仅仅意味着"这是上帝意愿的"，那么，说上帝是善的这个观点完全是无内容的单纯的同义反复。上帝是善的，就只意味着上帝意愿他所意愿的，而且做他所做的，但这肯定不是阿伯拉尔"上帝是善的"这个命题的本来含义，肯定有一个善的标准，这个标准来自上帝的决断，他的行为和他的意向可以用它来度量。当然，这个标准在阿伯拉尔伦理学中是相当不确定的，善是出于爱并且在爱中行为，既适用于上帝也适用于人，但这就意味着，无私地关心他人幸福，包括关心单纯的生活快乐和无痛苦状态、灵魂的不朽和至上的福乐。

"上帝是善的"，实指他出于对人的爱而行为，为了人的利益，为了人的幸福，上帝不可能出于爱将一个人有意置于不幸中，这是一个方面，这表明阿伯拉尔基于信仰认为，上帝是善的，上帝就是爱；另一方面，上帝很可能容忍这样的事发生，即上帝出于爱将一个人有意置于不幸之中，因为某种程度的不幸对一个更大的幸福可能是必要的，这听上去颇具辩证意味，却有点功利主义，为了爱人将他置于不幸，只为了他得到更大的幸福，以小的不幸换更大幸福，尽管这不是阿伯拉尔的上帝观和爱观的本质，但这种为上帝辩护的技巧分明流露出阿伯拉尔向世俗伦理学的让步。

由于这种观点太过激进，尤其会导致某种更极端的观点，因而不利于教会的权威，所以阿伯拉尔不得不暂时把下面的问题搁置起来，甚或可以要求，为了大多数人的幸福而牺牲个人的幸福（例如在罪犯的处决中），为了共同体而献出自己的生命。以撒的死，对任何人的幸福都没有益处，因此就其是恶的而言，毫无用处，正因为如此，上帝肯定也阻止它了。我们仍然不能说，当上帝想让以撒死时，他行了恶，当他想让以撒死的时候，他的死还是"有用的"。那时也许我们能够看到我们现在看不到的"好处"，因为那时这种好处就没有了，也许到那时我们也不会看到这种好处，尽管那时还有这种好处，可是即便我们不能看见好处，因此不会理解，什么应该是这样一个行为的"好处"，这也不是谴责上帝行为的充分理由。上帝由于其卓越的知识（全知），不能受到人的批评，对此，我们的理解力太有限，我们恰恰必须相信，发生的事是善的，因为我们知道，上帝是善的，因为他是作为完满的本质（实体、完善的存在者）存在。我们相信，发生的事是善的，因为上帝显然意愿它发生，而且我们相信，上帝意愿它发生，因为它是善的，"无论主让魔鬼摧毁义人还是罪人，肯定无疑是善意地允许魔鬼这样做，而且，他只做糟糕的但仍然是善的事；事件发生了，为什么发生，他没有一个合理的理由，我们也可能不知道它"①。

这表明，后期奥古斯丁的反理性主义甚至对于一个像阿伯拉尔这样公然的理性主义者而言也是难以避免的。上帝不能被人批评，无限者不能被有限

---

① Peter Abaelard, *Collationes sive Dialogus*, S. 278.

者批评，说到底因为知识的鸿沟太大，但阿伯拉尔坚信，基于合理性的和善的东西，同样适用于上帝和人。恰恰由于双重假定，善在上帝造成的或准许的事件中虽然并非永远是显明的，但仍然存在这种原则上也在其善性上可以被人所认识因此人有义务用自己的理性寻找和找到这种他知道存在的善。因此，"上帝是善的"这一公设，对阿伯拉尔而言，就如同"上帝是理性的"这一公设一样，是一种启迪性原则，是解释事件的一个路标，因为上帝在本质上是合理的和善的，所以他不可能先要以撒死，然后突然不想再让他死了。当他命令这种行为（杀死以撒），然后收回命令的时候，命令从一开始肯定就以某种和实施命令不同的东西为目的，更确切地说以某种善的东西为目的。

　　既然上帝在本质上是善的，那么他就不可能意向恶。此外，他总是有权能实现其意向，从来都不会有什么违背上帝意向的事发生，他也不可能行恶事（鉴于其后果），不可能发生上帝没有意向过的事，似乎也无须追问：上帝的命令，是否当亚伯拉罕忠实于上帝的命令，却违背上帝的意向杀死他的儿子时，也是善的。但是，阿伯拉尔想依靠圣经历史的这种指示，让人明白，行为并非根据自身被评判，而必须根据其意向来评判。可是，这一点恰恰不能够向上帝显示出来，因为他的意向总是自我实现，正如托马斯的上帝之存在和本质符合，在阿伯拉尔这里，意向与后果在上帝这里完全吻合。上帝对亚伯拉罕的命令在阿伯拉尔的描述中看起来也根本不是或者起码不是唯一被其意向所辩护的，至少同样是通过命令的后果辩护的。命令是善的，因为它引起了某种善，人们被亚伯拉罕的例子鼓舞，竭力效仿他对信仰的忠诚。由此可见，意向之于行为的伦理学评估有多重要，只有当我们把一个不仅不知道实施其意向而且恰恰引起了他意向的反面的人置于上帝位置上时，才能够清楚地看到。

　　我们假定，某人劝告另一个人行某事，坚信这个人正好会做劝告他所行之事的反面，但是和所有期望相反，这位被劝告者听从了劝告，并且以这种方式使自身限于不幸之中，这个不幸的后果恰恰是劝告者意向阻止的。这个劝告究竟是善的还是恶的？阿伯拉尔在这种情况下肯定会给出回答，善的意向使劝告者免于任何罪责，他的行为是善的，似乎仍然不能说，这种劝告是善的，至少不是在和上帝命令亚伯拉罕这件事是善的同样的意义上说的，即便劝告的后果也是善的。而人的劝告引起了恶的后果，被劝告者陷于不幸，即发生了他至少感到是恶的事，即便上帝最后也知道把这种恶运用于善，但就这一点而言，它也是恶的。但我们不能忘记，全然没有什么事发生，这是我们肯定没有说过的，无论善恶，发生的事，就是善的，因为，当事情发生时，那是上帝让它发生的，而且由于上帝是善的，他让发生的一切，肯定也是善的，或者对善的实现是必要的，我引起的直接后果，很少能使我的善的意向贬值，正如我无意引起的善很少能够为我的恶的意向辩解和成为善的那样，这里显示出一种善恶辩证法，只有通过不同的意向才能把恶的和善的行为明智地彼此区分开来，任何人，只要他们意向善，在上帝面前就是无罪和纯洁的。

五　意向决定论

M. 豪斯凯勒在分析阿伯拉尔论罪之本质时精当地指出："只有通过赞同、乐意以特定的方式行为，并且使意愿成为行为，罪才形成了。"[1] 也就是说，无德（vitium）——尽管肯定是恶的行为的一种倾向或意志——既不是犯罪的一个充分条件，也不是一个必要条件，恶的意志很少规定罪，相反，它甚至对赢得一个奖赏是必要的。阿伯拉尔进而试图区分"意愿的意志"和"行为的意志"。有趣的是，康德在《道德形而上学》导言中在论述人的心灵能力与道德法则的关系时指出，意志是一个由三要素构成的系统。首先是愿望（Wunsch），其次是决断（Willkür），最后才是意志（Wille）。"如果欲求能力与自己产生客体的行为能力的意识相结合，那就叫作决断。但是，如果它不与这种意识相结合，那么，它的行为就叫作一种愿望。如果欲求能力的内在规定根据因而喜好本身是在主体的理性中发现的，那么，这种欲求能力就叫作意志。所以，意志就是欲求能力，并不（像决断那样）是与行为相关来看的，而是毋宁说在与决定行为的根据的关系中来看的，而且意志本身在自己面前真正说来没有任何决定根据，相反，就理性能够决定决断而言，意志就是实践理性本身。"[2]

---

① Peter Abaelard, *Collationes sive Dialogus*, S. 124.
② 参见〔德〕康德《道德形而上学》导言，张荣、李秋零译，载李秋零主编《康德著作全集》第6卷，第 220 页。引文有改动。

当然，康德是在实践理性的含义上谈论意志活动的，与阿伯拉尔的观点有本质不同，康德强调意志作为实践理性对决断（Willkür）的规定作用。但是，在区分意志活动的结构和要素方面，他们的观点依然有类似之处。在意向和行为两者之间，阿伯拉尔强调前者。在他看来，与意向相比，行为在伦理上的地位无足轻重，人们行善并不等同于做善事，意向决定事功，即便上帝的行为也是因其意向才成为善的，从一开始他就试图将意向论贯穿到对罪的归责与判定中。12 世纪的阿伯拉尔，肯定也不会满足于下述观点：某事之所以是善的，只因为它是上帝做的，或者是上帝喜欢做的。这就是说，如果作为后果的"这是善的"这个句子仅仅意味着"上帝愿意这样"，"上帝是善的"这个论断就完全是空无。上帝是善的，就不再意味着，上帝恰恰愿意他所愿的，做他所做的。当他强调上帝的根本善意时，这肯定不是阿伯拉尔的意思，必然存在一个善的尺度，它不受上帝任意的管辖，上帝的行为和意向都必须符合这个尺度，当然，这个尺度在阿伯拉尔伦理学中仍然是相当模糊的。"善良的"，不仅对上帝，而且对那个在上帝中拥有其典范的人而言，也意味着"出于爱并且以爱来行为"，立足对他人幸福的关注，显然，从简朴的生活乐趣和没有惋惜之情直到灵魂不朽和至福。①

阿伯拉尔还注意到，善的意向可能产生恶的后果。既然上帝在本质上是善的，因而是合乎理性的，他就不能意向任何恶。此外，由于他总有权力实施其意向，因此决不会发生忤逆上帝意向的事。鉴于其后果，他也不可能做坏事，不可能发生出乎上帝意向的事，行为不是从自身来被评判，而是根据其意向被评判，但这一点恰恰不能在上帝那里表现出来，因为他的意向总是可以兑现，因此，在阿伯拉尔那里，也不完全是或者至少不是唯一通过他的意向来表明是有理的，至少同样是通过其后果表现出合理性，命令是善的，因为它发挥了某种善的作用。由此可见，阿伯拉尔的意向论之所以彻底，因为它源于上帝的意向，只有上帝的意向才能彻底贯穿在后果中，也就是说，上帝的意向是善的，其行为必然是善的，而且，行为的后果一定是善的，即便再严厉的惩罚，一定有善的效应。阿伯拉尔已经模糊地提到了一个重要观点：人的意向（意志中的一个要素）在成就善的过程中具有重要作用，也

① M. Hauskeller, *Geschichte der Ethik. Mittelalter.* S. 142.

就是说，他承认人的向善意向（善良意志），但和上帝的意向相比，人的意向不能处处决定事功，尤其不能决定行为后果，所以，人的意向和行为及其后果之间往往发生偏差。正如 E. 吉尔松所言："一个好意向的结果可能是坏的，而且，源自正在发生的行为的意向是好的这个事实，丝毫不改变其本质。"①

我们说到意向决定论时，通常意味着，在动机（意向）与后果两者中，阿伯拉尔无疑强调动机，人的好意向是成就善的一个充分条件，如果人们以后果判罪，就背离了上帝，当然这是基督教信仰意义上的归责观，但是在世俗世界中却要反其道而行之，只能从人的行为以及后果上来进行判罚，至于主观动机，不是根本的标准，至多只作为参考因素之一。

正因为阿伯拉尔主张"主观动机论"，认为外在事功，仅仅在世俗的意义上，才可以给人带来一定的奖赏或惩罚，它仅仅是"现实报应"②，并非永恒的上帝奖惩方式。上帝从人的主观意向上来进行判罚或奖赏，无论人的外在行为产生什么后果，带来什么危害或益处，若不从意向上考虑，那些秘密犯罪的人，或者出于良善意向却做了坏事的人，就得不到公正对待。"上帝在奖善惩恶时考察的仅仅是意向而非行为的后果；而且他不考虑来自过错或我们良善意向的东西，而是在他的意向构成中，不是在外部行为后果中判断意向本身。"③ 也许，"正如奥古斯丁所提到的，邪恶自身之所以是好的，是因为它也被上帝使用得很好，而且他也不允许其成为其他的，尽管他本身在某种程度上是好的"④。显然，阿伯拉尔继承了奥古斯丁主义传统，邪恶若仅仅是外在的行为效果，它就不可能造成对高一级的善，最终乃至至善的败坏。

阿伯拉尔确实还处于从奥古斯丁到托马斯的过渡阶段，他的意向论，充其量是由奥古斯丁的意志决断论向托马斯的理智意志论——自愿行为理论演变的过渡环节，虽然三个人都讲决断，都讲意愿或意向，但总的来说，奥古斯丁强调自由决断与恶的必然关联，阿伯拉尔强调意志的赞同或意向是罪的

---

① E. Gilson, *History of Christian Philosophy in the Middle Ages*, p. 161.

② *Peter Abelard's Ethics*, p. 49.

③ *Peter Abelard's Ethics*, p. 47.

④ *Peter Abelard's Ethics*, p. 49

本质，即便有善愿，有向善的良心，但不是人主观能够保证的，倒是需要上帝的意愿——神圣法律来保障，到托马斯那里，德性的尺度则变成理性主宰下的意志，意愿也好，决断也好，都需要受到理智和理性的统率，理性主导下的意志行为才是德性，才是人性行为，才是自愿行为。而且，托马斯也强调，道德的客观法则，最终来源于上帝的永恒法，人法的约束力是有限的，更不消说道德的主观准则——良知和良心了。在中世纪道德观演变中，上帝的法则自始至终是拱顶石，这点绝对不同于康德，康德的意志作为实践理性，具有自身立法的自由，而整个中世纪，虽然讲了很多自由观念，但说到底，撑起中世纪道德哲学地基的，是上帝的永恒法，人的自由意志充其量是次要的。

　　无论如何，当我们说"阿伯拉尔发现主体性时"[1]，不能说到主观主义。也就是说，他的意向决定论只能从上帝的意向决定论来理解，人的意向决定事功，这只有相对的意义，否则，我们就会把阿伯拉尔过分现代化为一个主张"意志决定德性"的康德式的德性论者了。阿伯拉尔虽然强调意向决定论，但我们不能片面地理解为人的主观意向决定论。这是因为，人的意向具有可变性，无法和上帝的意向相比，即便是意向决定论，阿伯拉尔也强调上帝意向对人的意向的决定性。正如 E. 吉尔松分析的那样，"好的意向实际上也是好的。为正当行为起见，相信一个人所做的事是取悦于上帝的，是不够的，因此好的意向必须是上帝意愿人们应该做的。这种修正着实使阿伯拉尔陷于严重的困难之中"[2]。

　　D. E. 勒斯科姆（D. E. Luscombe）不无中肯地指出"把阿伯拉尔的观点称作道德主观主义，将会是一个不准确的描述"[3]，的确，我们须小心看待他的"道德主观主义"，因为对他而言，并非任何有良心的人所做的事都肯定是善的，换句话说，主观的道德良知并不保证普遍的善，正如库尔特·弗拉什所言，"他还想到了一种客观的价值秩序"[4]，因为可能存在一种会出错

---

[1]　*Peter Abelard's Ethics*，p. 49

[2]　E. Gilson，*History of Christian Philosophy in the Middle Ages*，p. 161.

[3]　*Peter Abelard's Ethics.* 参见译者前言Ⅳ "阿伯拉尔的伦理学"。

[4]　Kurt Flasch，*Das philosophische Denken im Mittelalter. Von Augustin zu Machiavelli*，S. 222.

的或恶意的良心。善的良心符合神的律法。[①] 换句话说，保证良知为善的良知，不是靠人的主观意愿，而是依赖上帝的法律。

第四节　在宗教与世俗之间

阿伯拉尔的意向伦理学相当复杂，但他强调意向乃善恶相分的契机、根据和尺度，这还是非常明显的。其复杂性恰恰表明，在 12 世纪，阿伯拉尔必须面对宗教与世俗的二重张力这一现实，这是以往的奥古斯丁主义未曾遭遇过的。

一　道德和法的分离

按照阿伯拉尔的观点，行为的有罪或无罪对人的判决并不重要，某人做某事的意向在这里是被忽略的，因为意向不可能单单从行为中看出来，我们能够"看见"的，往往只是某人做了什么，而看不到他"为什么"这样做，这样做的目的是什么。判决一种"隐藏的罪责"，这个任务必须交给上帝，这其实就是奥古斯丁的立场。奥古斯丁曾经在论述永恒法和世俗法的区别时指出，在世俗的法律判决时，世俗法强调的是外在的行为证据，而永恒法判定的是人的行为的动机，证据是可见的，动机是看不见的。人法重视行为的后果和证据，永恒法作为上帝颁布的法律，它审判的是人内心的贪念（意向）。奥古斯丁的这一立场被阿伯拉尔加以充分发挥，对一个行为进行判决和归责，不能看行为，而要看行为的意向，意向比行为本身更重要，这本是阿伯拉尔意向论的特征，只是由于意向往往是隐藏的，我们看不到，只有神意才能根据其隐藏的意向进行归责，所以，人遵循世俗法进行判决时，只能退而求其次，寻找行为的外在证据，根据后果进行判定，因此阿伯拉尔主张，"人唯一应该遵守的是可见的东西，行为及其后果"[②]。以最好的意向做了伤害他人，或至少损害他人利益的事的人，即好心做了坏事，意向是好的（尽管不好判定是真好还是假好），效果却不好，尽管他无罪，但仍然因为

---

　　① John Marenbon, *The Philosophy of Peter Abelard*, p. 265.

　　② *Peter Abelard's Ethics*, p. 40.

其后果必须受惩罚，这是阿伯拉尔意向伦理学在涉及世俗法律（法权）问题时遇到的尴尬。一方面这反映了阿伯拉尔 12 世纪伦理学的时代特色——世俗化倾向，另一方面触及伦理道德和法律的关系这一大问题，触及宗教、道德和法律三者关系问题，这就是我们前面所说的道德与法权的分离、宗教伦理学和世俗伦理学的互动问题。

阿伯拉尔面对此类难题，言及一个典型案例，用以解释动机与效果的张力关系。他举例说，有一个妇女太穷了，无法给她新生的婴儿提供御寒衣服，但她爱孩子，把孩子抱过来，紧靠自己的身体以便为孩子取暖。后来，妇女由于困倦和衰弱睡着了，她万万没有想到，把孩子闷死了。她在上帝面前是无罪的，因为无论她怎么做，都只是"出于爱"这一意向、动机才这样做的。不过，按照阿伯拉尔的观点，即使这样，"她仍然必须面对人类法庭的严惩，不是因为她的过失，而是为了警示他人今后更小心谨慎"①。

这里出现了阿伯拉尔显然不曾留意的另一个困难。只就行为本身而言，该妇女受罚，肯定是因为她的行为造成另一个人死亡，但显然不是这个情况，阿伯拉尔当作惩罚根据列举的，不是行为本身，毋宁是可期许的惩罚效应，惩罚在此是一种教育措施，用于威慑、警戒，即对该妇女和另外一些处于相似境遇的妇女的提醒。它可以教导人们，更仔细地照看孩子。但是，惩罚作为教育措施，也只有当行为可以被避免、其后果可以被预见的时候，才有意义，如果某人必须做某事，那就不可能惧怕任何世间的惩罚，尽管人们不让他在两周之内睡觉，禁止他入睡，违者处死，他仍然会这样做，因为他完全没有能力控制自己的行为，上述惩罚只有在下面的前提下才能得到合理辩护：该妇女不必入睡，也可以醒着，或者至少也可以在她睡前采取措施预防孩子死亡（无论是闷死还是冻死）。可见，该妇女的行为即便不是恶意的，至少也是疏忽大意的。只有当受到惩罚的行为源自疏忽，因而惩罚某种无法避免的事是多余的时候，惩罚才能实现其目的，因此有一定理由被惩罚的东西，虽然不是意向，却很难说就是（像阿伯拉尔假定的那样）纯粹外在的行为事件、无疑的事实。

其实，这里应被惩罚的，是被设想为自由的"决断"。但是，这种自由

---

① *Peter Abelard's Ethics*, p. 38.

决断，正如意向一样是某种隐秘的东西，不是显而易见的，最终只能由上帝进行可靠的判决。而这可能意味着，阿伯拉尔所说"人不可能评判行为中的意向"的理由似乎是不成立的，因为一种行为是不是自由的，在具体情况下，比"行为是有意还是无意"更难判断。

在这个案例中，阿伯拉尔明显也是致力于"压制"疏忽这一印象的产生，他敦促人们设想，如果妇女不把孩子拉到自己怀里，孩子可能被冻死了，但由于虚弱，"她被本性制伏"，迫不得已睡着了。因此，无论她做什么，孩子反正已经死了。如果情况是这样，惩罚就不能再借助于其恐惧价值的提示被合理化，因为不存在对无法避免的事的恐惧，我们有什么理由惩罚行为？"报复"这一古老原则甚至已经以一种"过失"为前提了，这种过失似乎要用惩罚来偿还。可是，阿伯拉尔肯定反对这个说法，说这位妇女对其孩子的死有过失，如果人们取消"意向和自由"问题，很显然，惩罚她的理由，并不比惩罚一片从屋顶上掉下来砸死人的瓦片更恰当。①

阿伯拉尔试图走出这一困境。既然仅仅从行为中无法断定行为究竟是可避免的还是不可避免的，是有意的还是无意的，我们就只剩下一个出路，原则上是为了吓唬他人而惩罚她（上面案件中的妇女）。尽管没人能够被一个他无法阻止的行为所吓倒，但是那些虽然没有逼迫这样行为，然而会说服人们相信的人，就被劝告要小心谨慎。换句话说，应该阻止的是，有人根据所谓和根本无法检视的事实为自己辩护，说自己无意犯罪。既然我们永远不可能完全肯定地分清有罪与无罪，我们就必须做出决断，要么我们只惩罚行为，同时容忍惩罚无辜，要么我们只惩罚有意的和可避免的行为，同时冒着罪犯逃脱惩罚的风险，阿伯拉尔毫不迟疑地支持第一种情形，在他看来，为了不给罪犯任何漏洞，在可疑情况下，无辜者也被绞死，这是可以认同的。②

二 罪的和解

在《伦理学》中，阿伯拉尔在分析了罪之根源与本质后，顺理成章地

---

① M Hauskeller, *Geschichte der Ethik. Mittelalter*, S. 147.

② M Hauskeller, *Geschichte der Ethik. Mittelalter*, S. 148.

指出了和解之路，其中不乏神圣与世俗互动的思想。他指出，在罪人与上帝的和好中，有三种途径，悔罪（penitentia）、忏悔（confessio）和补偿（satisfaction）。

阿伯拉尔首先指出："悔罪被确切称作心灵在其已做错的事情上的懊悔，也即当某人在某事上做得太过而羞愧。"① 悔罪分"不完全的悔罪"和"完全的悔罪"。"不完全的悔罪"指"有时因为我们所不愿意担负的某些惩罚"而来的悔罪，这是出于外在的原因被迫产生的。而"完全的悔罪"是指"有时是出于对上帝的爱而发生"的悔罪，这是自觉、自发的，并且是有效的悔罪（fructuosa pennitentia）。他非常喜欢浪子回头这个比喻。这种悔罪乃是处于主观意向上的真正悔恨，是对人之罪恶的深切的痛恨与醒悟，上帝无条件、完全地接纳罪人的悔改，这里阿伯拉尔已经摒弃了奥古斯丁关于人之悔罪无能与上帝的预定观点。正如外在的事功在罪恶程度上不能增加分毫一样，也不能使人在罪的拯救上得到多少助益，使人能够得救的只有在意向上的自觉反省与主动回归，但完全的悔罪并不是出于对上帝的惧怕或者对惩罚的恐惧而做出的，相反，乃是来自上帝的圣爱，来自被钉于十字架上的耶稣。世俗律法与惩罚往往以那人对法律惩罚的惧怕为威慑，这样得出的拯救只能是外在行为上的约束，而丝毫不能对人的主观动机与意向产生根本性的影响，如果仅仅在人的外在行为约束上下功夫，却不能提升人的道德水准，那样的拯救毋宁说是放纵。

当然，有些罪是不能被宽恕的，阿伯拉尔的这个主张尤为引人注目。他的依据是圣经中的文本，即马太在他做报告时说："人一切的罪和亵渎的话，都可得赦免；惟独亵渎圣灵，总不得赦免。凡说话干犯人子的，还可得赦免；惟独说话干犯圣灵的，今世、来世总不得赦免。"② 阿伯拉尔一生几乎一直被判为异端，受到诸多迫害与谴责，却始终是热爱上帝的坚定信徒，他的罪恶理论以及拯救主张始终不会脱离对上帝的终极信靠与维护。他在区分不完全的悔罪和完全的悔罪时，着重强调的是人的事功和上帝的爱二者的本质区别，同样也强调二者合作的意义。这种观点介于奥古斯丁的基督教纯

---

① *Peter Abelard's Ethics*, p. 76.

② 《马太福音》12：31-32。

粹主义和托马斯的自然理性主义之间，这反映了 12 世纪伦理学受世俗化伦理学影响的特征，正如他自己所说的："可能某人认为借上帝的爱而真正悔改，但是仍然没有在这悔改或爱中坚守的人，就不配得到生命的奖赏；确实由于没有承认他其后应得的惩罚，他将好像成为既不是义人也不是罪人。"①

至于第二种和解方法——忏悔，阿伯拉尔这样说："现在论述罪的忏悔就是我们的义务。使徒雅各劝告我们去忏悔，说：'所以你们要彼此认罪，互相代求，使你们可以得医治。义人祈祷所发的力量是大有功效的。'② 有人认为，忏悔应当向上帝单独做出。③ 但是我没有看到什么样的忏悔有益于知晓一切的上帝，或者我们的舌头能为我们得到什么样的赦免，尽管先知说：'我已知晓对你犯的罪，我也没有隐瞒我的不义。'④ 基于许多原因信徒们互相认罪，按照上面所引用的使徒的话，凭借我们向其认罪的那些人的祈祷，我们可能会获得更多的帮助，而且也因为在谦卑的忏悔中补偿了大部分，因而减轻了对我们的惩罚，我们得到更大的恩惠，正如当大卫被先知拿单谴责时他回答说：'我得罪耶和华了'，他立刻从同一位先知那里听到回答，'耶和华已经除掉你的罪'⑤。因为王的威严越大，他对上帝认罪中的谦卑就越可被接受。最后，神父，对那些认罪之人的灵魂负有义务的，必须加给他们补偿这一刑罚。"

"借着引诱我们犯罪，撒旦剥夺我们的恐惧以及羞耻感，以致现在没有什么东西能将我们从罪恶中召回了。有许多事我们因对惩罚的惧怕而不敢做；我们因为其对我们声誉的损害而羞耻于从事许多事情，尽管我们可以不接受处罚地去做。所以任何未被这两条绳索捆系约束的人——假设可能的话——将变得强烈地倾向于犯任何形式的罪。凭着这个手段，先前撒旦从人那里取走致使他犯罪的同样的东西，后来又还给了他，而后他就怕或羞于认罪；若第一次时他已如此做了，他就不会害怕也不会羞愧。他惧怕偶然的忏悔被人知晓，他——不怕被上帝惩罚的人——被判罚，他是羞愧于人们知晓

① *Peter Abelard's Ethics*, p. 93.
② *Peter Abelard's Ethics*, p. 99. 1. 参见《雅各书》5：16。
③ *Peter Abelard's Ethics*, p. 99. 2.
④ *Peter Abelard's Ethics*, p. 99. 3. 参见《诗篇》31：5。
⑤ *Peter Abelard's Ethics*, p. 99. 4. 参见《撒母耳记下》12：13。

他在上帝面前所犯的。但是那为伤口寻求良药的人，无论伤口有多么污浊，多么难闻，都必须展示给医生看，以便采取有效治疗。神父实际上扮演医生的角色，如我们所说，必须确立补偿。"① 补偿是第三种和解途径。

虽然忏悔和补偿是有益的和解途径，有时却是可以被免除的。但这种免除只能借上帝的赦免来实现，正如他自己所言："然而，应该知道有时候凭着完全的赦免，忏悔可以被免除，因为我们相信彼得的事是真实的：我们知道他因不认主而流泪，尽管我们没有看到其他的补偿或忏悔。"② 阿伯拉尔的这一分析与他在《认识你自己》一书的末尾分析教会与祭司的权力一样，审视的乃是"教会权威"问题，他对教会的尖锐批判以及对人在道德改观上的自信，都预示了他挑战权威的精神以及他的悲剧命运。

阿伯拉尔的伦理学有非常重要的历史价值，正如赞同被视为罪的构成性特征一样，内在的悔恨便被视为惩罚的构成性特征。阿伯拉尔对"内省"的强调，使得阿伯拉尔重新定义了忏悔的作用，以及在忏悔系统中神职人员的赦罪功能，他既没有否认忏悔的必要性，也没有否认其救赎的力量，他虽然没有剔除牧师在忏悔程序中的角色，但他对这种角色的本性的重新定义，深深撞击了他的同辈者和继承者的心灵。

三　共同体的善

阿伯拉尔指出，在有疑问的情况下，应该坚持从"罪"出发，不能再被无罪的可能性所迷惑。他甚至更激进地认为，惩罚一个人也许是必要的，甚至他根本没有犯下那种人们遣责他有意实施的行为，并且负责判决的法官也知道这一点。尽管某人无辜地被提起诉讼，法官还是应该进行判决，如果人们说出无法反驳的证词（即便法官知道证词是假的），他知道证词是假的，但这是不够的，也必须能证明这一点，所以，法官必须对某个不应被惩罚的人进行惩罚，因为法律就是这样规定的，他必须遵守，甚至以不义的惩罚为代价。③ 法律是某种善，法律不允许例外这一点是善的，法律必须总是有效的，如果法官违了法，忽视了证词和一切无法反驳的证明（尽管它们

① *Peter Abelard's Ethics*，pp. 99 – 100. 参见〔法〕阿伯拉尔《伦理学·对话》，第89 – 91页。
② *Peter Abelard's Ethics*，p. 101.
③ *Peter Abelard's Ethics*，pp. 38 – 39.

可能是假的），只是为了阻止这一不义的实现，这就会是一种更大的损失，证明很快就会不再有任何意义，而且，一切事情都会取决于法官偶然的纯洁完美和智慧。

可是，这是损失吗？如果是，对谁和在哪个方面而言呢？阿伯拉尔认为，我们的目标并非全然是防止某人给他自己的灵魂增加损失，而是防止他给他人增加损失，"不是个体的损失，而是公共的损失（publica dampna）应该通过法律和惩罚阻止。因为无论什么行为，可能给共同体带来腐败或者给社会带来损失，以及产生更大不满的行为，都应该受重罚，而且，在人们中间引起的不满越多，惩罚就越重，即便先发生的是一种较轻的罪"①。例如人们对纵火罪的惩罚比对淫乱即婚外性交的惩罚更重，尽管淫乱在上帝面前无疑是较大的罪。

在阿伯拉尔看来，这种次序显然不言而喻。于是，"小罪"可能被重罚，"大罪"可能被轻罚，这要看人们承诺通过惩罚阻止哪一种损失。有趣的是，那样我们就不再借助吓唬他人不敢犯罪（因此不敢危害其灵魂的救赎）来说明惩罚的合理性了。如果情况是这样，想必更大的罪也能受到更重的惩罚。如果情况不是这样，就表明评判的是一个完全不同的标准。利和害并不是通过灵魂得救和未来的来世幸福或者丧失幸福来界定，而只是通过世俗的现实性与其快乐和痛苦界定，因此，对评判而言，关键的是诸如肉体的健康、财富的保护，最后是共同体成员认为值得保护的一切利益。归根结底，关键不是（在绝对的和超验的意义上）"是善的"东西，而是"被评价为善的"的东西。②

阿伯拉尔苦心经营的在宗教伦理学和世俗伦理学之间的平衡再次受到破坏，宗教伦理学完全退到了幕后，取而代之的是一种具有功利主义特征的单纯世俗伦理学。甚至今天如此有争议的出于同情而杀人（安乐死）都有其合法地位："任何不幸的生命都有一个完满的结局，真正对他人忧虑抱有同感并且同情的人，他渴望他们结束生命，即便在某人真正爱着他看到受罪的人这种情况下，他都不顾个人的损失，不可能是为自己的利益祝福，而是为他人的利益祝福。于是，甚至一位母亲都会祝福久病不起的孩子，希望死亡

---

① *Peter Abelard's Ethics*, p. 42.

② M. Hauskeller, *Geschichte der Ethik. Mittelalter*, S. 152f.

来终结她无法忍受的久病不愈。她宁可承受自己失去孩子的痛苦，也不愿意让孩子作为难友维持在她的痛苦中。如果某人还乐意为一个朋友的当下（活着）而欣喜，那他却宁愿知道他在远处幸福也不愿意知道在眼前痛苦，因为人们不能帮助的那些人，他们的痛苦是人们无法承受的。"①

在 12 世纪，阿伯拉尔的思想的确够得上辉煌，这种辉煌不单单局限在伦理学领域，而是在整个思想形态方面受到很高评价。M. 豪斯凯勒说："阿伯拉尔是奥古斯丁之后 700 年来第一位敢于走出奥古斯丁的阴影、敢于同奥古斯丁对抗的一流思想家。"② 库尔特·弗拉什的观点更加独到："如果我们从哲学的内容上看，阿伯拉尔就是中世纪最重要的思想家之一。在历史方面，他是 12 世纪的一位关键人物。……克鲁尼（Cluny）修道院院长可敬的伯多禄（Peterus Venerabilis）尊称他为'法国的苏格拉底，西方的柏拉图，我们的亚里士多德。'③

从根本上看，阿伯拉尔的意向伦理学其实还是对奥古斯丁意志主义的一种传承，因为他对人的伦理道德行为的评价仍然是基于意志本身，是人的意志使人的行为有了善与恶的区分。当然，阿伯拉尔和奥古斯丁也有不同之处。首先，他理解的意志已经具有某种向善的要素（特征、倾向）；其次，他进一步强化了意志的意愿层面，而奥古斯丁所侧重的是决断（选择）。另外，阿伯拉尔把人意愿性的赞同（同意）看作罪的首要特征，把意愿首先归于意志，这是对奥古斯丁的继承和发展。

概言之，阿伯拉尔的意向论是绝对的意愿主义，是纯粹的动机论。

---

① Abaelard, *Der Briefwechsel mit Heloisa* Ⅳ 10.

② M. Hauskeller, *Geschichte der Ethik. Mittelalter*, S. 155.

③ Kurt Flasch, *Das philosophische Denken im Mittelalter. Von Augustin zu Machiavelli*, S. 211.

第 四 章
托马斯的德性论

托马斯（1225－1274），作为中世纪哲学的集大成者，不仅在神学上捍卫了基督教神学的正统地位，而且在哲学上也对基督教哲学的奥古斯丁主义传统和12世纪的阿拉伯的亚里士多德主义进行了创造性融合，提出了一套大全式的哲学思想体系。从一定意义上说，托马斯哲学并不是对奥古斯丁主义的简单克服，而是既克服又保留；他不是奥古斯丁的对手，而是奥古斯丁卓越的革新者和传承者，在道德哲学领域，也是这样。他对由奥古斯丁奠定、阿伯拉尔发展的意志主义传统进行革新，形成具有明显理性倾向的自愿行为理论，亦即"理性意志论"。在道德观方面，他开辟了一条介于理性主义和意志主义之间、德法兼治的中间路线，我们姑且称之为中世纪的德性伦理学。

第一节　理论知识与伦理知识的区分

托马斯继承了亚里士多德主义，从理论知识和伦理知识的区分开始，为道德哲学奠基。理性的运用最终形成知识，伦理学或道德科学（知识）就是理性运用的科学。当然，他和中世纪的前辈一样，把上帝的启示也纳入理性的范畴，在论述理性的运用时，一开始就把启示的实践意义列为首要的问题展开论述。因此，他的道德哲学或伦理哲学从一开始就打上了理智主义的烙印，不仅在理性和信仰的关系上，而且在理性和意志的关系上，他的观点显示出一种不同于奥古斯丁的理智主义特征。①

---

① 参见董尚文《托马斯伦理学的理智主义》，《哲学研究》2008年第7期。

一　信仰与理性的结盟

与奥古斯丁一样，托马斯也承认，人秉承了上帝的恩典，理性是上帝赐予人的一个工具，人借着理性认识世界的本性。所谓知识（科学），不过是理性的运用罢了，没有理性的知识是不可想象的。当然，知识、理性和信仰（启示）不可分，科学、哲学与宗教彼此互动。有一些事物，人类理性不得不花费很长时间去理解它们，而一些事物，若没有附加神圣启示的帮助，人类理性完全无法了解。这种终极目的，并非什么外在的、附加性的，而是和人的本性不可分割。因此，目的就是人的目的，无论人是否认识到这一点，无关紧要。人不单单以特定的方式、作为完成了的现实性在世存在，相反，人在本质上是未完成的，即人在本质上仅仅意味着可能性的存在，还有待实现这种本质。这种最内在的存在可能性意味着：什么是人可能的存在，什么是人应该的存在，实现这种可能性就是人的生存目的和目标。[1] 但这种目的并不是自动完成的，而是只有当人也主动地追求他有充分理由达到的东西时，才能实现，人的福祉，即可实现的最高幸福，同时防止极度的不幸（因为这时只有虚无）都与此相关。只有当他认识到目的和它的实现有关的一切时，他才能够认识并致力于此目标，但"人的自然理性不足以完成这种目的性认识。正因为如此，并且只因为如此，人才需要启示"[2]。理性不可能仅仅靠自身手段得来，理性并非目的自身，它有实践的意义，就它使人达到认识的目标而言，人的所有努力之所以投向这一目标，应该是为了自身的幸福。换句话说，理性是人达至自身至高幸福这一目标的手段，然而，若无启示、信仰的加盟，理性也就无法完成其作为手段的使命。

在托马斯看来，启示知识超越了自然理性的能力，但这不意味着，启示

---

① Kluxen Wolfgang, *Philosophische Ethik bei Thomas von Aquin*, Mainz, 1964, S. 108.

② Thomas von Aquin, *Summa theologiae* I 1. Vollständige deutsch-lateinische Ausgabe. Graz u. a, 1934. 以下凡引此书均从简为 *S. th.*。《神学大全》分三大卷，36 小卷。第一大卷包括前 8 小卷，共 119 个问题，简称 *S. th.* I，第二大卷分为两个部分，第一部分包括第 9—14 小卷，共 114 个问题，简称 *S. th.* I - II，第二大卷第二部分包括 15—24 小卷，共 189 个问题，简称 *S. th.* II - II，第三大卷包括第 25—31 小卷，共 90 个问题，简称 *S. th.* III，还有一个部分是第三卷的补充，包括 31 卷（正 31 卷的边注）到 36 卷，共计 99 个问题，简称 *S. th. Supplement*。此处脚注实际上是第一大卷第一小卷中的第一个问题第一款，也就是 *S. th* I 1.1。参考完整的未缩减的德拉对照版，即 Thomas von Aquin, *Summa Theologica*, Band 1, Verlag Styria Graz Wien Koeln, 1982。

知识就与理性相抵触，而只意味着，启示的内容决不可能以任何方式从理性中派生出来，如在数学中，我们就可能从某些先天原则出发，然后从中得出所有结论，可是理性并没有指出相似的、会强制我们接受启示的信仰定律，当然也没有指出可能阻止我们接受的东西，信仰法则既不是自明的（或从自明的东西中推论出来的），也不是矛盾的。理性虽然不能论证启示，但可以启示为基础，然后由此开始，像通常那样得出理性结论，而且，理性必须仰仗启示的帮助，才能进行理性证明，正如安瑟伦在论证上帝存在时所做的那样，若无启示和信仰，就没有本体论证明中的大前提，也就不可能做出三段论论证。

正是在这个意义上，神学才能被列入科学的范畴。神学和其他科学的区别并不像最初可能显现的那样大，区别只在于，启示的信仰法则在神学中占据了通常被预留给具有直接自明性的理性法则的位置，当然，这决不应该被看作神学的缺点，相反，神学中的理性所依赖的基础甚至比其他科学的基础更牢靠，恰恰是因为它不是从人类理性中产生的，人类理性是有限的，"肯定是一个有限的不完善的存在者的理性，相应地，在原则上可能出错，以至于它自身对其最基础的原理可能不完全确定"①。人类理性的有限性不仅是自奥古斯丁以降中世纪哲学家的基本立场，而且对近代哲学之父笛卡尔而言，也是一个坚定信念。近代哲学既需要凭理性自身重建哲学的第一原则（像笛卡尔的我思），以取代中世纪的信仰法则（如安瑟伦），但因为我思之我（理性观念）的不完满性，即无法确保观念的真正可靠性，最后不得不求助于一个更圆满的上帝观念。这种窘境恰恰表明，即便在近代，哲学和神学、理性和信仰的分离也不是那么彻底，也不可能彻底分离，甚至康德也是如此，物自身概念犹如隐秘的上帝。②

---

① 笛卡尔后来就把其形而上学的怀疑建立在这种信念之上，甚至（对人而言）最确定的东西到头来可能是错误的。参见 M. Hauskeller, *Geschichte der Ethik. Mittelalter*, S. 163，以及笛卡尔《第一哲学沉思集》Ⅰ 9，庞景仁译，商务印书馆 1996 年版。其实，笛卡尔的怀疑原则深受奥古斯丁的影响。参见张荣《Si fallor, ergo sum——奥古斯丁对希腊哲学的批判与改造》，《哲学研究》1998 年第 5 期。

② 关于康德的物自体概念，即便在《纯粹理性批判》"先验感性论"中也很难和上帝脱钩，特别涉及杂多的被给予问题时。关于这个神秘的不可言说、不可直观的"杂多的给予者"究竟如何阐释，的确是个神秘问题。因其超验性，康德把它从知的领域括了出去，但结合"先验辩证论"中关于"理念"的论述，我们可以尝试将它理解为"上帝"。这是一个绝对的给予问题，与上帝的恩典有关。参见 Norbert Fischer（Hg.），*Die Gnadenlehre als "salto mortale" der Vernunft？*.

托马斯认为，因为人的自然理性本身不完善，人才寻求理性与信仰的结盟，启示源自一个更高的更完善者的知识，即源自"上帝的和神圣者的知识"①，这种知识就其本性来说是不可错的。于是，"神学不仅因其内容（研究神，研究至上者）而且因其对人的幸福的实践意义的关注被看作至上科学本身"②，具有"无可比拟的确定性"③。启示是真的和确定的，尽管其法则不可证实，但不能因此认为，哲学的论证（无须依靠任何一种启示知识，只使用自然理性）对神学毫无意义。在托马斯看来，"不存在双重真理"④，即哲学可能表明是真的东西，信仰却否定它，反之亦然。正因为启示毋庸置疑是真的，所以其律令既不能被反驳，其相反的情形也不能被证实。如果一个哲学论证似乎表明和信仰有些矛盾，如世界是永恒的，那么，"很清楚，论证本身肯定是有缺陷的，尤其根据自然理性的标准"⑤。

总之，托马斯认为，信仰和理性并非彼此敌对，而是互相补充的。这和晚期的奥古斯丁不同，也和他的同时代人、奥古斯丁的追随者波那文图拉不同。托马斯之所以能够在理性与信仰二者的关系上有所突破，是因为他的理性观实质上是一种自然的理性观，即人的本性具有理性认知的能力，尽管这种能力从本源上说也源自上帝的恩典。

正如亚里士多德教导的那样，任何能力都着眼于其实现，如果人不使用上帝赋予他的理性，不实现对人而言可能的知识，理性就永远只是潜能，就会有悖于理性最切身的使命。所以自然理性作为一种"自然的"能力，是上帝的恩典将它注入本性，从而使理性和恩典之间保持了本源的统一性。但是，自然理性不仅是本性意义上的潜能，而且意味着实现。这样，托马斯的自然理性观就具有获得性、实践性特征了，这是伦理知识的确切含义。

其实，这种自然理性观也是对奥古斯丁自由意志观的进一步发展。上帝赋予人行善的自由意志（有恩典），但如果人不使用自己的意志决断（背离

① Thomas von Aquin, *S. th.* I 2.

② Thomas von Aquin, *Prologe zu den Aristoteles – Kommentaren* I 1, 6 – 7. 参见 M. Hauskeller, *Geschichte der Ethik. Mittelalter*, S. 163。

③ Thomas von Aquin, *S. th.* I 5.

④ Kurt Flasch (Hg.), *Aufklaerung im Mittelalter？. Die Verurteilung von 1277*, Mainz, 1989, S. 92f., 转引自 M. Hauskeller, *Geschichte der Ethik. Mittelalter*, S. 163。

⑤ Thomas von Aquin, *S. th.* I 8.

上帝而犯罪），就无法区分善恶，也无法明辨什么是人的正当生活（恩典不完全），人是上帝的肖像，更重要的是，人要通过意志的自由决断实现这一肖像。托马斯发展了奥古斯丁的观点，把自由意志运用到自然理性上来。正因为恩典不完全，人才能并应该发挥人的自由决断，从而实现上帝创世的目的。在讨论理性与信仰的结盟时，托马斯讨论的是本性与恩典、自然理性与上帝启示的关系，他的名言是"恩典并不取消本性，而只是成全本性"①。

托马斯利用了亚里士多德的"潜能和实现"这对哲学范畴，但论证的依然是奥古斯丁的总课题：有恩典，但不完全。因为有恩典，人才可能进行理性认识，也正是因为恩典不完全，人才应该去进行自然的认识，认识自然（宇宙和人性），以便使上帝的恩典（人的理性能力）得以自然地显现和实现。也就是说，如果上帝意欲使人保持在无知状态，他是肯定不会赋予人以理性的，或者更准确地说，它根本就不会创造人，因为只有通过理性，人才能够成为人，才能实现人的可能性本质。知识，尤其是伦理知识，乃是被当作可能性赋予理性存在者的实现，并不比"尽可能使人完善为人"（perfectio hominis inquantum homo）② 逊色。如果信仰者因理性的放肆而与信仰决裂，就完全本末倒置，信仰者不应该拒绝理性，毋宁说，要利用理性将自己的信仰提升为神学的科学。怀着对其真理必胜的信心、不可动摇的意识，信仰者就可以打击对手，靠他们自己的武器并在他们的阵地上，使理性转而反对他们，摧毁他们的伪论证（因为他们的论证肯定是虚假的）及其虚假的确定性。这就是托马斯对理性和信仰关系的新发展，他试图借助自然理性实现其服务于神学的使命。

"理性借助信仰"这一事实并没有使其权利受到削弱和限制，相反，理性倒是因此增强了。理性明确地"认之为假"的东西，不可能违背这个判断而得到辩护。理性在信仰中有一个界限，一种知识以启示的形式被呈现给理性了，理性既不可能从自身中得到这种知识，也不能被认证。当然，也不能说，理性只是被信仰限制，理性向来在其本性上是有界限的，根本无意再强化上述限制，毋宁说这种限制被信仰克服了，因为这样就给理性开辟了一

---

①　Thomas von Aquin, *S. th.* Ⅰ 8.

②　Thomas von Aquin, *Prologe zu den Aristoteles – Kommentaren* Ⅰ 1.5, 转引自 M. Hauskeller, *Geschichte der Ethik. Mittelalter*, S. 164。

个发挥作用的空间，若无启示，这个空间仍然是向理性封闭的。即使在这个被扩大的权限内，理性肯定也毫无争议地存在。错误的东西不可能被证明，在证明反面情况的两个论证中，往往只能有一个论证是正确的。正好存在一个真理，应该找到它，并且也能借助自然的理性能力和启示找到。

为此，我们需要对所有已经掌握的证明方式仔细考察，包括对非基督教的传统进行考察，因此要对希腊人、罗马人和阿拉伯人的著作进行仔细考察，因为这些著作就其建立在理性思考基础上而言，包含许多真理成分，无疑要把它们和假的东西分离开来。所有这些人，无论是基督徒还是异教徒，终归要发现真理。现在神学家们要做的往往是，为了某个问题，不依赖其来源地互相权衡不同的论证，检视其各自的权限，发现它们的不同方案，最终做出一个有根据的决定，驳倒可能的异议。这种辩证结构刻画出"神圣大全"以及被称作"经院"时代其他许多著作的结构。阿伯拉尔在其著作《是与否》中对圣经中的引文和看起来彼此对立的教会教师发表的意见进行对比，使那种对单纯援引权威的疑问变得清晰起来，而托马斯致力于指出，臆想中的矛盾只是表面上的，如果仔细一看其实并没有矛盾，对这些观点的详细分析表明，时而强调这个方面，时而强调另一个方面，两个方面涉及同一个对象。

托马斯之所以如此强调理性与信仰结盟，恰恰是为了说明伦理学或道德哲学的特点，即德性与幸福的关系。就德性而言，理性是必要的，但人的生存、善生、幸福又是理性本身无法保证的。因此，他把伦理学区分为一般伦理学和特殊伦理学，或哲学伦理学和神学伦理学，即便他论述德性时，也总是在自然（理智）德性和神学德性（超本性德性）两个视域中来回切换。更重要的是，理性和信仰的结盟触及西方哲学的内在规律——人的理性能力和理性本性之间的角力。托马斯和中世纪的绝大部分哲学家一样，始终把理性和上帝启示的结合看作人的本己需求，即作为位格的人和上帝形象的统一。恩典并不消灭本性，而是成全本性。自然、本性、理性、恩典这些概念内在地保持一致，是托马斯自然神学最重要的特征。

二 思想与存在的一致

托马斯在讨论理论知识和伦理知识时，不仅讨论了启示的实践意义，论述了理性和信仰结盟的必要性和二者共同的认识目标，而且进一步讨论了人的思想与存在之间的契合。这样，他的伦理学就不仅是一种单纯的幸福学说，而且是一种融真、善、美于一体的存在论哲学。

他首先断定有一个真理，其根据是：世界是上帝创造的，但上帝不是任意地创造世界，而是按照一个确定的计划创造。一切存在的东西，都在上帝的理智中有其不可改变的原型。事物都是按照这个原型被造的。正因为如此，它们具有一个确定的本性或者同一性，一个特定的本质，这个本质使它们成为它们向来自在的东西。现在，就一切事物作为受造的东西必然和神圣理智一致而言，它们本身就能够被称为"真的"，只要人的理智在任何时候都不以任何方式与它们发生关联。"这种第一存在论的真理，现在也是人之所以能够从根本上认识它们的原因。"①

如前所述，中世纪基督教哲学的基本法则是牢不可破的信仰法则：上帝创造世界，而且是从无中创造（creatio ex nihilo），"无"不是别的，就是上帝自身，上帝不假外物地从自身出发，从自己的道出发，用圣言创造了世界，上帝的创世（造人）行为是绝对"由自己"的，是绝对自由的。正因为如此，不仅人的意志的根据在于上帝这一存在者，而且整个世界、万有、一切其他存在者之所以存在的根据也正在于上帝这一绝对的大有，正如《出埃及记》（3：14）里所言的"我是自有永有的"（ego sum qui sum）。在《论存在者与本质》中他之所以反复区分上帝这个存在者和其他存在者，原因在于：只有上帝这一绝对的始基才是自身，既是存在同时又是本质。上帝自身是自身的根据，上帝自身就是存在和本质，而其他存在者的本质、存在的根据都是由上帝奠基的，上帝是绝对的本质给予者。

奥古斯丁在《忏悔录》第十一卷中曾引用圣经经文"起初，上帝创造了天和地"，在起初，就是"在元始"，这里不是时间在先，而是逻辑在先，天和地是世界、宇宙和万有，它们的存在之所以可能的根据正是"元始"，也许拉丁文可以更恰当地传达这个世界之为世界的根据，"in principio"里的"principium"就是"起初"，即根据。上帝创造世界是在自身中进行的，上帝是万有的根据和本质，这是中世纪基督教的存在论（Ontology）对希腊

---

① Thomas von Aquin, *De veritate* I 2，转引自 M. Hauskeller, *Geschichte der Ethik. Mittelalter*，S. 166。

本体论（Ontology）的创造性奠基。对托马斯而言，事物的存在正像它们必须存在，以便能够被我们认识的那样，绝非不言而喻的，甚至也可以设想，"事物只有几乎近似的现实性认识的可能性"①。尽管他强调，"被认识的东西总是按照认识者的方式存在于认识者之中"②，但这并不意味着，思想与存在就被一条不可逾越的鸿沟分开了。毋宁说，一个是另一个的镜子。

在这个意义上，我们可以说，托马斯奠定了符合论真理观的基础，并且有笛卡尔－康德的思想特征。虽然在理智中存在的物（对象）无疑与理智外的存在不同，但理智中的物（对物的认识）恰恰构成物的本质，因此恰恰就是本质自身，"因为只要它是某种确定的东西，理智（intellectus）就是在物的内部进行阅读（intus legere）的能力，就是说，理解其本质，由于本质与感觉不同，剔除了单纯物质的方面，通常也剔除非本质的东西"③。认识过程虽是一种抽象，但物在这种抽象中就如同它们本源地即在圣灵中所是的方式被认识。于是，人正好认识的，对物而言就可以是真理并且是真的存在的东西，反之，"上帝的非受造本质是人绝对认识不了的，因为人的认识能力只和受造物相吻合"④。

笛卡尔曾经在《第一哲学沉思》中指出："观念就是被领会或被想到的东西本身，就其客观地存在于理智之中而言。"⑤ 就是说，客观性只意味着理智之中的东西，与理智一致的对象是客观的，在理智之中，通过理智，凭借理智达到的东西就是客观的，因此就是哲学上的存在。可以看出，思想与存在的一致，自从巴门尼德提出以来，经过奥古斯丁和托马斯一直到笛卡尔，始终是哲学形而上学的首要任务。我们可以从托马斯的观点中看到笛卡尔思想的踪迹，当然我们也要注意甄别两者的时代背景所铸就的差异，托马斯对理智及其抽象的认识更紧密地和神的光照联系在一起。

在论述了思想与存在的同一性之后，接着托马斯又论述了思想与行为的一致性，进而切入伦理学的第一原理。实际上，他试图通过人的行为反衬人

---

① M. Hauskeller, *Geschichte der Ethik. Mittelalter*, S. 167.

② Thomas von Aquin, *S. th.* Ⅰ 84. 1.

③ Thomas von Aquin, *De veritate* Ⅰ 12.

④ Thomas von Aquin, *S. th.* Ⅰ 12. 4.

⑤ 〔法〕笛卡尔：《第一哲学沉思集》，第 106 页。

的存在，在某种意义上，自愿行为理论也是对存在论的一种阐释。"以行为阐释存在"不只意味着从存在论（Ontology）转向伦理学，而且意味着进一步展示存在论新的维度和新的特质。自愿行为理论或者伦理学也是存在论的延伸或扩展。更重要的是，他的这种延展始终行走在意志主义的路线上，这不仅表明了奥古斯丁主义传统对他的奠基性影响，而且表明这种中世纪的存在论和20世纪的存在论特别是海德格尔存在论有鲜明的时代差异。

我们知道，在《神学大全》第二部分，托马斯致力于阐明人类行为的正当及其何以正当的基础和根据问题。基于这一任务，他明确指出，即便在人类行为领域，真的东西也可以和假的东西明确区别开来。不仅在任何情境中存在特定的行为方式，一些行为方式是善的，另外一些行为方式是恶的，而且也可以认识，什么样的行为是善的，什么样的行为不是善的，以至于围绕什么是应当做的——无论在普遍的情况下还是在特殊情况下——产生的所有争论，原则上也总是可以得到裁决。存在诸如伦理知识的东西，甚至也和任何别的知识相似，来源于特殊情况中的先天的、本身是清楚明白的原理的运用。

思想与存在的一致，这一观点无疑是为阐明伦理行为及其原则服务的。既然人的存在是由行为构成的，而行为离不开思想，思想也无法不表现为行为，行为又必须涉及道德与否的问题，那么，他首先需要对什么行为才是伦理行为、什么样的生存是善生、什么样的生活是正当的生活这些在中世纪哲学中具有优先地位的问题做出理性回答。他先对两种行为进行了区分，然后讨论伦理行为和相关的伦理知识，进而具体展开其伦理哲学讨论。

从性质上看，人类行为可以分为两类：一类是"人的行为"（actus hominis），另一类是"人性行为"（actus humanus）。前者是自然的本性的无意志活动，多和本能相关，如吃喝拉撒睡，新陈代谢、生长发育、条件反射等等，无需理智思虑和意志决断，无所谓道德与否，是中立的（indifferent）。伦理学上讲的道德行为与此无关。伦理学讨论的行为是"人性行为"，其本质标志是"源自理性和意志"。只有肇始于理性指导下的意志的行为才是合乎人性的行为，才是道德行为，这样的行为主体才是自由的理性存在者。对有理性和意志的人类存在者而言，不存在道德中立的行为。他在强调了理性和信仰的结盟之后，又特别强调理性和意志的结合对于指导人过上正当的道德生活而言具有重要意义。

当然，理性和意志的结合，以理性和信仰的结盟为前提。因此他反复强调，道德行为离不开上帝的启示指引，特别是上帝的永恒法指引，"善生"也好，正当生活也好，都涉及人生的终极目的，而终极目的和至善紧密结合。至善是什么，人为什么必须以至善为终极目的，这些问题当然是任何伦理学都无法规避的，托马斯自然也不例外。人的意志倾向善，意味着人性行为的目的性，"人的意志必然倾向善，又必然以实现善为目的"①。人性行为的终极目的是实现至善，而至善不是别的，就是上帝，追求拥有上帝是人的最终目的，因为他能让人幸福，这是奥古斯丁以降中世纪哲学家们的普遍共识。托马斯和奥古斯丁一样，认为至善必须满足三个条件：第一，本身完美无缺；第二，持久不变；第三，能够满足人的本性所有的合理要求。唯有上帝才能同时满足这三者，上帝是至善，也是人生的最终目的。② 这就是说，托马斯的伦理学实际上并不存在一个所谓哲学伦理学和神学伦理学的严格的二分，他的伦理学就是二者的结合，这也是他为什么始终强调理性和信仰结盟的一个例证。上帝作为至善和人生的终极目的，是中世纪道德哲学的主旋律。中世纪道德哲学讨论的核心概念，如自由、至善、幸福等无不和上帝相关，即便德性、良知和道德法则，也是一样无法绕开与上帝的关联。只有正确认识这一事实，才能理解随后我们将展开讨论的诸如永恒法、自然法等对于中世纪道德哲学休戚相关的概念。

托马斯强调，我们在心中总是已经遇到一些事情，完全是绝对自明的，根本用不着进一步解释或者证明，只要我们仔细注意一下，在任何情境下都能够由此严格推导出正确的行为方式。这样，就出现了按照同样图式行为的取向，就如同理论领域的认识旨趣一样。因为那里也讨论，"在最普遍的如存在和一、同一、矛盾和因果性原理和另外少数几个原理中好像一开始就已经包含了所有其他东西"③，以至于知识还须被发展出来，即必须通过原则之于具体经验内容的运用从可能性过渡为现实。事实上，这种唯一使我们生

---

① Thomas von Aquin, *S. th.* Ⅰ－Ⅱ2.1－2. 参见傅乐安《托马斯·阿奎那基督教哲学》，第165页。

② 傅乐安：《托马斯·阿奎那基督教哲学》，上海人民出版社1990年版，第167页。参见张荣《奥古斯丁基督教幸福观辨正》，《哲学研究》2003年第5期，同时参见本书第一章第五节。

③ Thomas von Aquin, *De veritate* Ⅺ1. 参见 *S. th.* Ⅰ117.1。

活于其上的世界获得确定性的方法，无法归因于这种知识基础。对这个基础，上帝恰好为此目的而赐予的"理智之光"（lumen intellectuale），我们一目了然。毋庸讳言，在认识论上，托马斯坚持了抽象论和光照论的兼容原则，而思想与行为的初始原则不是别的，而是奠基于上述作为"先天的、自身清楚明白的理智原理"的自然法和永恒法。

第二节　实践理性的超验原理

存在着一些直接清楚明白的基本诫命，这些诫命"对实践理性所起的作用，和至上的认识原则对理论理性所起的作用是一样的"①。托马斯将整个诫命叫作"自然法"（lex naturae），或者像阿伯拉尔一样叫作"自然性的法"（lex naturalis）。这些诫命就是托马斯的实践理性的超验原理。② 在本节中，我们围绕自然法，论述托马斯关于道德至上原理、自然倾向、永恒法、本性与良知等思想。无疑，自然法和永恒法是托马斯伦理学的超验原理，而自然倾向、性道德、良知构成人性、自然和理性彼此一致的基本认知。

一　道德的至上原理

理论理性必然从第一个和最普遍的概念出发，即从"存在"概念出发，任何经验，或者任何知识都是从"存在"开始的。一切事物，无论我们以何种方式了解，都存在着。无论它是什么，我们都知道，它存在。由于我们知道这一点，所以我们同时知道，它并非不存在，这就是说，其存在排斥其非存在。存在本源本身就已经包含了至上的逻辑——存在论的、同样触及思维与存在的基本规则，即矛盾律。

同样，对实践理性而言，也存在着这样的第一概念——"善"的概念。任何行为都是为了一个目的发生的，即为了一件事而发生的，无论通常它被如何设想，无论它有何性质，总是被想象成某种善。实践理性似乎总是看到善本身，从善本身中可以推出一个命题。亚里士多德在其《尼各马科伦理

---

①　Thomas von Aquin, *S. th.* Ⅰ - Ⅱ 94, 2. 参见 M. Hauskeller, *Geschichte der Ethik* Ⅰ. *Antike*, S. 118 - 126。

②　张荣、李喜英：《托马斯实践理性的超验原理》，《世界宗教研究》2014 年第 3 期。

学》卷首就已经设定"万物都是向善的"（Bonum est quod omnia appetunt）①，即人人都愿意向善，无人愿意作恶。善良意志是一种潜能，一种决定，尚未实现，因此还不是指导行为的原则，毋宁说"善是当行的，恶是该避的"（bonum prosequendum, et malum vitandum）②，"行善避恶"是一种应当，是命令、诫命，因此是道德的第一原理，是"实践理性的第一原理"③。

但这并不能被理解为，从外部强加给行为以某种限制，与其说这是一个我应该按照它行为的诫命，还不如说是我从自身出发总是已经按照它行为的诫命。这是我行为的内在原则（主观准则），即对我自己意志的最普遍描述。不止于此，它同时也是上帝赋予我们生存目的的第一个提示，实现这个目的乃是我们的最高任务。正如在人的思想中揭示了物的存在一样，在意愿中展示出我们生存的目标，这种"意愿的善"就是目的，用康德的话说就是意志的"质料"，它构成意志的第一个层面、第一个要素，即"意愿"。

人的存在和人的应当在此合二为一。在对"我是什么"（我成为什么）的反思中，即对我的意愿的反思中，我学会了，我应该做什么。而且我这样做，是因为我明白，我是什么，我要什么，这肯定和第一个印象不相吻合，不是立即就清楚了的。我虽然知道，我意愿善，但什么是善呢？每个人虽然追求善，追求真正的善，但这还不意味着，他也知道，这种真正的善在哪里，这只意味着，人将认为他追求的一切都是某种善的东西。我们甚至在信仰中也作恶，无论信仰是善还是引导我们向善。我们不仅想要达到我们认为是善的东西，此外还意愿我们认为是善的东西实际上也是善的。实际上真正是善的东西就是达到它确保了最可能的幸福，简言之，保证了极乐（beatitudo），这是无可指摘的。倘若我们仍不知道，什么是这个意义上的善，并且我们如何能够达到它，"行善避恶"这一原理可能就丝毫没有帮助，正如应该遵守路牌的建议对一个迷路的盲人给予的帮助一样。

---

① 〔古希腊〕亚里士多德：《尼各马科伦理学》，第 1 页。

② Thomas von Aquin, *S. th.* Ⅰ－Ⅱ 94.2.

③ Dominic Farrell 也这样看待这一原理在托马斯实践哲学中的优先地位。参见 Dominic Farrell, *The Ends of the Moral Virtues and the First Principles of Practical Reason in Thomas Aquinas*, Roma, 2012。

人的"意愿之普遍必然倾向"占据了如此重要的位置，因为它证明，上帝不仅给人设定了一个终极目的，而且人能够"以某种方式认识它，以便接下来采取相应的行为，或者也可以不行为。上帝在本质上做的比这更多，他也培养了我们达到这一目的所需的必要动力。早已在人的自然禀赋中，他的生存目的使自己充满了渴望，因此不可抗拒地发挥作用。"① 人决不会被敦促着意愿善，因为他除了善决不要任何别的东西。"他的所有企图从一开始都在于满足这种基本的努力，直至他拥有并发现至上的幸福。"②

这样，他就已经前进在正确的道路上，成就了必要的起点。他自己明白，应该行善避恶，因为这是他自己的意愿。剩下的事就不取决于意志了，而只取决于其他的知识。一切存在的东西，从其神圣的来源看肯定是善的，"对人而言就是他努力的一个可能对象"③。因此常常会发生这样的事，我们就这样致力于一种善，似乎它是唯一的最后的和真正的善。我们认为我们能够在财富中、在快乐中或者某种别的东西中找到这种善，"但这一切是有限度的善，在某些方面但不是在每个方面都是善的"④。因此，也没有任何东西强制我们去追求它（即恰恰是这个而非代替它的任何别的东西）。唯独上帝才是绝对的善，"至高的幸福就在于跟随上帝、观照上帝"⑤，上帝永远是我们一切行为的终极目的，即便我们不懂得这些。但是我们从纯粹理性的原因出发决不可能了解这些，所以我们需要启示。一旦我们以这种方式获得了知识，我们将只追求上帝，因为"我们不能随便地不去意愿作为完满的善呈现给我们的东西"⑥。

在论述了行为应该遵循先天、自明的理智原理——自然法和永恒法，阐明了其中"行善避恶"是道德至上原理，尤其是阐明了意愿的善这一意志目标之后，托马斯论述了自然法的其他内容，即自然倾向。这表明其自愿行为理论的第二个环节：选择或决断，同时理性参与其中。

---

① Thomas von Aquin, *S. th.* Ⅰ 10. 8.
② Thomas von Aquin, *S. th.* Ⅰ－Ⅱ 5. 8.
③ Thomas von Aquin, *S. th.* Ⅰ－Ⅱ 8. 1.
④ Thomas von Aquin, *S. th.* Ⅰ－Ⅱ 1. 7.
⑤ Thomas von Aquin, *S. th.* Ⅰ－Ⅱ 2. 8.
⑥ Thomas von Aquin, *S. th.* Ⅱ 10. 2.

但是，为了达到至善我们应该走什么道路呢？仅仅凭着我们知道自己的终极目标，我们肯定还没有更亲近它。我应该做什么这个问题始终还没有回答，因为仅仅知道目的还是不够的，真正和实践有关的问题是手段的选择，即决断（arbitrium）。换句话说，仅仅知道意愿什么这一行为的目的（意志的质料），还远远不够，还必须知道怎样实现这一意愿和目的。决断和选择就充当了实现目的的手段，而这又和自我经验有关，自我经验可以帮助我们回答问题。我们在自己身上所见的不单单是普遍的行善避恶的意志，而且还存在着一系列自然倾向（inclinationes），这些自然倾向让我们感知到做出决断、抉择和区分的重要性，这涉及我们如何达至我们的意愿的手段。在此，"我们"指我们当中的每一个人，不单指每个基督教徒，而且实际上指每一个人（因为做人意味着，正好拥有这些倾向）。依据这些普遍人类倾向表现为自然的（本性的）善，在托马斯那里实际上也是善，这不仅意味着我们努力的一个合法目标，而且意味着某种肯定命令（应当）。这虽然不是终极目标，但恰好却是通往终极目标之道路上的一个非常有意义和必要的步骤。他正确地推论：如果每个事物的本性（实体）来自上帝，那么，一切自然的东西，在这个意义上说也必然是善的。于是，上述自然法这一至上原理"万物向善"就获得了一种在亚里士多德那里所缺乏的含义。

现在，"万物向善"不再只意味着被某个存在者追求的一切，被这个存在者看作善的，即"认之为善"，真正的善就是每个存在者真正追求的东西。此外，这个原理还表明一切被（自然地）追求的东西，"实际上也是善的"①。这样，托马斯就颠倒了追求者和被追求者的关系，善是被追求的东西，被追求的善是自身存在的，因此是真正的善，不再依赖追求者。托马斯依此恢复了善的本体地位，真正的善，不再是依存善（善物），而是善本体（实体）。人人都意愿善，这里的善是真正的至善，人追求它是自然的，自然倾向在这里就具有一种必然性（强制性），而非任意性（选择性），因为善本体说到底，就是上帝。

如果我们想知道，什么东西对一个存在者是善的，我们就必须首先注意，这个存在者追求什么。可问题是，对人而言，究竟什么是自然的呢？我

---

① Thomas von Aquin, *S. th.* I – II 10. 1.

们本性上追求什么呢？他首先根据自然法的内容，论述了人的自然倾向，这里的倾向和主观爱好（如康德的 Neigung）有根本差异，自然倾向是诫命，具有最大的强制性，比任何来自外在他律和内在自律的强制性更有力，更自然，更有必然性。自然倾向在这里其实就是指自然法的内容，他列举了自然法的三个诫命（命令）。

一是"自我保存"，二是与异性结婚并且生育和抚养后代的倾向，三是为人的理性本性所具有的追求和他人结社的努力以及认识上帝的愿望。概而言之，对每一个人来说，想活着，更确切地说，不是独自活着（allein-leben），而是只要可能，就与他人一起活着（zusammen-leben），以及交配（结婚）、保护他的孩子并彻底认识他生活其中的世界，就是"自然的和善的"①。这就是说，与他人（者）共在，是自然法的内容，是自然倾向，是命令和诫命，人的生存和行为涉及他人，这个关系就构成实践理性命令的实质。

但这导致每个人一开始就必然对避免某些行为有兴趣，因为这些行为（肯定地、很可能甚或只是可能地）会导致他的自然倾向发生挫折，只有没有任何倾向的人才会明白"完全的行为自由"，因此，发生了什么，完全是无所谓的。但是，通常情况不是这样，而且在上述情况下每个人都有充分理由不去这样做，以免他人避开他，企图加害于他或者做一些其他的他简直无法想望的事。"对他人给予一定的考虑，因此就是明智的诫命。"② 这里彰显了托马斯伦理学的理智主义特征，明智作为希腊传统的哲学德性，在此受到托马斯的充分认可。

可见，应该正确考虑个人兴趣，但这还不是一切，每个人凭借其倾向还没有充分理由这样去行为，以使他能随时满足这些倾向，而且他有充分理由不妨碍他人满足其自然倾向，"通过自然倾向论证的自然法同时是一种自然权利（ius naturale）"③。换句话说，自然法不仅是"明智"的规则手册，而且是一本道德的规则手册。这似乎是不言而喻的，因为在这里，他放弃了对这个步骤进行更为详细的论证。但为什么从自然倾向的单纯存在就可以得出

① Thomas von Aquin, *S. th.* I – II 94. 2.

② Thomas von Aquin, *S. th.* I – II 94. 2.

③ 参见 M. Hauskeller, *Geschichte der Ethik. Mittelalter*, S. 173。

道德义务，也就是尊重他人的自然倾向并且不损害他人自然倾向的满足，或者甚至促进这种满足呢？

正如我们上面所分析的那样，理由可能在于，在托马斯看来，自己的（本己的、自然的）倾向要比单纯主观的、人们偶然地和所有他人共有的偏好（Vorlieben）① 含义更丰富。其实，倾向是在一种客观意义上向我们展示为某种善的东西。例如，如果我为自我保存努力，我这样做了，那么我显然把"存在"当作某种善来认识，更确切地说，当作存在本身来认识，不是当作"我的"存在来认识。我认识到的第一件事，就是"存在"绝对是善的，不是特殊意义上我的存在或你的存在，而是绝对的存在本身，这就是为什么我要为自我保存努力的理由。这里的"存在"概念，就是存在自身，用德语表述就是 das Sein als solches, schlechthin, allgemein，它们都表达存在本身，以区别于特殊情况下的我的和你的存在，这里其实是讲存在者和存在的区分，最典型的德文莫过于 das Sein überhaupt 了，即存在本身。

托马斯认为，对于作为某种善的存在的认识，在本质上并没有在这种存在和那种存在、我的存在和你的存在之间做出区分，所以我天生必然关心他人的存在，正好就像关心自己的存在一样多，这同样适用于所有其他的自然倾向。正如存在绝对是善的一样，繁殖并且抚养后代、结社和认知也是善的，所有这一切都理应被当作善的来对待，并且因此也理应受到他人的维护。这正是自然法的内容，它为所有道德准则奠定了基础，并且为每个人所自知，包括异教徒和不信教者。由此可见，把自然法当作道德基本规则的一个法规来把握，决不能以启示知识为前提。因此，"自然理性足以使每个人认识并承认基本的责任，而在什么时代什么文化中生活，是无所谓的"②。

---

① 有趣的是，这里出现了三个相互关联又彼此区分的概念，和自然倾向相比，"偏好"与康德的 Neigung 有近似之处，因为都是主观的，但后者更包含对普遍必然性的关切，因此苗力田老师主张翻译为"性好"；托马斯所说的自然倾向与康德的 Neigung 的相似之处在于：二者都首先反映人的主观意愿，但是，康德强调这种意愿需要理性的决断，方能实施，这里的自然倾向更多地反映了自然的法则性，强制性是由信仰注入理性自然（本性）之中的，因此强制性、必然性不可相提并论。在这个意义上说，托马斯和康德的区别是根本性的，反映了理性和信仰的差别。

② 托马斯传承了斯多亚派的偶在论自然法思想。参见 M. Hauskeller, *Geschichte der Ethik Ⅰ. Antike*, S. 194 – 208。

但是，一个确信创造秩序的人，只会像托马斯一样不假思索地从自然倾向推论到相应的道德义务。只有在这个前提下——上帝故意如其所是的那样创造了万物——任何（自然地）所愿的东西同时可以被当作一个应当存在的东西解释。这里，在"存在"与"应当"之间横亘着"愿望"。然后，"自然冲动或者自然的爱（appetius vel amor naturalis）可能是恶的"这一单纯的考虑，"就已经不啻是对上帝的一种诋毁或贬损"①，谁那时在其行为中全然没有注意到正是自然倾向让他认为是善的东西，他就忤逆了上帝的意志。自然倾向的意蕴，正由于其中显示了神圣的法律，保有了其绝对责任。他把这种法叫作"永恒法"，这是上帝赋予整个世界的"秩序"。在这个秩序之内，每个受造物都享有一个特定位置。然而，"存在这样一种永恒法"，是单凭自然理性无法认识到的。倘若没有启示，我们也许能够猜测，但我们对它不可能有任何确定知识，我们也不可能确定地认识到，自然法就是实际存在的东西，即永恒法的一个摹本或一个片段。永恒法对人有效，我们也不可能把自然法当作法律来认识，无论如何不可能在这个词的全部意义上来认识，正如托马斯所理解的那样，作为"某种以共同善（bonum commune）为目标的理性命令被那些为共同体操心的人颁布出来"②。

显然，这种理解上的欠缺丝毫没有改变如下事实：我们意识到自己受到某些行为规则的约束，只是离开了神圣的启示，我们就不会明白，如下事实是怎样产生的，完全与我们的信仰或不信仰无关，我们只是经验到这种约束。后来我们也知道，或者至少可以知道我们应该做什么，但我们不知道我们为什么应该这样做。只有通过启示确定的永恒法，通过一个为万物奠基的神圣秩序，这个疑惑才能最终得以廓清。

二　理智意志论

需要注意，此处所谓自然法并不是现代意义上的自然法则或自然规律。它的约束力不能这样来理解，似乎我们只能按照它来行为。法有约束力，但并不强制。托马斯比喻说，人决不是像一只出于本能的恐惧、见狼就跑的羊

---

① Thomas von Aquin, *S. th.* Ⅰ60.
② Thomas von Aquin, *S. th.* Ⅰ-Ⅱ90.4.

一样，盲目地追随其倾向，羊的逃跑每次都是不假思索的，或者别无选择。在羊那里，这是一种固执的自然冲动，似乎冲动从内心深处命令它逃跑，所以它逃跑了，在任何具体情况下都必然如此。相反，人可能跟随其自然冲动，但不必然如此，因为它拥有羊所没有的东西，即意志（决断）。

康德也"将前一种出于本能的自然冲动叫做动物性决断（arbitrium, Wllkür），将后一种倾向，即意志的决断叫做人的决断，或自由的决断"①。当然，托马斯着重强调意志背后的永恒法和自然法。强调理性和自然法之间的一种本质的必然关联。"理性的意志"在本质上不是盲目的，而是有感觉的即一个"合乎理智的欲求"（appetitus intellectivus）②。正如亚里士多德早就说过的③，意志就在理性之中（voluntas in ratione est）④。和动物性冲动不同，一种意志的实现总是以一种现实的或臆想的见解为基础，我所意愿的东西是基于我当作善的东西来认识或者"自以为"认识的东西来意愿的。通过我的理性，现在我也有能力对我的自然冲动（倾向）进行反思，并预想到其中存在永恒法的复写。"就我有理性而言，才可能从根本上有诸如自然法的东西存在，自然法使我承担了义务，由于它给我设立了一个尺度，我可以且应该按照这个尺度行为。"⑤ 正是在这个意义上，托马斯认为，"自然法也可以被规定为理性受造物对永恒法的一种分有（participatio）"⑥。

理智意志论确保了理性、自然与本性的彼此一致，确保了人性行为对于道德至上原理的遵守，或者说，实践理性的超验原理之所以发挥普遍有效性，皆出自理智的意志这一功能。"理智的意志"这一概念除了表明托马斯深受亚里士多德影响外，更表明托马斯对奥古斯丁意志主义的改造，而这种改造之所以成功，正因为他对理性和信仰结盟的体认。更为重要的是，无论理性还是意志，都源于上帝的恩典，这个立场是托马斯和奥古斯丁共同捍卫

---

① 〔德〕康德：《纯粹理性批判》（第 2 版），李秋零译，载李秋零主编《康德著作全集》第 3 卷，第 354 页。

② Thomas von Aquin, *S. th.* I 80；I 82；I - II 8. 1.

③ 〔古希腊〕亚里士多德：《论灵魂》Ⅲ 9，432b："……因为在理性的部分出现的是意志，在非理性的部分出现的是欲望。"

④ Thomas von Aquin, *S. th.* I - II 9. 5.

⑤ Thomas von Aquin, *S. th.* I - II 90. 1.

⑥ Thomas von Aquin, *S. th.* I - II 91. 2.

的基督教哲学的大原则。[1]

正因为他坚持理性与意志源于恩典，才认为人天生就有理性，甚至是理性使人成为人。因此，运用理性就是自然的，在上述意义上也是善的。理智些，特别在涉及我们的自然倾向时，理智一些，甚至已经是自然法对我们的要求了。我不能只是欲求，而应该"理性地"去欲求。只有当我们不是简单盲目地跟随我们的自然倾向，而是首先致力于明察这种"自然倾向"的意义，然后按照这个意义行为时，我们才会这样做。如果我们不这样做，我们的行为就与动物无异，而且"会丧失我们为人特有的尊严（hominem propria dignitate）"[2]。我们也可能"听任欲望的摆布"[3]，这将不符合我们的本性，因为我们的本性是理智的。我们偶尔行为不自然，恰好是因为我们听从我们的自然倾向行为，没有考虑自然倾向所包含的目的。例如，我想活着，自我保存的冲动无疑是一种自然欲求，因此活着也是善的。但为了活着，我必须吃饭，因此吃饭显然也是善的。但吃饭的目的不是吃饭本身，而是生命。如果吃饭危及自己的生命，就"反自然"了，不管是直接地还是间接地，都是反自然的，因为我损害了自己的健康，自己的行为肯定会违背行为的自然目标，这正是对自然法的违背，因此是恶的。

这个思路原则上也被托马斯套用到整个生命上去，我们也判定这种生命有一个目标，正如我们必定会这么做，我们承认上帝是真正的善，是人的行为的终极目标。但是接下来，对自然倾向（欲求）的满足，甚至生命也就不再可能是目的本身。也就是说，如果生命可能是善的，生命就"对某物而言"是善的，而问题恰恰是"对什么"而言。在任何情况下，一个如此过活以至于其目的都被阻碍了的生命，就不是善而是恶的了，因此，结束这种本来的一种自然生命可能就是善的。基于这样的考虑，我们早已超出了自然法的范围，因为生命的目的只有通过"启示"才能为人知晓。

在自然法这个层面，生命必然会作为一种终极的、不可规避的价值出现，否则，生命为什么是善的这个问题就是假问题，或者即便提出来了，也绝对不可能回答，正如结社（过集体生活）为什么是善的，或者繁衍并抚育后代

---

[1]　参见董尚文《托马斯伦理学的理智主义》，《哲学研究》2008 年第 7 期。

[2]　Thomas von Aquin, *S. th.* Ⅰ－Ⅱ91, 6.

[3]　M. Hauskeller, *Geschichte der Ethik. Mittelalter*, S. 177.

为什么是善的这个问题很难被回答一样，我们只能说，生命是善的。理性不能超越这个界限，而只是为如下问题担忧：避免我们的自然倾向和维护源于这种倾向的基本价值之间发生冲突。由此可见，托马斯对生命价值的伦理诉求是多么强烈，这种生命伦理学在当代被广泛重视，而且被看作生态伦理的重要资源。① 要求对自然倾向进行合理性解释的另外一个例证，就是从自然法中导出的性道德，性道德乃是遵循自然法而来的合理要求。

我们知道，繁衍后代是某种善，因为我们的本性总是驱使我们繁衍。从主观上看，我们进行交配首先是为了交配活动本身（或者为了伴随交配活动的性欲），简言之，性交源于性欲（爱好），阿伯拉尔亦如是说。然而，从客观上看，我们是为了族类的繁衍而交配。因此，行为的（主观）目标（finis operantis）在这里首先和行为的（客观）目标（finis operis）也不同一。如果我们自觉这样行为，性欲虽然在表面上获得了满足，但一开始就把繁衍给排除了，行为就违背了真正的目的，因而违反了自然法。在这里，托马斯强调行为者的主观目的要让位于行为的客观目的，其实就是说，人的一切行为都必须遵循自然法这一客观的终极目的。这样，客观存在的并且可以清楚认识的自然目的假说，就显著地限制了自然倾向的最初尊严，这是一个后果严重的学说，它使天主教教会至今都很难宽容同性恋、避孕以及不直接为生育服务的性行为。按照这种观点，婚外性行为也必然被看作对自然法的违背（因此在基督教神学的视野中被看作死罪），在这种情况下，性行为并不排除生育的可能甚至有积极的目的。

托马斯说："很显然，为了繁衍后代，不仅需要母亲的操劳，母亲要喂养他，而且更需要父亲的操心，父亲要教导并保护他，既要在内在的善方面提供支持，又要在外在的善物上给予资助。人沉溺于放荡的性行为违背了人性，相反，男人和某个与他同居的女人厮守，不只是短暂的一阵子，而是很长时间，甚至整个一生，就是理所应当的，男人有权关心其后代的教育，天生就对确认自己的父亲身份非常在意。但是，如果性交很滥，父亲身份的确认就会模糊，对一个特定妻子的限定就叫婚姻，因此人们说，婚姻源于自然

---

① 赖品超、王涛：《再思圣多玛斯的生态伦理》，（台北）《哲学与文化》2010 年第 37 卷第 11 期。

法。"①

自然法是婚姻何以可能的根据，这不仅是在伦理学意义上，而且是在存在论意义上阐明婚姻存在的理由和根据。性交的客观目的并非通过单纯的繁衍后代实现，也就是说，目的不完全是繁衍本身，而是指离开了生育就不可能有后代。这并不局限于直接的后代，正如生命客观上是一种善，新生命的繁衍与养育也是一种善。"我努力客观上追求的目标终归并不逊色于人类的延续"②，但这样一个广博的目的既不可能被我，也不可能被另一个人在我们生命的某个时刻具体实现。伴随繁衍活动的完成，我们并没有解除自己的责任，同样重要的是，要关心我们的后代能够比较安全地成长。但这种安全在社会共同体中只能由婚姻（这里还不是当作圣事来理解，而仅仅作为牢固的伙伴关系来理解）制度来保障，正因为如此，婚姻在自然法中也是必要的。

三 良知与良心

自然法之于行为的作用可能和自明的判断原理之于思维和判断的作用同样根本。但是，这些判断原理究竟如何被赋予我们呢？或者说，它们如何对我们发挥作用呢？它们像自然法那样被赋予我们吗？托马斯认为，正如理论理性的超验原理一样，实践理性的超验原理也是天然存在于人类理性之中（因为领受恩典），后来伴随着相应的培养，从这些原理中产生德性。"在一种情况下，产生了完善或者理智德性，在另一种情况下，恰恰产生了伦理德性。"③ 但是，它们怎样内在于理性呢？它们的存在使我总是意识到它们吗？也许不是，也许是，因为我总是运用这些原理去思维或者行为，这些基本原则怎样规定我这么做？情况看起来也不必然是这样，否则我们必然总会正确地思想和行为，这肯定不是我们做的。这些原则只是可能地存在于我们心中，以便能够在某个时候现实化，因而能够被实现。

托马斯坚决反对上述观点。在他看来，上述两类原则，毋宁说是以一种

---

① Thomas von Aquin, *S. th.* II – II 154. 2.

② 著名的责任哲学家汉斯·约纳斯指出，责任首先是对未来的责任，对后代的责任。参见 *Das Prinzip Verantwortung*, Frankfurt am Main, 1979。

③ Thomas von Aquin, *S. th.* I – II 63. 1.

习性（habitus）① 形式被赋予的。在他看来，"习性""介于纯粹的潜能（potentia）和实现（actus）之间"，而单纯做某事的能力，鉴于其实现的不同可能性，完全是中立的。"习性已经包含实现某些可能性的一种明确趋势。"② 每个人就其本性而言，即作为理性存在者也许有能力阅读并理解《神学大全》，但是不能由此推知，所有人就其个体心境而言同样适合这样做。本性仅仅允许人理解，并没有显示出一种已经表达出来的理解倾向。人虽然有基本能力，但没有必要的心境（Verfasstheit）、相应的习性，以便相当迅速可靠地达至理解。相似地，人们现在就能想象，一切人在本性上虽然完全有能力行善，但谈不上或者很难述及一种特殊的向善倾向。

在托马斯看来，这是不可能的，因为必然存在某种内在的行为原则，它超出了一般的和纯粹形式的"趋善避恶"使命。在我心中不存在任何原则能向我展示，某些行为是善的，另一些行为是恶的。没有原则的行为根本是不可能的，正如我离开了已经拥有并规定我的思想取向的原则，也不可能思想一样。

所以，托马斯指出："任何以不同方式附加给行为（ad agendum ordinari）的能力，都需要一种习性，能力就是通过习性为行为做好准备。"③ 但是，"附加给行为的首先是意志，为了能够变成行为，这种意志必需一种不仅在形式上而且在内容上确定的尺度"④。这个尺度就是自然法，因此自然法的命令是每个人都知道的，并且在其行为中天生就倾向遵守这命令。这意味着，从伦理学上看，根本就没有处于完全中立状态或者漠然状态的人。没有人不知道，剥夺一个人的生命是恶的，因为这不是他必须学会或可以学会的事。人人都知道这一点，"只要经验告诉他，一个人意味着什么并且生命是什么，无论他是怎么知道整体大于部分的"⑤。这就是说，他知道这一点，不管他何时被问及，或者说在实践上被置于有关问题的面前。托马斯把

---

① Thomas von Aquin, *S. th.* I 80. 12. habitus 是亚里士多德的 hexis 概念的拉丁文翻译，根据亚里士多德《范畴篇》8，8b－9a，对应于托马斯的理解，尤其是《神学大全》I－II 50。我们在前面曾经结合阿伯拉尔的思想把该词翻译为"境界"，但这里翻译为"习性"或"习好"更恰当些。

② Thomas von Aquin, *S. th.* I－II 49. 3.

③ Thomas von Aquin, *S. th.* I－II 50. 5.

④ Thomas von Aquin, *S. th.* I－II 50. 6.

⑤ Thomas von Aquin, *S. th.* I－II 51. 1.

每个人对自然法的这种习性的分有，称为良知（Synderesis）。"良知就是我们理智的法则，即对自然法条规的掌握（habitus），是对人类行为的首要原则的掌握，而良心（conscientia）的声音就是由此派生出来的。"① 良心来自良知，实际上就确立了实践理性的优先原则。

关于良知和良心的地位以及和理智意志论的关系，乃至良知和良心彼此间的关系，我们可以在此做一个简要概括，然后在随后两节中做更详细的讨论。如前所述，托马斯伦理学的地基是理性与信仰的结盟，其特色是理智意志论，或者他的伦理学特别是伦理哲学部分追随亚里士多德，捍卫了德性伦理学的基本路线。至于托马斯的德性伦理学和历史上的主流德性论之间的关系，我们暂时搁置起来，到本章结束之际再做分析。

"良知"的拉丁文是"Synderesi"，很难翻译的一个术语。翻译为"知"可以体现托马斯的理智主义意志论特点，该词体现了上帝永恒法对人的行为的支配作用，这种支配主要体现在：上帝给予人认知的理智和行善的自由意志（这是人的本性所秉承下来的），由于这种恩典，人能够认识上帝的话（法），在理性方面能够明察自然法的内容，在意志上遵守上帝的命令。因此，"良知"非常传神地表述了人的理智（广义的）之所以能正确（认识）、正当（行为）的根据。正如有研究者指出的，"自然道德律是有理性的受造物分有的上帝的永恒法，这是人性行为的第一原理，一种理性命令。而良知是对这种自然道德律的习惯，本身不会错。良心是自然道德律的具体运用，一种行为，有错误的可能。""智德"是"人性行为的正确理性，好习惯，四主德之首德并贯穿于所有德性之中"②。这种分析是有道理的，只是对智德和良知的关系尚未明晰。我们认为，智德虽然被托马斯高度强调，表现出其理智意志论的特色，但它和良知相比，是派生的，因为智德（Prundentia）再重要，也不过是希腊四主德意义上的，而良知（synderesis）和上帝恩典相关，它不仅派生出智德，而且对其他三主德有本源意义。良知直接和三种超越本性的德性——信仰、希望和爱相通。

---

① Thomas von Aquin, *S. th.* Ⅰ－Ⅱ 94.1, ad 2. 参见 M. Hauskelle, *Geschichte der Ethik. Mittelalter*, S. 182。

② 潘小慧：《从立场与方法看多玛斯德性伦理学的体系建构》，2011年1月武汉大学"中世纪哲学：立场与方法"学术研讨会论文。

关于良知（synderesis）和良心（conscientia）的关系，也有学者认为，前者指"对伦理行为的基本原则的直觉与把握"，后者则指"将直觉和把握到的伦理基本原则在具体情境中落实与运用"①。良心和良知相比，是派生的，虽然都是伦理德性，但若没有良知，良心也将"不良"，良心作为习性，是良知之于人心的道德实践，所以，我们通常都把良心叫作内心的道德律，它具有主观性，通常扮演着准则的角色。而良知和自然法直接相关，是道德普遍法则（外在的客观法则）向主观准则——良心过渡的中间环节。如果说良知和自然法关系更密切，那么，良心和人法的关系更紧密，前者不会犯错，后者容易出错。

第三节 行为的合法性

一 至上原理的实践

既然每个人心中本有以良习为形式的自然法，为什么人的行为会违背自然法？也就是说，一方面，自然法向人颁布命令，但另一方面，人却"令出而不行"。

存在一些可能会阻碍人通往自然律的障碍，这种情况与一个人在睡觉时就不善于正确思想的情形相似。这种障碍对年轻人太大了，例如，"小孩子不善于正确、熟练运用思想和行为的原则，即便他们无可争议地拥有它们"②。小孩子之所以不会运用上述原则，是因为他们还缺乏必要的概念，无法将原则运用到经验的事实中（如部分与整体、人与生命），他们也没有能力从普遍原则中得出正确的结论。这样，他们所缺乏的不可能是对这种自然法本身的理解，而只缺乏"明智"（prudentia），"明智"被托马斯规定为一种从普遍原则中推知特殊的能力。他说："明智就是，不仅像所有人一样通过自然法认识了行为的自然目的，另外也知道，在具体情况下最好如何使

---

① 董尚文：《托马斯伦理学中的柏拉图主义因素：论托马斯对 synderesis 与 conscientia 的区分》，《哲学动态》2005 年第 10 期。

② Thomas von Aquin, *S. th.* Ⅰ – Ⅱ 94.1, ad c. .

用这些目的。"① 也就是说，人们参与讨论具体行为的现实之特殊性和复杂性越广，做决断就越困难，究竟哪些行为方式适合原则，哪些行为方式不适合原则。

在托马斯看来，至少在理论理性与实践理性之间存在重大区别。在理论上，不仅大前提是确定的，而且推论肯定是清楚的，尽管不是每个人都知道这些推论。在实践上，虽然同样肯定有这些大前提，但推论既不是众所周知的，也不总是在所有人看来，同样是正确的，三角形的三个角等于两直角之和，这总是正确的。但是，人们应该归还别人托付给他的东西，这一点并不总是正确的，虽然"这也可以明确地从自然法原则中推导出来"②。在这里，规则只适合于绝大多数情况，但并非适用于一切情况，因为有时候，归还所交付的东西可能也不好，"例如当人们应该用它来反对祖国的时候"③。可是，如果人们也想将这些限制同时纳入规则之中，错误就决不可能完全消除，因为规则"总要归还人们托付于你的东西，除非用它来反对祖国"也决不总是正确的。

还存在许多其他的情况，在这些情况下，归还可能是不好的（我们想想那些有人为了谋杀而索要的武器；或者为了要赌博而索要的金钱）；偶尔在某些情况下，归还某物有可能是好的，正因为这样，就可以反对祖国（如在暴政的情况下）。"因为为此设定的个别条件越多，犯错的危险就越大，以至于法（正义）既不取决于归还也不取决于不归还。"④

任何基于自然法的思想和行为原则都有其发挥效用的范围，并非一劳永逸地正确。也就是说，在理论理性看来正确的原命题，在实践理性中，一旦将普遍原则运用到具体情况时，往往会发生偏差。所以，上述观点很难被套用到今天的一些问题中，如图书馆领域。M. 豪斯凯勒中肯地指出："即便我们肯定是站在自然法的基础上，并且坚信，杀人（或者，当我们能够阻止却听任其死亡）一般而言是错误的，但仍然很难说：杀死一个正在遭受巨大痛苦、没有痊愈希望并且求死的人，或者杀死一个再也无法从其昏迷状

①　Thomas von Aquin, *S. th.* Ⅰ－Ⅱ47.6.

②　Thomas von Aquin, *S. th.* Ⅱ－Ⅱ61.3；62.1.

③　Thomas von Aquin, *S. th.* Ⅰ－Ⅱ94.4；Ⅱ－Ⅱ57.2, ad 1.

④　Thomas von Aquin, *S. th.* Ⅰ－Ⅱ94.4.

态苏醒过来的人，或者杀死一个脑死亡的人，或者杀死一个尚未发育完全的胎儿，是否也是错误的。自然法是否正如托马斯所理解的那样在这些情况下还能起决定作用，至少是有疑问的。"[1] 在此，托马斯实际上是重提良知与良习的重要性，这也是实践理性与理论理性最本质的区别。

二 对自然法的违背

可是现在却有许多行为，它们够清楚了，人们不可能对它们产生认真的怀疑，究竟它们是否违反自然法。例如，人们不能随便向一个路人开枪或者抢劫他的钱包，这是完全清楚的。无疑，这种行为违背了自然法，可是偏偏有人这么做。在这种情况下，对自然法的背离不能这样来解释。比如说，在这些复杂案例中，唯独少数人能够认识善，善在这里毋宁说对每个人都是显而易见的。但是，正如托马斯指出的，如果意志永远只是向善，就无法理解，有人怎么会作恶。"众所周知，柏拉图和亚里士多德早就为这个问题绞尽脑汁。"[2] 在托马斯这里，问题更尖锐了，他认为，如果善为人所熟知，也就会被意愿，而且，实际上善就会"自然"为人所熟知，相应地，为这个问题找到一个令人满意的答案就越发困难。

一般而言，良知是人的一种自然习性，即自然属于人的方式，可是在个别人那里表现出不同程度的差异。"永恒的本质形式（因此在这里是人之为人）植根其中的质料、个体化原则也由于习性产生了差异。"[3] 但是，这准确的含义是什么呢？虽然人们假定，所有人都倾向于服从自然法的条规，但为什么一些人比另一些人更顺从？在有些人那里，对原则的认识肯定要比另一些人更加清楚和明白，或者更加晦暗和模糊，那样的话，倾向的程度就会和认识的程度相吻合。但是，我怎么竟然能对原则只有贫乏的知识，无论是思想的原则还是行为的原则？人们可能假定，要么我认识它们，要么不认识，因为决不是说，一个人心中有整个自然法，而另一个人只有一部分，良知是不可分的。但是，即便人们愿意容忍这种模糊性，也要承认，一种贫乏的知识仍是一种知识，一种微弱的自然倾向仍是一种自然倾向，因此问题依

---

① 参见 M. Hauskeller, *Geschichte der Ethik. Mittelalter*, S. 184。

② 参见 M. Hauskeller, *Geschichte der Ethik Ⅰ. Antike*, S. 104 – 114。

③ Thomas von Aquin, *S. th.* Ⅰ – Ⅱ 51. 1.

然存在：知识和向善倾向怎么可能失效呢？

在另外一个地方，托马斯反驳道："在恶人那里，德性的自然倾向会通过恶习而变坏，正如善的知识因恶习而变坏一样。"① 他们的理性因激情而堕落，"或者只因为坏的习性，或者因为坏的性情（Naturverhalten），正如在古代的德国人那里，抢劫并不被看作不义，尽管它明显是违背自然法的"②。不过，古代德国人不可能对自然法一无所知，绝对没有办法将自然法从人的心中抹去。"激情所阻止的只能是原则之于具体行为的运用"③，这显然意味着，尽管我知道抢劫是恶的，但出于激情不由自主地去抢劫了。更确切地说，决不是因为我不知道我的行为是抢劫，而是"明知故犯"。我知道抢劫是恶的，并且也知道，我干的是一种抢劫，尽管如此我还是抢劫了。但是，"只有当激情让我觉得某物是善的，而实际上（相比较而言）不是善的时候，这才可以想象"④。既然我不得不觉得，让我行的善是最好的（在既定的情况下），那么，我将会受激情妨碍，把实际上不善的东西感知为善的，这仍然会与已假定的前提相矛盾，自然法决不可能"从人的心中"消失。因为在这种情况下，我肯定再也不会感到"自然法"所要求的正好是善，因此不再当作一种"义务"看待。只是，该如何理解"激情"呢？托马斯认为，"激情使我离开知识，将我的思想带往另一个方向，并且阻止我去注意我知道的事"⑤。因此在一些可能的善之间，根本不可能直接比较，无法判断一个比另一个更善。由于激情的妨碍，根本想不到还有一种东西比我现在试图达到的东西更善。我的行为与某个人相似，他精通几何学并且也懂得随时把几何学原则运用到特殊事件上去，但不一定总想到这事。在大多数情况下，他只忙于别的事。不过，如果再仔细一看，托马斯的这个比喻是一种误导。因为几何学专家的知识肯定总是当他转向和几何学有关的问题时才会进入他的意识。如果在与这个问题的对抗中他所谓知识不再有效，真的

---

① Thomas von Aquin, *S. th.* I - II 93. 6.

② Thomas von Aquin, *S. th.* I - II 94. 4.

③ Thomas von Aquin, *S. th.* I - II 94. 6.

④ Thomas von Aquin, *S. th.* I - II 77. 2.

⑤ Thomas von Aquin, *S. th.* I - II 77. 2. 托马斯遵循了亚里士多德关于冲动问题的解决方案。参见《尼各马科伦理学》Ⅶ5；另外参见 M. Hauskeller, *Geschichte der Ethik I. Antike*, S. 112 - 114。

就会怀疑，他是否真的拥有这种知识。相应地，有关这种行为知识，人们可以说，只要我们不行为，这种知识似乎处于静观状态，如当我们在沉思上帝的本性时。只要这种知识牵涉到行为，其基本原则就必然再次被激活，正如几何学专家的知识在所有几何学方面被激活一样，事情仍然不明了。

托马斯认为，伦理学关于原则的知识有时对于行为的持续（或者有因果联系的激情）无效，自然法不总是在那里，而只是一再有力地唤起人们对它的记忆。实际上，说到底，一个人可能仅仅忘记了派生于自然法的规则，它们实际上可能是由于坏的习惯、恶意的劝说或者恶习完全从理性中消失。他再次以抢劫为例。① 据说抢劫在古代德国人那里不被看作不义，曾经还被两篇文章引以为例，当作对自然法的粗暴违背。可这种归类也有矛盾，因为，如果抢劫真的违背了实践原则，每个人应该（按照假定）知道抢劫的恶意。虽然可以想象，每个人甚或整个民族也从事抢劫，但无法想象，抢劫事实上并没有被肇事者看作不义。无论如何，托马斯都没有完成这个艰巨的证明。实际上存在着某种在全世界所有人那里并且总是被看作不义的事，存在普遍公认的恶。这再次表明，自然法依然是善恶相分的准绳和至上原理。

因此，自然法已经在人的理性中被确立下来，每个人原则上知道，他应该从事哪些性质的行为，应该放弃哪些性质的行为。当然，这种知识也不足以保证自然法在任何情况下都能起作用。人太软弱了，其心灵太过容易受激情蒙蔽，以至于总是不听从其良心呼唤。托马斯也和奥古斯丁的看法一样，把心灵受激情的蒙蔽看作"原罪的后果（first movement，第一波动）"②。正因为如此，他才认为，自然法虽然通过理性把上帝的永恒法和人的习性联系起来，但自然法也必须通过人法来补充，以最大限度地消除激情对理性本性的影响。"人法借助惩罚的威胁和惩罚的实施强制人们尽可能遵守已经知道的行为条规。"③ 这样，人法以二重方式超出、补充了自然法。而良知与良习充当了上帝的永恒法、自然法和人法的中介。首先，就人法也确定一些规则而言，这些规则虽然不是自然法直接所包含的，但无疑可以从中派生出

---

① Thomas von Aquin, *S. th.* I – II 94. 6.
② Thomas von Aquin, *S. th.* I – II 81 – 83.
③ Thomas von Aquin, *S. th.* I – II 95. 1.

来，因此是特殊的规则。其次，人法也规定一些自然法没有确定的事，虽然可以从自然法中得知偷盗是恶的，这可以得出结论，盗贼受到惩罚是合乎正义的（即以某种方式强制做出一种补偿），但是，盗贼应该受到什么样的惩罚，我们从自然法中无法获得更具体的答案。因此，我们在确定中是"相对自由的"①。在这种情况下，法的有效性似乎仅取决于人的设定。不过，"人法"的至上准绳永远是自然法，意思是说，一部由人颁布的、肯定违背自然法的法律丝毫没有约束力。事实上，这完全与法律无关，而"仅仅和法律的腐败有关"②。"一部不义的法律就不是法律"③，这曾经是奥古斯丁在《论自由决断》中所论述的。人法不能并且不允许禁止自然法所要求的事，而且，它不能也不允许要求自然法所禁止的事。因为人们必须"顺从神，不顺从人"④。当然，通过人法处理并严禁一切事实上根据自然法必然被看作恶的事并不是必需的，如果人们想极力证实全部自然法及其所有的派生物都在人法中表现出来，那就错了，"因为人法的直接目标并不是天国，而是世界上的共同善"⑤。

因此，一部法律当且仅当不损害共同体利益时，才能有效力。"法律从来都不是目的本身，即便一部在正常情况下对共同体有利因此自身就是善的和正义的法律，一旦它损害了共同体的利益，哪怕就一次，也可以不遵守，而且必须被废除。"⑥只不过，这些法律也可以被颁布，人们可以理智地期待这些法律一般也可以被遵守，因为对它们提出一些超出其效力的要求是没有任何意义的。

不过，人法的首要任务在于，"负责禁绝一切可能对他人招致重大损害、不阻止便无法保障人类共同体的行为"⑦。人法无须去关心其他一切虽然为自然法所禁止但不再损害人类共同体的行为，这类行为由上帝的永恒法负责判决。关于永恒法和世俗法的关系，托马斯几乎完全复述了奥古斯丁的

---

① Thomas von Aquin, *S. th.* Ⅰ－Ⅱ95.2.
② Thomas von Aquin, *S. th.* Ⅰ－Ⅱ95.2.
③ Thomas von Aquin, *S. th.* Ⅰ－Ⅱ96.4.
④ Thomas von Aquin, *S. th.* Ⅰ－Ⅱ96.4. 《使徒行传》5：29。
⑤ Thomas von Aquin, *S. th.* Ⅰ－Ⅱ90.2；95.4.
⑥ Thomas von Aquin, *S. th.* Ⅰ－Ⅱ96.6.
⑦ Thomas von Aquin, *S. th.* Ⅰ－Ⅱ96.2.

观点，不同之处仅在于他的理智主义色彩，在于他对法的划分及其秩序的思想。

三 法及其划分

在亚里士多德的意义上，人是否拥有品质上的德性（个人品德），对人的立法和判决不起作用，关键的仅仅在于人的正义行为，因为其他德性仅仅保障自己行为完善（自己的完善），因此对共同体是无关紧要的（indifferent）。正义在本质上与他人、邻人有关。"正义的目标是保持和建立平等，尤其是人与人之间的平等。"① 一个行为虽然是勇敢的，或者根据产生行为的内在态度被称作审慎的，但因为它实际上建立或保留了平等，所以是正义的。行为的动机在规定中有意识地未予考虑。"正义的对象就是客观的公正，或者简言之，就是法。"②

人法可以划分为狭义的自然法（ius naturale）、国际法（ius gentium）和制定法（ius positivum），后者包括通过契约达成的一切法律，比方说，"若一个民族决定遵守某些规则，或者两个人彼此就契约达成一些具有法律约束的决定"③。任何行为，其行为尺度只要源自事情本身的本性，天生就是正义的。正如我们已经看到的那样，人天生就对某些事物有偏好（例如交配或者养育后代的自然倾向）。有鉴于此，平等就可以建立起来，即不能给予一些人比他人更大的权力以满足这些基本利益，并且任何人都无权阻止他去满足这些基本利益。人的本性就是可以衡量一切行为的尺度，只要自然的正义得到保障。

世界上普遍被看作正义的事，既不是直接产生于人的本性，也不是产生于物的本性，如私有权因而对某些外在善的唯一支配权。肯定不存在本身只为一个人所有，而不为另一个人所有的土地，一切人天生共同拥有一切。"如果开垦并且利用土地的人也得到了一个被认可这样做的权利，这同样是理性的，因而也是合乎自然的、符合本性的。"④ 否则，一块土地就决不会

---

① Thomas von Aquin, *S. th.* Ⅱ－Ⅱ 57.1；同时参见 Thomas von Aquin, *S. th.* Ⅱ－Ⅱ 79.1。
② Thomas von Aquin, *S. th.* Ⅱ－Ⅱ 57.1.
③ Thomas von Aquin, *S. th.* Ⅱ－Ⅱ 57.2.
④ Thomas von Aquin, *S. th.* Ⅱ－Ⅱ 57.3. 参见 Thomas von Aquin, *S. th.* Ⅱ－Ⅱ 66.1。

如此仔细和彻底地被开垦，正如当人们保证自己的劳动成果不落入他人之手时发生的情况那样。因为那样的话，人与人之间也会在劳动中互相妨碍，因为一个人开始这样干，另一个人开始那样干，以至于如果想达到普遍认可的正义，就很困难了。再说，对作为一个真实可靠的所有权的和平共处来说没有更好的保障，因为经验告诉我们，"只要人不得不与他人共享一切，独自什么都没有的话，他实际上总是不满足"①。因此托马斯反对善的共同体（共同善）观念，因为私有制显然是完全为公共利益服务的，以至于共同体不能也不可以放弃私有制。保护私有制以免被他人通过偷盗和抢劫占有，虽然不是狭义的自然法，但是在所有民族中都应充分尊重的法律。正是在这个意义上托马斯谈论国际法（ius gentium），但是，这个概念和我们今天习惯上所说的适用于民族与民族之间的万民法不完全一样。

在对法进行了一般划分之后，托马斯对正义进行了分析，他的正义论思想即便放到今天依然有鲜活的现实意义。他继亚里士多德之后，再次对正义做了区分，提出了两种基本的正义：分配正义和平衡正义。不同的是，亚里士多德主要基于个人美德论述正义，而托马斯完全立足法学论述。也就是说，亚里士多德的正义论建基于美德，而托马斯的正义论以法为基础。

如上所述，法之为法的根据是正义，或应该是正义。我们已经知道，法的真正来源、始基、第一根据当然是自然法。而且，正义就其本质而言，与他人相关，因为"正义要求给予每个人属于他的东西，即按照平等原则给予他应得的东西这一自然倾向"②。豪斯凯勒指出，托马斯借助亚里士多德"把分配正义和平衡正义（或交换正义）区别开"③。"分配正义"是成比例的，在这一点上，"不是每个人都从现有的善中通过分配得到同样多的东西，而是说，得到的往往和他在共同体中的价值和地位相当"④。因此，如果一个为共同体付出多的人得到的和一个为共同体付出少或者什么都没有付出的人得到的一样多，那是不正义的，反之，"交换正义"要求，不可以把

---

①　Thomas von Aquin, *S. th.* Ⅱ – Ⅱ 66. 2.

②　Thomas von Aquin, *S. th.* Ⅱ – Ⅱ 58. 11.

③　M. Hauskeller, *Geschichte der Ethik* Ⅰ. *Antike.* S. 115ff. 另参见 M. Hauskeller, *Geschichte der Ethik. Mittelalter*, S. 192。

④　Thomas von Aquin, *S. th.* Ⅱ – Ⅱ 61. 2.

属于另一个人的东西据为己有，除非征得另一个人的明确同意，或者把某种可以比较的价值归还给另一个人①，如果他不这样做，法律就强制他偿还，或者如果这不可能偿还，就强制他以别的方式抵债。②

对分配正义和平衡正义的这种区分在当代正义论思想中有充分回响，分配正义体现的是机会平等，平等首先不是实质均等，而是程序平等，所以公平包含了差别。而平衡正义更强调的是自由，不可占有他人的所有物，不能将他人的的东西据为己有。在法与正义的范围内，尤其是涉及人与人的关系和交换意义上的正义时，托马斯指出，可能使一个人遭受到的最严重的不义就是剥夺他的生命，即杀人，因为死亡是一种无法弥补的损失。

当然，并非任何杀戮行为都是不义的。例如，杀死动物毫无疑问是许可的。为了给自己辩护，他列举了古老的斯多亚派论证"动物就是为人的利益而存在的"③。因为动物存在的目的就是被人吃，所以，动物也可以被杀死，"人不会因为他使用了为此而存在的某物犯罪"④。现在，应该被当作恶看待的东西，不是存在，而是人的特定存在（理性存在），这样限制之后，从自我保存的冲动及其他的自然倾向到客观价值或目的的现有存在的推论就失去了其起初也许还具有的整个可靠性。也就是说，从我要活着这个情况中不可能推断出，生命从根本上说是某种善，因此值得保护，也就不能推知，其他人的生命就是我也应该尊重的。除非我自然渴望的不是生命本身，而只是理性生命。但情况果真如此吗？

依靠一种所谓自然秩序（在这种秩序中，事物首先不是为自己而存在，而是为别的东西而存在，更确切地说，不太完善的东西是为了更加完善的东西而存在）最终只能通过信仰和启示证明其合理性。当然，这并没有妨碍托马斯以这种方式再对禁止杀人的进一步限制进行论证。个人的行为是为了他所生活的集体，正如部分为了整体，一个肢体为了整个身体。动物怎样为人而存在，个人就怎样为集体而存在。由此可见，"一个人可以被正当地杀

---

① Thomas von Aquin, *S. th.* Ⅱ－Ⅱ 61. 3. 参见 Thomas von Aquin, *S. th.* Ⅱ－Ⅱ 77. 1。

② Thomas von Aquin, *S. th.* Ⅱ－Ⅱ 62. 1.

③ 参见 M. Hauskeller, *Geschichte der Ethik Ⅰ. Antike*, S. 212－217。

④ Thomas von Aquin, *S. th.* Ⅱ－Ⅱ 64. 1.

死，只要是为了防止集体遭受损失"①。

正因为如此，自杀必须被禁止。"因为自杀者不仅有悖于自然法，有悖于自我保存的命令。此外自杀者根本不属于自己，而属于（除了上帝之外的）集体，只要他还能对集体有好处，他就不可以如此轻易地自杀。"② 情况是否如此的判定权不掌握在他自己手里。

第四节　行为的合道德性

一　道德的优先性

对于人的行为判决，外在行为方式很重要。虽然在惩罚一个违法者时，可能要考虑到他的违法是有意还是无意的，但一般来说，一个人为什么要这么做，对法律无所谓，只要他只做了他期望的事。他所期待的恰恰是这样，他给予所有他人的东西是他应该给的，他留给他们的是他应该留的。从法律上看，我们的绝大多数行为肯定是中立的，即无所谓道德与否，因此既不是禁止的也不是提倡的。在一个出于博爱促进公共利益的人和一个出于追逐名誉这样做的人之间也没有分别，两者从事的是同样性质的行为，就人们只考虑两者的行为对整体的好处而言，他们的行为构成整体行为的部分。但是，在某些方面一样的东西，完全可能在其他方面有根本不同。于是，人法容忍很多事，但这些被容忍的事必须被看作恶的，因为它们违背了自然法，因而违反了理性的秩序（由上帝安排的并且被当作尺度给人设定的）。

什么是善的或恶的，与对集体有益和有害的功利主义限制无关。托马斯把这叫作道德的善，或者道德的恶。人们完全可以遵循法律行事，但不一定马上就是好人。人法的要求滞后于自然法要求，尽管一切违法的事在道德上也是恶的，但无法推出，一切不违法的事也是善的。在真正意义上，善只是在任何方面都是善的。在此，他划定了道德与法的本质界限。道德善恶的标准不是人法，而是自然法。从这个意义上说，自然法决定道德，道德优先于

---

① Thomas von Aquin, *S. th.* II - II 64.2.
② Thomas von Aquin, *S. th.* II - II 64.5.

法律（世俗法），自然法是一切法律的本源。道德的优先性是指，道德优先于世俗法律，道德时刻以自然法为根据，道德的优先性建基于自然法。

托马斯是这样论证的：人的善行首先通过其对象与人的恶行相分。行为对象就是一个人所做的事。例如，"使用本属于一个人所享有的东西是善的，而将本属于另一个人的东西据为己有则是恶的"①。在这两种情况下，显然，对象既不是被人们使用的物（如一个钱夹子），也不是所从事的行为（拿走某物），也不是两者相加（如拿走钱夹子）。在这里，使善行和恶行得以区别开的是这两种情况：在一种情况下，人们使用的是自己的钱夹子，在另一种情况下使用的是他人的钱夹子。善的行为对象是"拿走本属于我的东西"，相反，恶的行为对象是"拿走本属于他人的东西"。但现在，问题并不取决于物品本身属于谁，因此同样很难说，与此相关的行为是好还是不好。为了能够进行判断，我必须认清占有情况，必须知道，按照理性标准，谁有权得到它。

行为对象并不处于自然秩序中，而是基于理智秩序，这同样适合所有其他情况。例如人们就不能说，一种杀人行为本身在性质上看是善的或恶的，因为恶行的对象——使恶行和善行在性质上区分开来的东西——既不是杀戮本身，也不是杀一个人，而是杀一个"无辜的人"，但是人们也无法看出行为的决定性标志，即"无辜"。某人是否无辜，他是否应该被处死，这只能通过理性并且按照理性秩序来断定，这里再次表明托马斯德性伦理学的理智主义特征。

托马斯经常列举的另一个例子是性行为，性行为不仅在阿伯拉尔看来是纯粹的身体行为，在托马斯这里也是中立的，即无所谓善恶。但现在，"在一个人能够做的所有事情——人的行为（actus hominis）中，真正人性的行为仅仅是出于意愿根据一个决断行事。只有这种行为才能被看作狭义上的人性行为（actus humanus）"②，换句话说，只有自愿的行为才是道德的行为。将人的行为和人性行为区别开来的标志和尺度是理性指导下的意志，这是托马斯德性伦理学最显著的特征。他的自愿行为理论不仅是对奥古斯丁意志主

---

① Thomas von Aquin, *S. th.* Ⅰ – Ⅱ 18. 2.
② Thomas von Aquin, *S. th.* Ⅰ – Ⅱ 1. 1.

义的发展，也是对阿伯拉尔意愿主义的推进，这种理智意志论是中世纪道德哲学演进的一个重要成果。

从上述例子可以看出，托马斯再次把意志和理性联系起来了，每个人必然意愿他认为或者相信是善的东西。人之为人要做的决不是纯粹身体的事情，而本质上总是和理性相关。但是，既然"道德上的善行与理性保持一致，而恶行与理性相抵触"①，就不可能存在一种"道德中立的"行为。因此人类的性行为，只要人们用理性和自然的客观性目的加以衡量，总有道德含义。首先被看作同一性质的行为，按照理性标准就划分为两个彼此具有明显不同性质的行为，"无论人们是发生婚内性关系还是婚外性关系，现在区别都是总体性的"②。

行为对象是一种活动，只要它在客观上即实质上与"正确的理性"符合或不符合。与阿伯拉尔不同的是，托马斯并不认为，任何任意的行为都可以通过好的意向（善良意愿）进行理性的辩解。毋宁说，通奸总是恶的，杀死一个无辜的人总是恶的，事情发生的理由和具体情况无关。这就是说，善恶的判定存在一个绝对的标准，谋杀不能得到辩护，这仅仅是一个方面。

另一方面，有些恶的行为在理性解释中也是可以得到辩解的，如偷盗和抢劫，两者在某些情况下"在道德上完全是有理由的"，甚至是需要的。于是在解释偷盗是一种死罪之后，托马斯接着论证："如果紧急情况无疑是如此明显并且如此急迫，以至于不得不要凭借一个人手中的物来摆脱眼下的困境，一个人或许就可以用另一个人的物使自己摆脱困境。"③但也许这种想当然的例外情况在此只是表明，在偷盗或抢劫情况下的对象还没有得到足够详细的阐明，根本就没有什么矛盾，并且和往常一样，对象可以被普遍规定，可以借助对象对道德的行为方式进行区分。这样，"行为对象"完全不是违背占有者的意志把他人的所有物据为己有并且使用，而是迫不得已做这一切。只有这样，行为才证明自身是道德的并且在方式上成为确定的。

托马斯沿着这个方向指出，"不得已"拿了他人某物，不算偷盗。但这样的话，人们不会让类似的限制适用于杀人吗？这样，可以论证的是，如果

---

①　Thomas von Aquin, *S. th.* Ⅰ－Ⅱ18.5.

②　Thomas von Aquin, *S. th.* Ⅰ－Ⅱ18.5, ad 3.

③　Thomas von Aquin, *S. th.* Ⅱ－Ⅱ66.7.

没有其他的可能拯救自己的生命，杀死另一个人就不是谋杀。他明确赞同这种自卫行为仍然只是针对侵犯者，因此是针对过错方而言，但他对此的阐述却意味着，人坚持"为他自己的生命采取预防措施要甚于为他人生命采取措施"①。

更有甚者，杀死一个无辜者在某些情况下也可以被"合理地"认为是正当防卫，如在古典的"救生艇情境"中，一个人在道德上有权把另一个人从救生艇上推下去以便自己活命（前提是两人中只有一个可以活下来）吗？对这个问题，托马斯没有做出明确回答。即便他认为，在已知情况下，人们有这种权利，而且杀死一个无辜者在这种情况下也不会使自己有罪，但他仍然可能坚持下面的立场：决不允许杀死一个无辜的人，只要一个人自己没有面临死亡危险，因此杀死无辜者这种行为永远是恶的。

托马斯之所以陷于这种尴尬境地，和他的理智意志论立场分不开，他强调人的意志行为的理性动机，只要能得到合理解释的行为，即便是恶的，也可以容忍，这种立场其实也就形成了其德法结合论的伦理学，说明其德性伦理学的温和色彩，起码和奥古斯丁、阿伯拉尔相比要温和很多，也许和他的温和唯实论相关，这也体现在他对意志的善与恶的分析中。

二　意志的善与恶

在性质上是恶的任何行为在任何个别情况下也必须被看作恶的，但并非所有在性质上是善的行为在个别情况下也必定是善的。普遍（性质－本质）与特殊（个别情况－现象）之间可能发生偏差的前提是：一个行为通过其对象还不能完全认识，因此也不能给出最后的评判。事实上，对象往往只是从性质上抽象地描述一个行为，因为任何具体行为实际上都伴随着一系列情况被嵌入特定情境中，这些情境对道德评价并非总是无所谓的。这里应该区别完全偶然的情况和一些如此重要乃至可能改变属性的情况。在这个意义上，托马斯提及"一个行为之必需情况（circumstantiae debitae）或根本属性（per se accidentia）。性质上是善的东西可能被这些情况改变为恶"②。另外，不存

---

① Thomas von Aquin, *S. th.* Ⅱ－Ⅱ 64. 7.

② 参见 Hauskeller, *Geschichte der Ethik. Mittelalter*, S. 199。

在任何不以内在意志活动为基础的人类行为，意志肯定是行为的动因，而身体活动只是其外衣。

托马斯再次以"性活动"为例。意志与行为的关系就如同性欲和阴茎勃起的关系，行为之善性（bonitas）或者恶性（malitia）不可能和意志的属性分离，说一个源自恶的意志的行为是善的，这种说法是错误的，因为一个行为只有当其中表达的意志也是善的时候才可能是善的，同样的情况也适用于恶。人的行为只能通过分析奠基性的意志活动来进行道德评价，自愿行为不只意味着意愿某事，而且是根据特定的目标（finis）意愿，是怀着特定的意向（intentio）行为，换句话说，意志和理性的意志，这是判定行为之善恶的两个要素，两者缺一不可。

托马斯指出，为了评价一个意志活动，进而同时评价一个来自它的行为，必须考虑三个方面。其一，人意愿什么（性质）；其二，何时何地意愿（情况）；其三，为什么意愿（目的或意向）。

意志涉及这三个方面中的任何一个都可能是善或恶的，托马斯对此进行了具体解释，"什么事都无法阻止这种情况：一个具有先前所说的为善的各行为方式中的一个仍然缺少另一个行为方式。因此可能发生这种情况：一个从其性质或其情况看是善的行为被安排了一个恶的目的，或者相反，任何行为都不是绝对的善（bona simpliciter），除非为善的一切方式都汇集在一起"①。所以，意志作为整体，只有当它在各个方面都是善的时候才是善的，即当它既意愿正当的东西（从性质上看），又在恰当的地点和恰当的时间意愿它（从情况看），还出于正当理由意愿的时候（从目的看），三个要素汇集之时，才是善良意志，反之，意志作为整体，当它在这三个方面的任何一个方面是恶的时候，就已经是恶的了。于是，意志之为善的意志，只有一种方式，性质、情况、目的三者合一，而作恶却有不同的方式，上述三者仅居其一，这种观点无疑是原创性的，而且不失深刻，我们再看他的具体分析。

第一，我虽然可能意愿正当的东西，而且也出于正当的理由意愿，但在一种本来会使另一种行为成为必需的情境中意愿，例如，"给他人该得的东西是正当的。但是如果另一个人碰巧是那个意愿自杀的人，在已知的情况

---

①　Thomas von Aquin, *S. th.* I - II 18.4, ad 3.

下，给他安眠药就是恶了，不管安眠药是否属于他，而且无论我是以善的还是恶的意向行事"①。第二，我可能意愿正当的东西，但怀着恶的意向，例如，我帮助某人，因为他需要。可是，我之所以帮助他，只是因为我希望自己被他指定为其财产的继承人，我这样做就完全是恶的，即便我在性质上看做了某种善事。第三，我可能意向某种善，但为了也能够实现这种意向，做了某种恶事，比如我为了能帮助他人而偷盗或杀人。在所有这些情况下，意志作为整体是恶的，因为它在一个方面是恶的。当然，我的意志也可能在多个方面是恶的。第四，可以设想，我虽然意愿正当的东西，却在错误的时间，出于错误的动机意愿，比如我给面临自杀危险的人安眠药，是为了让他能够用安眠药自杀。第五，我还可能在恶的意向中意愿恶，"例如当我杀死某个人，是为了能抢劫他，或者我偷盗是为了通奸"②。在这个情况下，我给不义增添了第二个要素，并且我仿佛"在一个行为中行了两种恶"③。但如果我的意志在特定方面甚至更善，只是在一个方面出了差错，那么，它绝不会成为善，虽然意志以善的意向做了错事，即便意向可能更善，它也不是善的。一种恶的行为也不可能为最善的意向开脱，目的从不会为手段辩解，曾经是恶的东西，现在也是恶的。反之，一种善的行为，如果它建立在恶的意向的基础上，那永远不会是善的。

但这种不对称的假定，至少根据一个行为的情况，似乎会得出不可接受的结论。如果这些情况虽然可以将一种本身是善的行为转变为一种恶的行为，但不能把一种恶的行为变为善的行为，显然存在一些我们于其中只能行恶的情境，例如，如果阻止他人无法得到其所应得的总是恶的，当我不给他人以他想用来自杀的安眠药，也就行了恶。但把安眠药给他，在这些情况下同样就是恶的。既然我们只能做这样或那样的事，我们会必然做某种恶事。这在事实上也可能是这样（也许甚至大多数在道德上有重要意义的情境类似地有悖谬的性质），不过，对托马斯而言，可能真有这样的情况：一种善行在其中从一开始就被排除了，因为上帝让我们以善为目标，同时这样建立了世界，我们在努力达到目标的过程中必然失败，而这是不可能的；如果我

---

①　Thomas von Aquin, *S. th.* I – II 19. 2, ad 2.

②　Thomas von Aquin, *S. th.* I – II 18. 6.

③　Thomas von Aquin, *S. th.* I – II 18. 7.

们意愿善，也必须有一种我们能够意愿的善存在。所以，悖谬的结论反对组合观点，一方面不存在特定情况下也不可能是恶的行为，另一方面无论在何种情况下，那些行为从来都不可能是善的。

如果我认为，违背所有人的意志保留他人财产总是恶的，我必然也会合理地认为，不违背他的意志保留它，总是善的，这样做在具体情况下会有什么后果是完全无所谓的。反之，如果我把情况看作有重要道德价值的，我就必须根据善和恶合理地行事，这就是说，如果在特定情况下出让某人的财产是恶的，在这些情况下，不这样做也是善的，也就不能正当地下决断。托马斯既不能像阿伯拉尔一样，使一种行为的道德性完全依赖具体情况，也不能把这些情况看作无所谓的。在这点上，他完全乐于承认，行为的道德价值是多么依赖情境的特殊状况。于是，托马斯指出："我们为了讨论真正的知识已经注意到，虽然自然法的原则不可改变，但各种推导却伴随着对特殊事件的不断考虑变得越来越不确定。"①

由于我们永远也不可能知道一切可能的特殊状况，任何新的情境都和先前的不同，我们也无法事先就说，哪些情况将获得重要价值，哪些不能。归根结底，我们只能从即时的情景出发决断一个行为是不是合理的。这样，甚至区分行为对象和必需情况的尝试看上去也是任意的，对象若无这些情况（如无辜）就根本无法被规定，也看不出，为什么不该存在其他情况（无论知道），这种情况对构造行为的对象是那么重要。

托马斯无疑注意这一点并且做了如下纠正："在一个行为中被看作有待补充给对象的情况，在另一个情况下就可能被有秩序的理性看作决定行为对象的最重要标志。所以，无论某种情况何时与理性的一种特殊秩序（无论赞成还是反对）相关，这种情况都必然对要么在道德上是善的、要么在道德上是恶的行为进行定性。"②

和奥古斯丁、阿伯拉尔不同，托马斯坚信，一切出于意志的行为都不是中立的，而是人性的行为，一定处于道德的归责之中。行为或意志行为，当它们和自然的理性秩序相一致时，就是善的，若它们（至少在一个方面）

---

① Thomas von Aquin, *S. th.* I - II 94. 4.

② Thomas von Aquin, *S. th.* I - II 18. 10.

违背理性秩序时，就是恶的。这样，在我们清楚了解诸情况就它们具有道德价值而言，必然也进入对象的描述之中，"一个行为当不仅对象而且意向都是理性的时候，就是善的，当要么对象、要么意向是反理性的时候，就是恶的"[1]。看上去似乎也存在着一些既不善也不恶的行为，因为它们不以任何方式和理性相关。可能有这种情况："一个行为的对象不包含任何属于理性秩序的东西，例如给地里拔草，去户外等等，这些行为从其性质上看，是中立的。"[2]

可是现在，某种在性质上是中立的行为，无需无条件地在具体实施中也保持中立。因为肯定没有任何行为（严格意义上）不是故意发生的。我非任意地做的事，如抚摸我的胡子或手和腿（无任何特殊的目的），就算不上是行为。所以，任何配得上其名称的行为，都遵循一个目的，即意志从其形式上看指向某种东西（无论是什么），这东西在行为者看来就是善的。而且，只有两种可能性：要么被遵循的目的事实上是善的（合乎理性的），要么不是这样。在一种情况下，行为是善的，在另一情况下是恶的。行为的性质只受对象规定，可能存在中立的行为，如"给地里拔草"，由于真正存在的行为总是受到对象和意向的规定，所以"行为绝不可能在道德上是中立的"[3]。甚至给地里拔草或者离开房间，它要么是善的，要么是恶的，这要视意向的目的而定，因为如果某人这么行为，必定有他这么做的原因，否则他不会这么做。

遗憾的是，托马斯并没有解释，拔草在多大程度上可能是恶的或者善的，也许他认为这是自明的，凡是人都有理性和意向。他根据另一个同样在性质上是无所谓的中立行为即"进食"来阐明他的论点。无论我何时吃饭，我都是出于特定的原因吃饭，要么是为了维持我的健康，要么是为了解饥，或者因为别的什么原因。但是，吃饭行为只有当我也关心我的健康时，才是合理性的，因而是善的，这肯定是食物的客观目的。可是这可能导致下面的结果：我虽然渴求健康，但我的健康可能只有助于我尽可能长期地干尽可能

---

① Thomas von Aquin, *S. th.* I – II 20. 2.

② Thomas von Aquin, *S. th.* I – II 18. 8.

③ Thomas von Aquin, *S. th.* I – II 18. 9.

多的不义之事，"在这种情况下，吃饭这一维持健康的行为就是恶的了"①。

同样可以设想，走出房间也可能是一种恶的行为，例如，如果我走出去是为了杀人。但是，若我只是出去上厕所或呼吸一点空气，那情况会怎样呢？托马斯肯定会说，这也牵涉到别的目的，就我只是要满足一种自然需要而言，我或许并没有行恶，前提当然是我以正当方式行事。我肯定也会以这种方式保持我的健康，这种健康会有助于我向善或者趋恶，这样，走出房间或想要走出房间再次成了善的或恶的。

托马斯明确指出，我们的任何行为总是包括基本的意志行为，一切行为都将适应即时生活的总体关联，由于它们服务于某些目的，而这些目的反过来又服务于别的目的，直至我们给自己的全部生活设定的最后目的。"只有当我们的生活有了终极目的，而且只有当这个目的是我们奉命追求的真正善时，我们的行为也才能够被无限制地被看作善的。"② 由此可见，人的行为最终都可以进行道德评价，因为人的存在说到底是被规定了的存在，是一种向善的存在，因为人的在世存在是上帝的意志使然，人生有一个终极目的，人的生活被预先规定了，正是在这个意义上，我们才说，中世纪哲学在实质上就是一种道德哲学。

三 顺应上帝的意志

人的生活和行为归根结底可以获得道德意义和道德评价，因为人的生活和行为遵循终极目的，正如虔诚之人所知，至善就其自身而言只是上帝，相应地，对人而言，"人可达到的至善就是对上帝本质的直观（visio divinae essentiae），尽最大可能与上帝保持一致（unio ad deum）"③。

因此，当意志行为和行为不仅主观上而且客观上是为了实现这种最终的、上帝为我们准备的目的的时候，就是善的，"显然只有当它们符合上帝意志时，才可能这样"④，因为上帝的意志就是世界的永恒法。看上去，我们为了能够长期达到至善总是把上帝也意愿的东西当作阶段性的目标来意

① Thomas von Aquin, *S. th.* Ⅰ－Ⅱ 18.9, ad 3.

② Thomas von Aquin, *S. th.* Ⅰ－Ⅱ 19.9.

③ Thomas von Aquin, *S. th.* Ⅰ－Ⅱ 3.8.

④ Thomas von Aquin, *S. th.* Ⅰ－Ⅱ 19.9.

愿，而这样一来，出于各种原因就不可能总是意愿上帝所愿的东西。

首先，我们在大多数情况下根本不知道上帝的意志；其次，我们或许也可能意愿我们自己的罚；最后，我们甚至会意愿明显有悖于对我们邻人的义务的事。"例如，当我意愿我父亲死的时候，只因为上帝要他死，虽然很清楚，上帝意愿他死，否则他就不会死。但是，作为他的儿子，我若不想有罪，就不能意愿他死，看来我们似乎没有义务总是意愿上帝所愿的东西。"①

为了解决这个难题，托马斯考虑了各个方面，同一件事有时可以从不同方面加以考察。在一个方面是善的事，完全可能在另一方面是恶的，反之亦然。因此，一个人可能意愿某事，就它是善的而言，而另一个人可能不意愿同样的事，就它是恶的而论。尽管两个人意愿相反的东西，可是两人的意志都是善的。例如，"一个法官可能意愿一个债务人被处死，而他的妻子相反，她不意愿他的丈夫被处死。法官意愿处决，因为这是正义（quia justa est），而妻子不愿意，是因为杀死一个人在本性上看是恶的（secundum naturam mala est）"②。

托马斯认为，上述两个人都是对的，因为意志在两种情况下都以善为目标。法官做出的裁决和妻子希望的不同，原因只在于他是为了一种更普遍的、共同的善（bonum communius）而操心，正如他作为法官所担忧的。他必须关注大众利益，因为他代表的是正义的立场，反之妻子（正如完全是对每个密切的家庭成员而言）首先不是为了共同利益，而是为了她家的私人利益，而且也不该对她有别的要求，她的意志也是善的。现在，上帝的权限比法官的权限更大，他的视野不是人类共同体的利益，而毋宁是整个宇宙的利益（bonum totius universi）。这是世俗的人法和上帝的永恒法之间的区别，两种利益并非总是叠合，但由于整个宇宙的利益大大超过我们的力量，就算我们可能总是盯着整体的利益，我们也没有义务这样做。

在托马斯看来，我们意愿的东西是上帝不意愿的，我们并不因此获罪。顺从上帝的意志意味着简单地意愿上帝所愿，毋宁说，我们人应该意愿的，就是上帝要求什么、我们意愿什么，正如医生要病人吃药那样，医生要病人

---

① Thomas von Aquin, *S. th.* I – II 19. 10.
② Thomas von Aquin, *S. th.* I – II 19. 10.

吃，病人就吃。上帝意愿，法官关心正义，而且妻子关心她丈夫的生命。当然，两人的意志只有当它在形式上还指向完全神圣的善这一最后目标时，才是善的。"所以这一特殊情况决不应该只是为了其自身，而永远也应该是为了大众。"①

因此上述案例中的那个妇女，她不愿意其丈夫死，即便她丈夫已经因为犯罪被判有罪，但她的意愿仍然被看作合理的，因为她相信，她这么做是上帝的期望。当然，这给我们出了一个难题：怎样才能前后一贯地意愿？也许她在道德上甚至有权不择手段地阻止丈夫死亡，如帮他逃走或者用自己的方式杀死那位她知道会宣判其丈夫死刑的法官？托马斯认为，"肯定的是，只有那个一旦有机会就如此行的意志才是完善的意志"②。当这位妇女的义务仅仅是追求其家庭幸福时，她才可能有权相应地也这样行为。反之，若她无权，就得苛求她持一种普遍立场，但为什么还要说，她不意愿他的丈夫死亡也是善的呢？

这就涉及另外一件事，人有义务认识上帝的法律，理性是必不可少的。我们怎么知道上面例子中的妻子不愿意其丈夫死亡就是善的呢？我们从哪知道？在一种特定的情况下应该意愿什么、做什么呢？我们已经说过，这是通过理性知道的，可是，如果我们的理性犯了错，并把实际上根本不善的事设想为善的，又会如何？如果我们相应地意愿和行为，如同错误的理性招致我们这样做时，我们就是对的吗？阿伯拉尔曾经肯定了这个问题，因为他那时想，谴责某人做了其良知要求他做的事是不理智的，不过，托马斯并不这样认为，那么两者的区别究竟何在呢？

托马斯虽然同意阿伯拉尔的观点，"在任何情况下，违背自己的良心行事都是恶的，甚至在良心可能发生错误的时候"③，但他仍然坚持认为，听从一个错误的良心同样也是恶的，这源于他的一个基本信念。

他相信，根本没有这样一个人，他不知道，或者至少不可能知道什么是该做的，什么是该放弃的。换句话说，谁都知道，或者起码可能知道，该做什么不该做什么。正如我们已经看到的那样，自然法的原则为每个人所熟

① Thomas von Aquin, *S. th.* I - II 19. 10.
② Thomas von Aquin, *S. th.* I - II 20. 4.
③ Thomas von Aquin, *S. th.* I - II 19. 5.

知，如果一个人，例如由于一种罪恶生活习惯，丧失了从自然法得出正确的东西，这就是他的罪责了。这样，他虽然可能不知道该做什么，但可能知道该做什么，关键只在于此。"尽管恶行有时可以通过缺乏知识来辩解，但不是在这种情况下，因为是否有辩解的理由，完全取决于无知的性质。"① 例如，人们就可能对与行为对象相关的事无知，而这并不会以某种方式影响意志。可能的是：我虽然不熟悉具体的情况（因此不知道，我因为我的行为对某个他人造成损失），但是，一旦我了解了，我就完全这样行为。在这种情况下，我将不是真正反意愿的，亦即违背意志而行为，而至多是非自愿的，即无需我的意志。因此，尽管缺乏知识我仍然要为我的行为负责。这是其一。其二，无知却也可能是自愿的，"即便当一个人逃避他可能拥有的知识时，无论是有意地为了对他的行为做出辩解还是因为单纯的疏忽"②。在此又一次言及因无知而产生的不完全自愿行为，即便如此，人也要为其意志行为负责。

托马斯指出，人的意志倾向并不基于无知，而是相反，无知基于他的意志。既然他不意愿知道他可以知道的事，他对他的行为也是有责任的。"所以，当理性或良知陷于错误时，而这种错误是一种有意的错误，或者在直接意义上或者只是间接意义上由于疏忽，因为它是关系到人们有义务知道的事的一个错误，理性或者良知的这种错误决不能为此而得到辩解，一个符合犯了这种错误的理性或良知决断的意志是恶的。"③ 他很重视明知"故"犯这种罪，在此托马斯又流露出一种意志主义倾向，他的理智意志论其实是一种温和的意志论，也就是说，意志在先，理解紧随其后。

意志只有当无知在本质上先行于自己时，才是合理的。只有当一个人由于各种原因无法认识这种决定性情况，他若认识就会有不同行为的时候，他的意志才会免于任何罪。托马斯解释道，如当一个男子和一个不是他的妻子而他却"自认为是"的妇女发生性行为时，他的行为就不是恶的，因为他的意志总是以善为目标的。反之，如果他虽然知道他的所为，但一点儿都没想过是恶的时，情况就完全不同了。这种错误是不可原谅的，因为这里涉及

① Thomas von Aquin, *S. th.* Ⅰ – Ⅱ 6. 8.
② Thomas von Aquin, *S. th.* Ⅰ – Ⅱ 6. 8.
③ Thomas von Aquin, *S. th.* Ⅰ – Ⅱ 19. 6.

上帝的法律，"他有义务认识这法律"①。

相应地，我们可以说，对一个无罪的人判处死刑的法官，当他仔细检视之后认为，无辜者是有罪的时候（但不是他知道他是无罪之后），仍然相信可以在某些情况下（如以国家为名）也可以判决无罪者死刑，这个法官就是正义的。一个小偷，当他认为他拿的别人的皮夹子是他自己的时候，就是合法的（并且因此就不是狭义上的小偷）。但是当他十分严肃地认为，人们可以拿走属于他人的东西，只要人们恰好需要它，他肯定无条件地是恶的了。无疑，这些没意识到其不义的通奸者、法官和小偷，按照托马斯的看法，如果他们无论出于何种原因，都违背其错误的信念而行为，那时他们虽然行了善，但在信仰里也许是恶，在上帝面前他们就犯了罪。"因为一个意志是善的，这就要求，意志在善的前提下（sub ratione boni）以善为目标，即他意愿善是因为善（velit bonum et propter bonum）。"② 所以，他们所做的事是恶的，即只要他们的错误持续存在。"既然他们绝非被迫犯错，他们就仍然不会处于一种绝望的处境中。他们的错误是可以克服的（vincibilis），他们是否能够重回善行，完全取决于他们。"③

这种观点看上去很激进，非常相信理性自身的力量，但无疑是以信仰为前提的，人自愿向善是因为他认知善，理解这种善就是上帝，这无疑是信仰，而非认知。也就是说，托马斯在论述意志和理性的关系时依然是以信仰为旨归，无论理性多么重要，都必须以信仰为前提，无论意志多么重要，都必须体现对上帝意志的顺从。这正是奥古斯丁所奠定的基督教世界观的题中应有之义，理性与意志的关系受制于理性与信仰的关系。

第五节　德性与恩典

一　激情及其道德属性

托马斯认为，在任何时候，人都不会失去理解力，明白什么是善，什么

①　Thomas von Aquin, *S. th.* Ⅰ - Ⅱ 19.6.

②　Thomas von Aquin, *S. th.* Ⅰ - Ⅱ 19.7, ad 3.

③　Thomas von Aquin, *S. th.* Ⅰ - Ⅱ 19.6, ad 3.

不是善，如果他不知道，只因为他不愿意知道。但是，既然"意志在本质上是理性的努力"，总是以自称善的东西为目标，那么，任何知道什么是善的人，必然也会愿意善的东西（这是对希腊关于"无人愿意作恶"的信条的证明）。在这一点上，本来就不可能存在任何恶（因而愿意恶的）的意志。但由于存在这样的意志，人的行为除了受理性和意志的规定外，还要受到更多的规定，还必须补充第三个要素，不然要么担心意志不指向理性，要么担心理性不会成功地认识善。"这第三个要素就来自心灵的激情（passiones animae），激情不应归入意志（作为一种理性的因而自由的欲求能力），而是属于感性的欲求（appetitus sensitivus），而且因此听命于物体的刺激，从而是不自由的。"① 也就是说，在判定行为的道德属性时，除了要考虑理性和意志两个要素外，还必须考虑激情的影响。激情成为理性与意志外的第三个要素。

人和动物都有激情，激情可以分为两类，"愤怒的激情和欲求的激情"②。"欲求的激情是一切直接和感性的善与恶相关的激情，因此与现实的快乐与痛苦的体验有关，属于这一类的有对现有善之愉悦和现有恶之悲愁，正如爱与恨一样。反之，愤怒的激情往往是在某物阻碍人达到善或避免恶的时候出现的，因此只是在被欲求的善不存在、只有在紧急情况下才会出现，或者，恶尚未存在，但只有在紧急情况下才能避免时出现的。希望与绝望、恐惧与勇敢就属于此类。"③ 这样，任何激情都迫使为激情所困的人坚持一个特定的方向，激情建议他如何行为。如果我们人（和动物一样）只有这个行为原则，我们必然就只好追随我们的激情了。但事实上，我们除了激情外，还拥有理性和一个自由意志，因此，"激情只有当我们的意志也准许的时候，它才能驱动我们"④。托马斯把激情看作从属于意志的要素，它对行为的作用不如理性和意志那么独立，人的行为绝不直接归因于一种激情的影响。我们的仇恨只有当我们也能够为它引导的时候，才会主导我们，即便一个出于仇恨做出的行为对于道德评价也是适用的。当然这不是说，激情必然

① Thomas von Aquin, *S. th.* I – II 22. 3.
② Thomas von Aquin, *S. th.* I 81. 2；I – II 23. 1.
③ Thomas von Aquin, *S. th.* I – II 23. 1.
④ Thomas von Aquin, *S. th.* I 81. 3.

是恶的，因为托马斯继承了亚里士多德的观点，"认为这取决于在既定的情况下涉及的激情按照理性的标准是否合理"①。仇恨也有其位置，而且有时可能是善的（例如对罪的仇恨）。不过，托马斯认为，也存在着从来都不善的激情，"因为它们已经在性质上是恶的了，例如嫉妒（为他人拥有一种善而伤心）"②。

激情总是隶属于意志，但这不意味着我们即便在受激情影响时还有能力控制我们的行为。托马斯认为，"一种激情本身是否出现也取决于意志"③。我们不仅可以自由决断是否听任我们的仇恨摆布，而且最终决断我们是否仇恨或者何时这样做。也就是说，激情受意志的支配，一旦激情离开了意志，就失去了其道德意义。

因此，托马斯强调，即便我们的激情是自愿的，在评价意志的道德属性时也不能简单地忽视它们，尽管为了善而行善肯定是善的，但无疑，更善的东西是"愉快地为善"，"所以，正如人不仅愿意善而行善是更善的一样，人不仅受其意志指引，而且被其感性的欲求能力引向善，这也属于完满的道德善"④。

二　德性的内在规定

托马斯对德性的规定分两个步骤，首先是德性即感性欲求能力的状态，其次是德性即善良意志的完善，让我们先看看第一个规定。

他指出，真正的道德问题在于：感性的欲求能力和意志不同，并非自动欲求善，虽然对这种能力而言，它追求的一切都是善的，但原则上说，感性的欲求没有能力对真正的善和看上去是善的东西进行区分。意志天生就有这种能力，因为它本质上就是以认识的理性为目标的，它有时候肯定犯错，但那只是因为有某种东西（而这只能是一种激情）阻挡了它正确的视野。意志本质上是自明的，而感官欲求能力从一开始就不清楚幻相与存在的区别。

---

① 参见 M. Hauskeller, *Geschichte der Ethik Ⅰ. Antike*, S. 96 – 104。
② Thomas von Aquin, *S. th.* Ⅰ – Ⅱ 24.4.
③ Thomas von Aquin, *S. th.* Ⅰ – Ⅱ 24.1.
④ Thomas von Aquin, *S. th.* Ⅰ – Ⅱ 24.3.

如果我们认识什么是真正的善，我们虽然意愿它，但不必然也感性地欲求它，欲求的两种方式——理性的欲求和感性的欲求可能是针锋相对的，我们也许甘愿冒险（因为我们知道，这样做是善的），但是我们的担心敦促我们摆脱危险。或者，我们意愿忠诚，但我们的性欲太强，驱使我们变得不忠。"是意志赢得优势还是感性欲求占上风，这就要看在具体情况下我们的意志有多强大，因为我们肯定能够或多或少紧张地意愿一件事。"① 而且，有多少欲求，可能就有多少阻力（反欲求）。不过，意志的强大却也是"故意的"（自愿的），即我们不可能通过指出我们所谓意志软弱而为我们的行为辩解。我们意愿某物有多强烈，这只取决于我们，但即便我们的意志够强大，足以不断战胜我们的感性欲求，不断战斗的必要性也都是"同一个意志的本质特征"②，例如，"如果一个人常常施舍他人，但往往是不情愿的，只是为了遵守一个想当然的义务（对上帝的义务或对他人的义务），或者他更喜欢把钱存起来，那他的行为很少或根本就没有道德价值。"③

因此，意志只有当它不必战斗的时候，才可能被看作真正的善，也就是说，感性欲求除了意志外绝不会在同一时间追求任何别的东西。这种情况表明，感性欲求听从意志的召唤。为此，"这就需要感性欲求能力的一种特定的稳定状态，一种习性（habitus），这不是感性欲求能力天生就有的，因此必须去获得，这种状态就是德性（virtus）"④。

总之，德性的第一个内在规定性，就是"德性即感性欲求能力的稳定状态"，表明德性是获得性的。

德性的第二个内在规定性，就是"德性就是善良意志的完善（实现）"。这不仅意味着，意志若离开了德性，就不可能是完满的善，而且意味着，德性永远是善的，绝不可能被滥用于恶，因此，德性不仅是实现善良意志和善行的必要条件，而且是充分条件，虽然所有为了善而意愿善的人都有德性，但是，"每一个有德性的人都是为了善而意愿善，并且相应地行为"⑤。不可

① Thomas von Aquin, *S. th.* Ⅰ - Ⅱ 20. 4.
② 参见 M. Hauskeller, *Geschichte der Ethik Ⅰ . Antike*, S. 107 - 110。
③ Thomas von Aquin, *S. th.* Ⅰ - Ⅱ 39. 2, ad 2.
④ Thomas von Aquin, *S. th.* Ⅰ - Ⅱ 55. 1.
⑤ Thomas von Aquin, *S. th.* Ⅰ - Ⅱ 55.

能出现下面的情形，我们感性的欲求能力使我们习惯向善，但我们的意志仍然为了恶而行决断，原因在于：在这种情况下，不再有什么东西阻碍我们的（实践）理性进行正确的理解，或者阻碍意志追随这种理解，因此，托马斯说："为德性之功而乐的人是善的和有德的，但是，为恶之功而喜的人，是恶的。"①

有德性的人绝非做善事的人，而是爱他所做善事的人。对善的爱（对恶的恨）是善良意志的完善（实现），因为"它使整个人按照上帝给他设立的这个目标致力于善行，因为这恰恰就意味着习性——行为倾向"②。谁如此幸福地享有德性，谁就毫不思索、毫不费劲地行善。因此，这样一个人也无需法律，无需什么东西提醒他，或者在万不得已时强迫他正当地行为，因为对他而言，"法律几乎成了他的第二自然（本性）"③。他全然是善的，即不是在这个方面或那个方面，而是在所有方面，即作为人是善的。这样，托马斯就把亚里士多德的德性概念限制在伦理德性的范围了。所谓认识的德性，因此被亚里士多德强调的理智德性，在托马斯这里就沦为背景了，而且实际上已经被淘汰了，因为它们只能使善可能，而不能像"真正的德性那样保障善的实现"④。

可以看出，托马斯侧重于亚里士多德的实践智慧讨论伦理德性。伦理德性和理智德性的根本区别就是潜能和实现的区别。

一个人怎样才能拥有德性呢？我们怎样不仅根据一种理性判断意愿善，而且全心热爱善？首先可以设想的是，有些人纯然天赋美德，正如自然法原则作为实践理性的习性（境界）肯定也属于人的自然禀赋，只是，并非所有人都天赋美德。实际上，我们先天在不同的程度上就具有向善倾向。比如，"一个人由于其身体状况的缘故倾向于禁欲，而另一个人更倾向于风流多情"⑤。一些人从气质上看更勇敢，而另一些人则更审慎。而且，具有这些性情的人，无疑更容易感到自然法要求他做的事有很多。托马斯认为，这

---

①　Thomas von Aquin, *S. th.* Ⅰ - Ⅱ 34. 4.

②　Thomas von Aquin, *S. th.* Ⅰ - Ⅱ 4. 3.

③　Thomas von Aquin, *S. th.* Ⅰ - Ⅱ 96. 5.

④　Thomas von Aquin, *S. th.* Ⅰ - Ⅱ 56. 3.

⑤　Thomas von Aquin, *S. th.* Ⅰ - Ⅱ 51. 1.

些性情还不是伦理德性，"因为欲求能力从自身出发不能辨别，在哪些情况下，有关的性情是恰当的，在哪些情况下，又是不恰当的"①。在什么情况下，应该以何种方式欲求什么，只能由理性来决断，更确切地说，由于理性使理智天生具有的自然法原则和即时的特殊情况相关联，所以为了正确的欲求，就需要一种特殊的能力，托马斯仿效亚里士多德称之为"明智"②。

一种行为倾向若不受明智引导，就可能为所欲为，"正如一匹疾驰的马，它跑得越快，它引起损害的危险也就越大"③。在亚里士多德那里，没有明智，就没有伦理德性，明智乃首德。而在托马斯看来，伦理德性之间是彼此关联的，谁有一种德性，谁就有一切德性。④ 一次性颁布的理性命令不足以持续不断地控制感性欲求。这种命令只能针对当下的欲求，达到一种具体行为的目的。"欲求能力只有当人们通过一再的行为逐渐习惯于总是服从理性的时候才能被驾驭。"⑤ 这样，借助于习性和习惯这一力量，感性欲求能力最终就完全从自身出发，自动、无强制地去做理性一开始可能还尽力向它要求的事。然而，以前"获得的"德性也可能再次"丢失"，当它不经过不断练习被保持住的时候，正如健康（一种身体状态），如果我们不再运动且合理饮食，就会衰退；也如同我们获得的知识（理论理性的一种状态），若我们不运用它，就会过时。如果我们不运用德性，德性也会丢失，这就是说，德性需要在习性的帮助下不断运用和练习，才能持久保留，所以托马斯强调："总是一再这样行为，遵循正确的理性。"⑥ 不遵照德性行为的人，也不能要求德性，事情在这里就从目标出发被规定了，而且德性的直接目标就是正当行为，人就是基于这种行为才享有德性的，而且德性就是从正当行为中得到其全部价值。即便我们真的可以无须采取相应的行为而有德，这样的德性也不会有任何道德意义，这是托马斯对伦理德性的强调，强调习性在培养伦理德性尤其是保持德性方面的重要作用。有关这一点，我们在本章第二

---

① Thomas von Aquin, *S. th.* Ⅰ－Ⅱ63.1.
② Thomas von Aquin, *S. th.* Ⅰ－Ⅱ58.4.
③ Thomas von Aquin, *S. th.* Ⅰ－Ⅱ5.4, ad 3.
④ Thomas von Aquin, *S. th.* Ⅰ－Ⅱ65.1.
⑤ Thomas von Aquin, *S. th.* Ⅰ－Ⅱ51.3.
⑥ Thomas von Aquin, *S. th.* Ⅰ－Ⅱ53.3.

节已经着重强调了良知与良心的作用，这里他更强调的是良心在具体运用道德律、实践普遍道德法则过程中的重要作用。

三　对传统四主德的扬弃

在内容上规定具体的德性时，托马斯首先想到的是柏拉图主义传统，他对四种首要德性或者主德做了区分。首先是作为意志完善的两种德性：明智和正义。"明智是实践理性的状态（习性），正义是意志的状态。"① 然后是"作为感性欲求能力的两种状态的审慎（或适度）以及勇敢"②。人所拥有的一切就是为了在心中形成这些德性，什么都比不上人的"自然能力"，人只关心，他是否将其"意志自由"运用于德性之中，并且是否尽可能好地以这种方式"完成其自然的、可以从经验和理性中推导出来的目的"。

这是让哲学家感到满意的一个规定，但托马斯不仅是哲学家，而且也是基督教神学家，他本人也是异教徒哲学的批判者，在他看来，即便哲学家具有无可争议的功德，哲学家的视野却是限于自然理性的范围，"但启示却告诉我们，人类存在的最后目的超越于自然之外"③。所以，这一终极目的，人靠自然的手段既不能认识，也不能达到。

至于世俗的幸福，亚里士多德相信它能够构成一切人类追求的目标，事实上它也只是那种完满幸福的一个弱化的副本，这种完满的幸福等待着那些肉体死亡后将来到上帝那里的人。托马斯指出，"传统的、伦理的德性也许为我们提供了一个人在此生能够得到的至高幸福，但是它无法保证我们在直接接近中的永生，为此，就需要另外的德性，即神学德性，这些德性就像自然德性引领我们达到自然目标一样引领我们达到超自然的目标（finis supernaturalis）"④。但这些德性是人不可能靠自己的能力获得的，只有借助上帝恩典的注入才能得到，正如我们在圣经中读到的，"这些神学德性就是信、望、爱"⑤。

---

① Thomas von Aquin, *S. th.* I – II 56. 6.
② Thomas von Aquin, *S. th.* I – II 61. 2.
③ Thomas von Aquin, *S. th.* I – II 2. 3.
④ Thomas von Aquin, *S. th.* I – II 6. 1.
⑤ Thomas von Aquin, *S. th.* I – II 62. 3.

托马斯对信、望、爱这三种神圣德性的强调和奥古斯丁一样，是基于圣经中的神圣启示，因为它们共同构筑了基督教伦理（中世纪伦理）的基础——爱的伦理学。但是，接下来他对信、望、爱的具体阐述依然体现出不同于奥古斯丁的论点，关键在于他的观点中渗透了更多理性思想。让我们来仔细辨析一下托马斯的论述。

"信仰表述的是理智对人们认之为真的事的赞同。"[1] 特殊的宗教信仰关系到一切通过自然理性无法肯定认识到的东西，关系到通过启示证明的、因此可以且必须被认为是真的一切。所以，在这个意义上信仰就意味着，无须继续证明但无误地认为根据这些超自然的证词值得相信和不违背理性的东西是真的，而理性的贡献只在于提示"信仰认为是真的东西可能不存在"[2]。

认为理性的界限不仅是"知"的界限，而且同时是"真"的界限，这种观点是放肆的。托马斯的用意在于指出"信不是知"[3]，当然，"信"并非单纯的意见，"因为一个总是不可靠地发表意见的人，不能完全排除另一种情况的可能性"[4]。而信仰包含稳定的可靠性，被相信的事是真的。从知识这一方面看，信仰不同于知识，因为现在不是理性驱动意志，而是意志驱动理性，理性并非出于内在必然性，根据一种理解表示赞同，而是意志督促理性这么做，信仰的人是因为他意愿信仰而信仰。托马斯在此更强调理性之于行为的指导作用，把奥古斯丁的意志主义发展为意欲加理性的自愿行为理论。

正是在这个意义上，E. 吉尔松认为，托马斯是行走于波埃修的理智主义和邓·司各脱的意志主义之间，走的是中间路线。"同波埃修一样，托马斯认为一个自由意志的行为是一个自由的判断，但他会加上'所谓自由判断'。因为本质上那是一个意志所要求的行为，而不是理性判断的行为，同邓·司各脱一样，托马斯会承认，自由意志本质上乃属于意志，但他拒绝在定义自由意志时忽略实践理性的判断，而后者的出路乃终结于意志的

---

① Thomas von Aquin, *S. th.* II－II 1. 4.
② Thomas von Aquin, *S. th.* II－II 2. 10.
③ Thomas von Aquin, *S. th.* II－II 1. 5.
④ Thomas von Aquin, *S. th.* II－II 1. 4.

选择。就质料而言，自由意志是意志之事；就形式而言，自由意志是理性之事。"①

托马斯之所以认为不是理性驱动意志，而是意志驱动理性，这是因为信仰站在意志的一边，意志是一种赞同的行为，因为信仰而赞同，否则，基于理性的一定是怀疑了。所以托马斯才说："信仰本身就是行为，理智（intellectus）在这种行为中按照上帝通过恩典驱动的意志的命令赞同上帝的真理。"② 在信仰中，我们坚信，在启示中将认识到我们生存的最终目的，认识我们所有努力的真正目标。

接下来托马斯就信、望、爱三者的关系进行了论述。"信仰由希望（spes）和爱（charitas）补充，希望使意志理解到被认之为真的东西也是可实现的。"③ "爱"在人和上帝之间建立起某种灵性的统一体，正是基于人和上帝之间的这种统一，爱就"在一定程度上变为那个目的"④。和奥古斯丁一样，托马斯虽然也把信仰看作首德，但爱才是真正的核心，是旨归。在这三者中，爱具有优先地位，这是因为：

第一，爱比信仰和希望更接近其对象，因为爱者心中已然以某种方式拥有了被爱者，因此，"谁拥有了对上帝的爱，谁在某种方式上也就拥有了上帝本身"⑤。

第二，"因为若没有爱，不仅信仰就无真正的价值，望也就没有真正的价值"⑥。只有爱才使信和望成为真正的德性。

德性肯定意味着一种境界，一种根本行为，一种持续的习性，意味着必然引领有德之人趋于善。但是，"信仰的人，若没有爱，虽然他信仰真的东西，但他的信仰是死的，即他不追求或者至少不是以急迫坚定的态度追求"⑦。除非他希望来生的报答。可是，如果一个人只是信仰和希望，但不爱，他就把本来应该是当作至上目标的东西当作手段，当作达到自己幸福的

① E. 吉尔松：《中世纪哲学精神》，第 252 页。同时参考 E. 吉尔松在该书 402 页的注释 [10]。
② Thomas von Aquin, *S. th.* II - II 9.
③ Thomas von Aquin, *S. th.* II - II 17.1.
④ Thomas von Aquin, *S. th.* I - II 62.3.
⑤ Thomas von Aquin, *S. th.* I - II 66.6.
⑥ Thomas von Aquin, *S. th.* I - II 65.4.
⑦ Thomas von Aquin, *S. th.* II - II 4.5.

手段来意愿了。同样，希望最终通向爱，但"没有爱的希望是不完美的"①，唯独爱，至少是真正的爱，才是完全无私的，即基督教徒所谓仁爱（charitas）。以正当的方式爱上帝就意味着，为了他本身、将他作为可爱的东西（carum）来爱，因此是根据他之本质去爱，而非因为他承诺使我得到幸福去爱。也就是说，这种仁爱（charitas）是无私的、非功利的爱，是仁慈而非正义，去除了任何形式的因果报应观念。所以托马斯就把这种爱叫作"人对上帝的一种友爱"（amicitia hominis cum deo）②。

托马斯还指出，"爱"之于基督教伦理学的地位犹如"明智"之于古典伦理学的地位，"爱对神学德性所起的作用和明智对自然德性的作用一样"③。如果意志命令理智将并非当作真的来认识的东西认之为真，那么，只有当意志的命令是源自爱（对上帝的爱）时，由此产生的信仰才是真正的德性。

如前所述，中世纪的道德观的共同基础是意志主义，中世纪伦理学的共同特征是爱的伦理学。这一点无论是在奥古斯丁那里，还是在阿伯拉尔那里，抑或在托马斯那里，甚至在邓·司各脱那里，都是一以贯之的。

四　恩典成全本性

爱从根本上看，已经是上帝的恩典，至少是恩典作用于本性的体现。按照托马斯的观点，上述神学德性中没有一个能够借助人的意愿或行为获得。和自然德性不同，如果上帝不帮助我们，"神学德性就不可能被练就，或以通常的方式获得"④，我们也不能以任何方式引起这种救助。所以根本就没有可能通过我们的行为为自己赢得恩典，以至于上帝最终只给予我们应得的东西。"恩典在其本质上看往往是非应得的，只不过是可以解释的上帝赐予人类的一个礼物。"⑤信仰的一个必要前提是上帝的启示，启示最先告诉我们，我们应该信仰什么。但是这种一般的帮助对于实际的信仰还是不够的，

①　Thomas von Aquin, *S. th.* II - II 17. 8.
②　Thomas von Aquin, *S. th.* II - II 23. 1.
③　Thomas von Aquin, *S. th.* II - II 4. 5.
④　Thomas von Aquin, *S. th.* I - II 63. 2.
⑤　Thomas von Aquin, *S. th.* I - II 114.

否则，所有人肯定通过启示推动去信仰了，情况显然不是这样。

贝拉基主义者认为，这可以通过人的自由意志来解释，自由行为意味着出于自愿行为，而且自愿去做其创造原则本身所有的事。而托马斯认为，"上帝虽然是万物的第一因，但他将原因性这一尊严也分发给其受造物，即他允许受造物（人）无需外在强制只凭其（上帝给予的）本质，因此（作为第二因）自由地创造（Wirken）"①。尽管托马斯并非彻底否认自由意志，但他认为这种解释是不充分的。因为人不可能完全从自身出发意愿超出其本性的事，即他不能赞同和确知他绝对不能理解的那些事，"无论如何，必要的是，上帝通过一个恩典行为将意志带入一种乐意接受的心境，为信仰准备了意志"②。当然，托马斯并不像奥古斯丁那样把这种恩典看作不可抗拒的。如果恩典是不可抗拒的，那么，信仰就不能再被定性为自愿的，因此也不能再被看作人的功德，不信仰也不可能是罪了。但事实上，"不信仰是一切罪中最重的"③，因为它取消了恩典。

在这种场合下，托马斯证实自己是宗教法庭热心的理论家，若没有正确的信仰，就不可能达到永生。在托马斯看来，任何传播错误信仰的人，必然会受到无情的迫害。异教徒的罪是如此的大，以至于"他们不单单活该被教会开除出共同体，使之孤立，而且活该让其死亡，离开这个世界。摧毁灵魂赖以生活的信仰，要比制造世俗生命借以维持生计的假币更严重，如果造假币者或者其他的作恶者被世俗魔鬼以正当方式被处死，那些异端分子，一旦因为错误的信仰被定罪，他们就可能不仅被驱逐出教会，而且被正当地处死"④。在托马斯看来，人肯定有可能出于自己的意志拒绝恩典，他对"希望"⑤ 和 "爱"⑥ 的形成的解释，也就从上帝的恩典和人的意志自由的结合来阐明，这就是典型的兼容论观点，托马斯曾说"恩典并不取消本性，而只是成全本性"⑦。意志肯定就是这样被圣灵推动着去爱，以至于意志本身

---

① Thomas von Aquin, *S. th.* I 22.3；

② Thomas von Aquin, *S. th.* II - II 6.1.

③ Thomas von Aquin, *S. th.* II - II 23.2；24.2.

④ Thomas von Aquin, *S. th.* II - II 11.3. 参见 M. Hauskeller, *Geschichte der Ethik. Mittelalter*, S. 221。

⑤ Thomas von Aquin, *S. th.* II - II 17.1, ad 2.

⑥ Thomas von Aquin, *S. th.* II - II 23.2；24.2.

⑦ Thomas von Aquin, *S. th.* I - I.8.

也一起产生了这种创造事件。①

和大多数中世纪哲学家一样，托马斯也认为，至善即人的最终目的就在于观看上帝，并且与上帝在一起，而人的自然德性不足以实现这一目标。不过，如果像托马斯所说，德性是一种习性，它规定其载体（有德之人）必然以他自己的善为目标，因此致力于其功利性使命的实现，实际上就不可能有真正意义上的自然德性，这样就会形成神学德性与自然德性之间的断裂。虽然古典的四主德——勇敢、审慎、正义和明智是通向目标的必要途径，但这些品德若无上帝注入的爱终究是无益的，因为那样的话，它们似乎在半路上就对我们无效了。我们只能在下述前提下谈论德性：德性总是将我们带上正确的道路，而且就此而言可以被称作善的，和那些使人背离其本源的善因此是恶的行为倾向不同。但是，如前所述，只要我们看看真正的目标，我们就会明白，"没有对上帝的爱就不可能有真正的德性（vera virtus）"②，不是明智而是对上帝的爱，才是所有德性——超自然德性和自然德性的真正的本质形式。"爱是一切德性的形式。"③迄今为止，当看上去好像感性欲求和意志通过理性保持其形式的时候，德性就已经存在了，而现在则表明，真正的德性还要求理性自身由意志赋形。

最终，理性也从属于意志，因此哲学也隶属于神学，哲学到最后却只被判定具有服务性作用。正如人若离开上帝就不存在那样，自然德性若无被注入的德性就不存在，正义若无爱就不存在，知识若无信仰，也不存在。可以看出，托马斯的理智意志论最后还是归于信仰的意志论了，他从亚里士多德主义者转变为一个奥古斯丁主义者，这也是托马斯德性论的一个重要变化。

托马斯的道德观本质上也属于意志主义，但他和奥古斯丁不同之处在于，他使理性渗透到意志之中，从而构成独具特色的理性意志主义。与阿伯拉尔不同之处则在于，他不仅考虑人的道德性首先是出自意志，源于意志，而且考虑到了合乎意志（合乎动机）这个层面，也就是说，他的意志主义不再仅仅停留在意愿（目的）的层面，而是增加了决断（手段）这一要素，从而也就增加了所谓思虑（亚里士多德的影响）因素，这是构成意志之为

①　Thomas von Aquin, *S. th.* Ⅱ－Ⅱ23. 2. 参见 M. Hauskeller, *Geschichte der Ethik. Mittelalter*, S. 222。

②　Thomas von Aquin, *S. th.* Ⅱ－Ⅱ23. 7

③　Thomas von Aquin, *S. th.* Ⅱ－Ⅱ23. 8.

自由意志的关键。其实，托马斯关于"不完全自愿行为"的论述，恰好表现了其理性主义的成分，无知和无能都会造成意愿无法实现的情况，正如人人都意愿幸福，但实际上有很多人过着不幸的生活，这种设身处地的理性考量正是托马斯的特色。总之，意志主义到了托马斯这里，已经告别了那种绝对的意愿主义，而走向了相对的意志自由主义。

第 五 章
天职与人的责任

如果说基于意志主义的中世纪道德观终结了古典知识论道德观，缔造了爱的伦理学，那么，自近代以降，中世纪道德观的主题——爱与自由就开始逐渐向近现代的责任伦理学发展和演变。本书第五章和第六章试图发掘中世纪道德观对近现代的历史影响。中世纪哲学的道德阐释对近现代思想的影响非常广泛，我们仅仅选取几个非常有限的个案进行尝试性分析，总结这些影响及其效应。本章首先选取马丁·路德的天职观和与之相关的责任伦理，分析中世纪的道德观对宗教改革思想的直接影响。然后，围绕自由意志概念和德性的力量及其限度这个问题，有限度地讨论康德的"中世纪之痕"，即中世纪道德观对康德思想的影响。这是一个非常有趣、重要但有些冒险的尝试。我们的讨论尽可能地限于文本分析和思想解读的互动这一视角。

第一节　新教的天职观与责任伦理①

一　中世纪等级观念及其对马丁·路德的影响

等级观念在西方源远流长，在中世纪基督教哲学中也是一个重要观念。在整个中世纪，等级观念得到了充分的发展，很多哲学家和神学家从各个方面进行了研究。总的来说，等级（hierarchy）是中世纪对宇宙秩序的一种理解。每一种存在，不管是有形的还是无形的，都处于某种特定的位置或等级

---

① 本节由笔者的博士生周小结撰写初稿。

而发挥相应功能。

等级观念涉及两个问题：一是为什么存在等级；二是存在一个什么样的等级。对于第一个问题的回答，任何一个基督徒都没有争议，上帝是宇宙等级存在的原因。这个观念在基督教初期就有，在《旧约·创世记》中得到完全的表达，上帝是万物的创造者，现实世界的等级由上帝一手创造和安排。至于第二个问题，即等级如何存在的问题，又可以分为两个方面：一方面，上帝与任何受造物的关系都是垂直的，上帝高高在上，不管是天使还是人都不可能达到上帝的层次，因此，上帝是超越一切的，等级在第一层次上是垂直的，这也是所有基督徒都赞同的。另一方面，在上帝之下，各种受造物的存在是垂直的还是平行的，即天使与天使之间、天使与人之间、人与人之间、人与动物之间的秩序是垂直的还是平行的？对于这个问题，尤其是人与人之间秩序问题就存在许多不同的观点，是基督教哲学家们争论的核心，从教父哲学开始，人们在这个问题上就存在不少分歧。

在谈论这个问题时，不同的哲学家都要追溯到亚略巴古的伪狄奥尼修斯（Dionysius）。他认为，所有等级来自上帝，高的等级并不能产生低的等级。这些等级的划分中有严格的秩序，既是一个上升的过程，也是一个下降的过程，不能随意颠倒。每个等级与上帝的距离是由他在这个秩序中的位置决定的，越往前，越得到上帝的恩典与光照，与上帝也越相似。所有天使和教会人员的活动都是洁净、启迪、成全，例如，主教被天使洁净、启迪、成全，而他又以同样的方式会洁净、启迪和成全神父。各个等级在后一个等级和前一个等级之间起一种中介作用，每一个等级只能直接和自己前后的等级交流，不能跳跃。可以看出，伪狄奥尼修斯所言的秩序是一种完全垂直型的，而这种完全的垂直决定了中介的重要性。没有中介的参与，人不能依靠自己直接得到上帝的拯救。人与上帝的关系是间接的，要通过层层关卡才能建立与上帝的关系。这样就暗示了教会在人与上帝关系之间的重要性和它的权威。

狄奥尼修斯的这一划分为以后的哲学家奠定了基础，许多哲学家在此基础上对等级观念进行阐释。大体来说，可以分为两条线索：一条线索是在他的基础上扩充和修补，将其运用领域扩展开来；另一条线索是反对他的划分方式，而力求在垂直关系中找到平行维度，减弱或消除中介的作用。第一条线索可以从大格列高利开始，他发现狄奥尼修斯在有关人类问题上含糊其辞。他明确指出，宇宙是由一系列不同的受造物构成而以某种秩序存在的，中间没有断层，那些死后进入天堂的人将占据第十等级，次于第九等级的天使。而第二条线索可以从辛克马尔（Hincmar）开始，他调整了狄奥尼修斯的图式。按狄奥尼修斯的说法，各个等级之间都是不平等的。但在辛克马尔看来，人与天使之间固然是不平等的，但人与人、天使与天使之间在本质上却是平等的，只是在权能上有所不同。这是对中世纪等级思想的一个重大发展，使得这种完全垂直的秩序在第二层次上改变为平行成为可能。

到 13 世纪，人们开始更多地谈论等级问题，里尔的阿兰和奥维尼的威廉（William of Alvernus）对这个问题进行了详细探讨。里尔的阿兰将等级定义为"统治"，他同意格列高利的观点，认为人的出现是为填补坏天使留下的鸿沟。他丰富了狄奥尼修斯的图式，与九个天使等级相对立，他创造了九个人类等级秩序，这些人的形象是从世俗社会中抽取出来的。在这里，他特别强调等级在世俗社会的维度，将天国秩序与人类秩序相类比，这样引发了更多有关教会与人、人与人之间的秩序问题。奥维尼的威廉的主要功绩是将等级制度政治化，他将天使的等级与那些统治秩序良好的国家联系起来，他比里尔的阿兰走得更远，不仅将九种天使与教会等级联系起来，也与世俗王国的九种职务联系起来。他将教会比作统治良好的王国，跟随世俗统治的模式。但他并没有将尘世的等级作为天国等级的一种反映并屈从它，而是认为世俗权力的拥有者直接反映了天使在天国的任务或权力。

到了中世纪后期，当等级蓝图趋于完善时，问题转移到世俗的等级是否应以天国等级为榜样，即信徒之间是否平等、是否需要教会的中介作用才可以得到救赎。在这个问题上，波尼法爵八世（Pope Boniface Ⅷ）和托马斯显然是其中最重要的代表人物。

波尼法爵八世认为，宇宙秩序是完全垂直的，上帝直接授权于教皇，每一个人都服从于教皇，因为教皇是人与上帝的中介，中介地位是非常重要的，"通过圣丹尼斯，神的法则引领最低贱者，通过中介走向最高事物。因此，根据宇宙的法则，所有事物都可还原于秩序之中，这种还原不是平等和瞬间的，而是最低者通过中介走向更高一级"[1]。波尼法爵八世极力强调中

---

① 〔英〕A. S. 麦格雷迪编《中世纪哲学》（英文版），第 66 页。

介的作用，也就是强调教会的地位以及教皇的合法权力。

托马斯挑战狄奥尼修斯的观点，使那种完全垂直的世界等级秩序遭到了打击。托马斯承认这些传统观念：世界是由不平等的存在物组成的；等级是一个普遍的事实；多样化的事物如果不被分门别类地纳入秩序中就无法得到展现。但他认为，人低于天使，与天使不属于一个类型，他拥有天使的心灵和动物的肉体，因此天使的等级并不适合于人的等级。同时，天使在神性上和本质上都不同于上帝，但天使之间是可以区分开来的，人虽然不同于上帝，可人与人之间本质上是平等的。因此不能以人的本性为基础建构类似天使的等级。在实践中，教会等级的建立不是通过上帝的恩典，而是以各种司法的和圣礼的公共权力的不同水平为准则，完全以世俗化为基础。他并不认为天使是人和上帝之间的中介，上帝能直接启迪任何受造之物，最重要的中介就是基督自己，人通过基督受难已经有了中介，无需其他教会人员充当中介。在天使的社会里，高者可以启迪低者，但在人类社会中，任何有知识的人都可以将他的知识传达给其他人。

显然，托马斯的思想给后人以极大影响，这些人想要拒绝教会等级拥有的精神权威，削弱神职人员的中介作用。威克利夫（Wyclif）提出了"Lucifer 的问题"①。他不相信等级制度中成员资格是无条件的，Lucifer 和一些坏的天使就被逐出了天使的等级，失去了洁净和启迪他人的权利。因此，如果教士腐败了，他们也应该被逐出教会等级行列，并服从世俗之人。现实中的教会并不是真正的教会，现实中的教会只是拯救的教阶体制的组织。而真正的教会是与现实教会中混杂的集团和教阶体制的组织相对立的，现在所存在的教阶体制是对真正教会的歪曲。

可以看出，这些思想已经为路德的天职观铺平了道路，以至于蒂利希（Paul Tillich）认为，"这种等级制度在路德宗教改革后的结果就是天职的概念"②。路德自己也对《教会等级》一书进行了评论，反对人们对此书的热情，认为"他（指狄奥尼修斯）凭什么权威和论据来证明他有关天使的那些大杂烩？……如果人们去读读这本书，并且不带偏见地加以判断，那么就会看出，它里面的每桩事难道不都是他自己的幻想，实在如梦呓一

---

① 路西非尔，圣经对撒旦的称谓，原意是"晨星"。它原是天使，因背叛神而堕落。参见卢龙光主编《基督教圣经与神学词典》，宗教文化出版社 2007 年版，第 345 页。

② 〔美〕保罗·蒂利希：《基督教思想史》，尹大贻译，东方出版社 2008 年版，第 304 页。

般吗?"①。加尔文（John Calvin）也认为此书大部分是在空谈，没有任何关于尘世和天国等级制度的比较基础。

路德对完全垂直等级观念的反对以"因信称义"开始。在《教会被掳巴比伦》一文中，路德清楚地阐明了"因信称义"如何重塑他的教会理论。他认为，罗马的圣事体系让基督徒成为囚徒。他撰写了《论罗马教宗制度——答莱比锡的罗马著名人士》一书，抨击教宗制剥夺了基督徒个人的自由。个人无需神父做中介，凭着信心就能直接与上帝建立关系，这是信徒的自由。他考察了天主教圣事的作用，排除天主教神职人员的权威，认为一件圣事若要有效必须由基督建立，并为所有基督徒共有。他以此检验发现天主教五件圣事中根本没有称义可言，不能对信徒的拯救产生任何作用。他只保留了洗礼和圣餐，且将这两件圣事交由基督徒团契，而不是交给唯我独尊的神父。这种团契强调基督徒之间是一种相互平等和互助的关系，而不是由某个神职人员统领，没有人具有绝对的权威，大家因为对上帝无条件的信仰而聚集在一起，教会的责任是一种共同的承担，"教会团体的组成取决于这一事实：基督对爱的奉献使信徒成为一体，或者说，他们与基督由此也就是彼此结为'一饼'"②。这样，路德扫除了传统意义上把教会看成由教宗任元首的等级森严的教会观，回归早期基督教的教会观，在其中所有的信徒都蒙召做神的祭司，即"参加这一团体使每个教会成员既有恩典，同时又有召唤"③。

既然那些复杂的圣事已无作用，每个人"因信称义"，路德强调说，上帝安排了宇宙的秩序，而人与人之间的关系是平行的。这个秩序是上帝创造的，故而十分神圣，个人应该接受上帝所指定的身份，这是宗教上的义务。正如韦伯（Max Weber）所说："路德主张在历史发展过程中形成的阶级差别与职业分工为神意所直接设定，恪守上帝为他安排的位置，循规而不逾此矩，这就是人的宗教责任。"④ 基督徒生活是在各自的工作岗位上侍奉神，

---

① 路德文集中文版编辑委员会：《路德文集》（1），三联书店 2005 年版，第 372 页。

② 〔德〕保罗·阿尔托依兹：《马丁·路德的神学》，段琦、孙善玲译，译林出版社 1998 年版，第 305 页。

③ 〔德〕保罗·阿尔托依兹：《马丁·路德的神学》，第 305 页。

④ 〔德〕马克斯·韦伯：《新教伦理与资本主义精神》，于晓、陈维纲等译，陕西师范大学出版社 2006 年版，第 91 页。

无世俗神职之分。等级的神圣性确保了职业的神圣性。

在现代人看来，在等级之中，除了上帝对一切超越的垂直关系是不言而喻之外，人与人之间的关系都是平行的，这也符合资本主义社会的要求。作为以商业经济为主的资本主义社会，商品等价交换的经济基础要求人与人之间也是一种平行的自由关系，否则，交换无法进行，商品不会流通，资本阶级也无法存在下去，而中世纪封建的垂直等级关系恰好反对这种平行关系，所以在某种意义上韦伯在谈"新教伦理与资本主义精神"时指出，平行的等级观念是新教伦理与资本主义精神的内在关系。

二　中世纪秩序观念的演变

卡尔·白舍客（Karl H. Peschke）曾指出，应答性是基督教伦理学的一个主要特征，上帝意旨是一种神召，"人对于此召叫的答复与反应也就决定了他的行为乃是整个生活的伦理价值"[①]。这种特征以盟约为基础，以责任和义务为内涵。天职观意味着人以一种特定方式来完成人的这种对上帝的应答。

"应答"在英语中为"responsibility"，这个词也经常被译为"责任"或"职责"，它不同于与社会角色联系在一起的"duty""obligation"，后两者注重法律上应负责任的含义。从词源上考察，"responsibility"来源于拉丁语的"respondere"，意味着"允诺回应"或"回答"。因此它源于犹太教、基督教传统中最早的体验：人们接受或拒绝上帝的呼召。英语中"responsibility"最初于19世纪中叶用于宗教，出现在各种实际的或对宗教团体或其领袖成员的责任讨论中。因此，从最初意义上说，责任就是一种"应答"。一个人应对上帝负有责任，这是基督宗教信仰的基本信念。这来自一个神学信条：天主创造了宇宙，并给予其良好的秩序或等级；人由上帝创造，并从他那里领受了任务，因此对天主的召唤予以正确应答是人的责任。而这种责任来源于人与上帝的盟约。

盟约是圣经的一个主题，不管是西奈山盟约，还是耶稣的新的盟约，都

---

① 〔德〕卡尔·白舍客：《基督宗教伦理学》第一卷，静也、常宏等译，上海三联书店2002年版，第73页。

是一种需要人类对上帝进行应答的协定。以色列人发现，其民族和上帝的关系就是一种责任与应答的关系。一方面，天主挑选出以色列人为他的选民，宣布了他的律法和准则，并应许了他的恩典；另一方面，以色列人相信他的应许，忠诚地履行他的诫命："凡上主所吩咐的，我们全要做"（《出埃及记》19：8，24：7）。旧约的很多律法和礼仪都是出于人类对盟约的责任而制定的，人要遵守这些律法和礼仪以荣耀上帝，获得拯救。如果不应答，背弃上帝的旨意，就会遭受惩罚。新约同样也是一种上帝与人的盟约，"盟约的主题是整个新约的背景，甚至包括那些没有明确提及盟约的地方"①。在新约中，多次提及有关应答的问题，耶稣"讲天主的话"（《马可福音》4：33）明确表示如果听到天主的话语并去行为，就会获得果实等等。耶稣的门徒也继续向人们说明，要对上帝负有责任，做出应答才可得拯救。在这里，天主在多个方面以多种方式对人做出了要求，这些要求内容本身并不重要，重要的是人的应答。所以基督以及后来的门徒反对那种过时的旧约律法和礼仪，认为那些是流于形式的应答，并没有担当起真正的责任。应答要体现人对上帝无条件的服从，把自己交付给上帝，而不是死守律法。在上帝安排的宇宙秩序中，人如何应答上帝，实现盟约，实现人的责任，这一直是困扰基督教哲学家的一个问题，也是一个涉及个人行为的伦理问题。在基督教传统中，一个最基本的观念就是：人是有罪的，人因犯罪而与上帝疏离，人对上帝的应答过程就是一个如何赎罪的过程，也是一个回归上帝的过程。如何赎罪，又取决于基督教对人的本质的看法。不同的基督徒对人的本质的看法各不相同，但总的来说，与希腊多神教灵肉和谐的理想不同，基督教认为，人由灵魂和肉体组成，但肉体与灵魂的地位是不平等的，上帝代表人的灵魂和信仰，而魔鬼代表人的肉体和情欲。人的灵魂是更高级的，是精神性的，而肉体是低下的，灵魂因为肉体而受累，肉体激发人的欲望，让我们迷恋于世俗之物，追求尘世利益而离上帝越来越远。灵魂和肉体的法则是完全不同的，正如保罗所说："我是喜欢神的律，但我觉得肢体中另有个律和我交战，把我掳去叫我附从那肢体中犯罪的律。"② 在灵与肉的交战中，我们

---

① X. Leon - Dufour, ed., *Dictionary of Biblical Theology*, London：G. Chapman, 1967, p. 73.

② 《罗马书》7：22－23。

应该极力克制自己肉体欲望而顺从灵魂的指引。这是基督教的一个基本教义。

奥古斯丁受柏拉图主义和新柏拉图主义的影响，赞成柏拉图的传统定义，人是一个使用肉体的理性灵魂，正如吉尔松所说，奥古斯丁本人没有特别对这个定义做字面的分析，但认为它确实是"一个灵魂对肉体超越的至上性的强有力的表达"①。他肯定了灵魂对肉体的主导作用，认为肉体是可腐朽的尘世之物，在两者的结合中，肉体处于从属地位。在另外的地方，奥古斯丁也说灵魂是肉体这一质料的形式，而在古希腊的哲学传统中，形式优于质料。他对人灵肉分离的二元存在的态度在区分上帝之城和人间之城时表达得更清楚，两城的区分并不是以地理或空间来区分的，而是由人的生活态度和方式决定，在这个上下等级秩序的世界中，既可以选择上帝作为爱的对象，依灵魂或精神而生活，也可以选择低于自己的世俗物质作为自己的追求，沉浸在肉欲之中，依肉体而生活。前者就是生活在上帝之城中，一心指向和依靠上帝，而后者则是生活在人间之城中。这两城的终点是截然不同的，在最后的审判之中，前者得拯救，后者陷入万劫不复之中。12 世纪圣维克托的休格（Hugh of St. Victor）认为，有两种生活，一种是属世的，另一种是属天国的；一种是肉体的，另一种是精神的；精神生活比世俗生活价值更伟大，精神比肉体更伟大。对于 13 世纪的波纳文图拉（Bonaventura）来说，"由于真正的幸福仅在于享有至善，而至善又超越于我们之上，故除非上升于自己之上，不是肉体的上升而是心灵的上升，就不可能拥有幸福"②。尽管后来像托马斯和司各脱这样的学者对灵肉问题做了一些新的解读，但都没有离开这个基调。

这种灵肉分离的理论决定了基督教对赎罪的理解。既然灵魂高尚而肉体卑下，那么，很显然，要想赎罪，对盟约做出应答，回归上帝，就必须控制卑下的肉体欲望，给灵魂以一个向上的维度。而赎罪的方式，大体来说可以分为两种，一种是内在化的，一种是外在化的。这两种方式体现了灵肉分离的一种内在紧张关系。

所谓"内在化的"，也就是个人依靠严谨的道德来控制自己肉体的欲

---

① E. Gilson, *History of Christian Philosophy in the Middle Ages*, p. 74.
② 〔意〕圣·波纳文图拉：《中世纪的心灵之旅》，溥林译，华夏出版社 2003 年版，第 125 页。

望，驱除邪念，纯洁自身，这是某种程度的禁欲主义。而禁欲主义从使徒布道时代就开始了，施洗约翰就是一位禁欲主义者，他身穿粗衣，漫游荒野，向世人发出悔罪的呼喊。早期的教会成员都以这种严谨的修行著称，"在使徒时代，教会无疑被想象成纯粹由富有灵性经验的基督教徒组成。其中虽然有坏人，也有教规惩罚他们，但是教会可以被理想地描绘为，没有瑕疵没有任何污点或皱纹……那些加入教会的人是出于个人信仰，为此付出很大牺牲"①。在基督教发展的早期，人们加入教会纯粹是出于信仰，虽然这种严格的禁欲并非所有的教徒都能达到，但至少是个人努力的方向，也是自愿的。这方面的事例非常多，如著名的早期教父哲学家塔提安（Tatian）就在安条克建立了名为"自主派"的苦修组织，以近乎狂热的自我折磨表达对上帝的热爱和坚定信仰。被人视为第一位修士的安东尼（Anthony）从 20 岁起，就开始在一座坟墓中过着与世隔绝的生活，与各种诱惑做斗争，包括魔鬼、野兽与女人，最后战胜了他们。之后，成千上万的人开始效仿他。②

但到了中世纪，赎罪方式开始走外在化的道路，即由以各种教会承诺为依托的替代性赎罪方式。各种教会组织宣称自己是信仰与上帝之间的中介，拥有赦免罪过的权力。信徒们也普遍相信，神父代为祈祷或其他宗教仪式有助于补赎自己的罪过，得到上帝宽恕，而不必为了自己的罪过像早期信徒那样经受长时间自我折磨和肉体痛苦。如阿伯拉尔提到，在十一二世纪，很多神父出于贪婪欺骗他们的信徒，他们为了银币就可以宽恕或减轻信徒赎罪本应接受的惩罚。不仅神父而且主教，也是毫无羞耻的异常贪婪，经常在教会的献辞等各种神圣的场合，"聚集一大批人，希望从他们那里得到丰厚的捐献，以赦免这些人的罪过为交换条件"③。而且随着时间的推移，赎罪外在化的倾向越来越强烈，而且其方式也越来越多样化，可谓别出心裁，巧立名目，像买赎罪券，抢占和朝拜圣徒的陵墓，赎买他们的遗物，向教会捐献财产等都包括在其中。例如，路德之所以写《反对教宗与主教伪称的属灵身份》，就因为教会的这种恶劣行径。事情缘于 1521 年 9 月 15 日，美因茨的

①　〔美〕威利斯顿·沃尔克：《基督教会史》，孙善玲等译，中国社会科学出版社 1991 年版，第118—119 页。

②　〔英〕布鲁斯·雪莱：《基督教会史》，刘平译，北京大学出版社 2005 年版，第 129 页。

③　*Peter Abelard's Ethics*, p. 11.

大主教阿尔布雷希特（Albrecht）在他新建的玛利亚教堂欢庆周年古圣遗物节。他在其正式的公告中，竟宣称将对凡参观古圣遗物展览的人赐予特赦。任何到这教堂来祈祷并捐献慈善金的人，都可得到 4000 年的特赦；凡是节期的十天中在这大主教座堂向神甫认罪求告解的，都可得到绝对完全的特赦。当路德听到这些事情以后，他认为这是 1517 年在其《九十五条论纲》中极力反对的赎罪券买卖之复生。①

　　这时，人们的信仰越来越流于形式化。一方面，他们可以在现实中放纵自我，为所欲为；另一方面，通过这种外在化的赎罪方式，人们只须依照教会的要求奉献金钱就可以免于自己思想和行为的罪孽，不必有任何负罪感，以后照样也可以得到上帝的恩典。因此，随着赎罪外在化的发展，人对上帝的应答完全操纵在教会的手中，个体的作用反而越来越弱。虽然不时有人反对这种外在化的倾向，如在十一二世纪就出现了一个小小的所谓宗教改革的潮流，主张忏悔和赎罪的内在化和私人化，反对公开的忏悔和教会的介入，但这种外在化的赎罪方式在宗教改革之前一直居于主流地位，遭到了诸多有识之士的指责。究其原因，既有外在的环境在起作用，但更根本的是基督教理论本身的缺陷。

　　公元 4 世纪，随着基督教成为罗马国教，信教的环境有了极大改善，人们不必畏惧外在的迫害，相反，成为基督徒甚至是一种荣耀和时尚。在这种情况下，越来越多的人开始信基督教，其中有很多人并非出于真正的信仰，而只是权衡利弊，那种严格的肉体控制和折磨对他们来说是一种非常沉重的负担。有些人虽然是出于真正的信仰，但由于心灵软弱，不能像圣徒那样严格控制自己，严格的宗教戒律在他们那里也没法真正落实。事实上，即使是圣徒，也经历了长时间灵与肉的搏斗，除了要有坚定的信仰以外，还要有超乎常人的意志力，不是一般人可以仿效的。投机者或软弱之人在信徒中占的比例很大，因此纯粹内在的、依靠道德自制力量的赎罪方式不可避免会得到一些新补充或改变。同时，由于早期教会是非法的，不断受到世俗政权的迫害和打压，不可能真正有对教徒的控制权。而在成为国教后，教会权力得到了加强，对教徒信仰和道德生活都具有决定权，这样就有了外在化赎罪的可

---

① 路德文集中文版编辑委员会：《路德文集》（2），上海三联书店 2005 年版，第 1—2 页。

能。而教会的存在和势力的扩张需要一定的经济基础，当整个社会的道德约束减少，自身又掌握绝对权力时，难免会出现"绝对权力导致绝对腐败"。越来越多的腐败出现在教会中，教会生活方式与基督教理想格格不入。越是如此，人们越是相信在世生活的罪恶对于救赎并没有什么影响，只要以外在方式赎罪，人们就可以随心所欲，对于各种不道德现象习以为常。在这种情况下，赎罪外在化的倾向越来越强烈。

当然，出现这种情况的更深层原因是基督教灵肉分离的唯灵主义思想的内在矛盾。基督教极力宣扬灵与肉的对立，确立精神世界对物质世界的绝对优势，是一种唯灵主义。这种唯灵主义的出发点是好的，是为了树立对上帝的绝对信仰，维护道德的纯洁性，是一种崇高的思想境界。但由于人本身是一个有限的自然存在物，与无形的上帝不同，灵肉一体的存在是一种注定的命运。如果没有一定的物质生活，人根本无法生存下去，更不可能有什么追求。人的肉体欲望是一种本能，只能正确引导而不能压抑毁灭，毁灭这种欲望就是毁灭人的存在。而如何在两者之间找到平衡，原本一直是人类面临的一个难题。基督教的灵肉分离理论或者唯灵主义过于拔高人的灵性方面，而忽视人的本能欲望，或者虽然承认其存在，也视为一种卑下的东西，人应该加以抵制。教会宣讲人的欲望是如何的罪恶，如何的为上帝不悦，是通往天国的阻碍。人要通过坚定的信仰完全压抑这些欲望才能得到上帝的喜悦。在这方面，与中国宋明理学演绎到后来提出"存天理，灭人欲"颇有些相似。普通人作为基督徒，有一定信仰的精神作为基础，能够提升一定的境界，但不论什么人，如果不敢正视自己内心的本能欲望或不能对其进行正确的评价，必然会产生生理和心理上的扭曲。因此，灵肉分离的理论无视人是有限存在者的事实，一般的凡夫俗子不能达到极少数的圣徒们的境界（当然圣徒也是在经过艰苦卓绝的灵肉斗争中才达到一定道德境界），反而促使了伪善和整个社会道德沦落的发生。一些人迫于社会的压力表面上对基督教严格的戒律和要求给予认同，但事实上无法做到，甚至自暴自弃，过起放荡不羁的生活。而另外一些人为了达到这些苛刻的要求，不顾自己的本性，以极端禁欲的方式损害自己的身体，达到变态的程度。在中世纪这个宗教占统治地位的世界反而出现了许多骇人听闻的道德丑闻，世俗人员和教会的堕落都无以复加，所谓宗教虔诚变得面目全非，遭到了后来文艺复兴时期许多有识之士的抨击和讽刺。

因此，要摆脱这种唯灵主义理论与实践的困境，只有两种方式：一是给肉体正名，承认物质享受的合法性，坦然接受肉体所带来的快乐；二是将信仰内在化，而将外在的一切正常善工或工作都提升到神圣的层次，从而打破这种困境。"这两种方案在表面上看来似乎是针锋相对的，但是它们都是超越中世纪基督教文化的自我分裂和普遍虚伪、扬弃异化的唯灵主义理想，寻求灵魂与肉体和谐相处的有效方案。"① 显然，新教改革是走第二条道路，天职观的提出正是为了解决这一问题。

三 新教的天职观

路德追随保罗，以《圣经》为基础提出"因信称义"，将信仰内在化和私人化。他强调个人内在精神的转变，获救的恩典主要在于因信仰和启示而获得的获救感。路德首先抨击了教会发行赎罪券的行为，认为这是没有宗教价值的。赎罪券并不能赦免一个人的罪过，教皇或教士只有代为祈祷的作用，但并没有能力赦免任何一个人的罪过，这是上帝特有的权力。信仰是人与上帝的直接面对面的关系。因此，那些自认为有能力赦免他人的人和那些认为通过赎罪券自己的罪行就可以赦免的人，都是妄自尊大的人，以为自己的事工或道德行为可以影响上帝。赎罪的圣礼完全被取消了，赎罪转变成个人对上帝的关系，完全不是为了赦免在地狱、炼狱和在地上的客观惩罚而必需的一套手续。每一件事都置于上帝与人之间的直接关系上考量，这意味着地狱只是一种状态，而不是一个地方。

路德反对"神人合作说"，它认为人的称义是人的道德和上帝恩典相结合的产物。事实上，上帝不受人的事工影响，他的荣耀不因人的事工而增加，他的恩典也不因人的行为而改变，这些外在事工和一系列教会的行为都是无效的。虽然他极力张扬人的信仰或启示，否定事工的作用，仍然是一种唯灵主义的倾向，但这种否定并不是要取消事工，而是相反，要将人的事工扩大化，扩大到任何尘世的生活，即每个人的职业或工作，他说："人必须而且工作，然而他不应该把自己家中物质的充足归于自己的劳动，而只应把

① 赵林：《基督教思想文化的演进》，人民出版社 2007 年版，第 124 页。

这些东西归于上帝之善和祝福……上帝之旨意是人应当工作，人若不工作，上帝就什么也不给他。从反面说，上帝赐给人东西并不是因为人的劳作，而仅仅出于他的善和恩典。"[①] 这一方面突出了人的职业为神意所定，另一方面也说明，人不应该将事工归于自己，一切都是上帝的设定。人的职业或工作是上帝恩典的标志，职业打上了神圣的光辉，上帝将人的职业和工作神圣化了，"在个人从事的具体职业中，他越来越认为履行神意安排给人的特定义务是上帝的专门旨意"[②]。

天主教认为，人的精神的完美必是以牺牲物质为前提，灵魂的纯洁是以肉体的献祭为代价，神圣的光照决不可能显现在尘世的事物中。人若要从事为上帝服务的"天职"，就必须离弃尘世，只有舍弃现世的人，才能得到来世上帝的荣耀和拯救。路德反对这种说法，他早期有过修道院生活的经历。在他看来，修道院内的静修不但完全缺乏"蒙上帝称义"的价值，而且是无爱心的利己主义，是逃避俗世义务的结果；相反，世俗工作的价值不低于苦行工作，世俗的劳动义务可视作"邻人之爱"的外部表现，反而值得赞赏。无论在什么环境下，俗世义务的履行乃是唯一使上帝喜悦的方式，每一正当的职业都具有绝对的同等价值。职业没有贵贱之分，任何人都不应逃避他所"蒙召"的义务，唯有尽心尽力从事职业劳动，这种人才能荣耀上帝，否则即使僧侣，也不表示他可以得到救赎，因为他没有在上帝创造的秩序中很好地保持他的位置。

过去天主教会始终不承认俗人的行业在伦理上有什么可贵之处，尤其贬抑商业性的赚钱行径，这种态度在"天职观"里被稀释了，一个有现代意味的职业伦理似乎已具雏形。不过，路德并没有跨越这一步，他的教义仍受太多的传统牵制，冲破不了封建制度的樊篱。韦伯认为，"路德的职业观念依旧是传统主义的"[③]，要找寻打破传统主义的樊篱，不能只停留在路德的训示上，天职观显示出一种变化的可能，但进一步的发展有赖于继续考察其他新教教派的作为，这主要是指加尔文派。

加尔文的天职观以"预定论"为基础，这种思想主张人类为上帝所造

---

① 〔德〕保罗·阿尔托依兹：《马丁路德的神学》，第116页。
② 〔德〕马克斯·韦伯：《新教伦理与资本主义精神》，第37页。
③ 〔德〕马克斯·韦伯：《新教伦理与资本主义精神》，第37页。

并为上帝而存在，上帝在宇宙中拣选了一小部分"选民"，只有他们才能获拯救，而其他人都被定了罪，无法获得永生。拣选是预先就决定了的，人类的任何手段都改变不了上帝的决定。而哪些人是选民，有限的人类是不可能知道的，人虽然不能揣度上帝，可是他不可能不关心自己是否被选中的问题，因此，寻找一个被选中的标志就成了加尔文要解决的问题。加尔文承认有某些标准，首要的和最具决定性的标准是在人的信仰活动与上帝的内在关系中，结果唯有信徒自己坚信是"选民"的一分子，并且终身以此荣耀上帝，成为上帝的"工具"，那么这就是一种标志。当然这是一种心理的标志，事实上，这种标志是选民自己创造的。正如韦伯指出，加尔文教绕了一大圈，事实上就是要信徒在世俗世界"创造"自己是"选民"的证据。加尔文认为，通过紧张的职业劳动，积极谋求事业的成功是确证救赎的最好方法，因为成功的事业意味着实现了上帝赋予的先定使命，它是灵魂获救的可靠证明，更是荣耀上帝的一条重要途径。通过这种世俗职业的成功，他就有了预定的标志。当然，在神学上，大家都知道预定并不必然为这些行为所引起。但是，如果有这些标志，个人就可以有一种确定性，更好完成对上帝的应答。

加尔文认为，身体是灵魂的无价值的牢狱，他也提倡禁欲主义，但这种禁欲主义不是那种否定生活本身的罗马天主教类型的禁欲主义，恰好相反，是要肯定世俗社会的价值，韦伯称之为一种内在世界的禁欲主义。它有两个方面：节制和劳动。节制符合基督教灵肉分离的基本原则，与不洁的道德生活形成深刻对比。而劳动在于参加世俗世界的活动，职业或工作就是人在尘世间的神圣责任，理性利用这些职业而取得成效，是对上帝神召的应答，这就构成所谓"资本主义精神"。

上帝对每个人的神圣召唤途径各不相同，通过召唤使每个人的存在神圣化。每个人都可以用自己的方式成全召唤，但如果一个人完全放弃对这种召唤的响应，那么就不可能得到拯救。在新教徒看来，如果一个人在职业上不思进取，无所成就，没有任何功德，其结果不是现实中的穷困潦倒就是被人轻视，而其本质是没有对上帝的召唤做出应答，脱离了拯救和选民的范围，这样就不再是一个现世生活的问题，而是一个有关永恒拯救的问题。这样的人不是上帝的选民，会遭到万劫不复的诅咒。

新教改革中路德和加尔文共同完善的天职观,虽然表面上凸显了上帝的力量,人只能依靠信仰,但事实上突出了人在应答上的主动性,而这种应答没有贬低人的世俗生活价值,人的肉体存在并不是毫无意义的,而是通过职业而与灵魂一起发挥积极的作用,实现人的责任。这样,灵肉分离的矛盾得到了解决。按照黑格尔的说法,基督徒的"苦恼意识"也就是由灵与肉的分裂所造成的意识,通过新教改革而达到了统一,并且不是统一于肉体(指文艺复兴中的统一),而是将世俗化的存在提升到神圣的层次,两者统一于精神,这是新教天职观解决上述唯灵主义理论与实践脱节问题的一个尝试。

奥古斯丁曾经称基督徒既是上帝之城的"居民"又是世俗之城的"旅客"。在这个双重身份中,基督徒不可避免要以世俗身份来从事对上帝应答的工作,履行自己的责任。在上帝创造的等级和秩序中,如何将这两层身份很好地结合起来,实现对上帝的应答,新教的天职观应该说给了信徒们一个相当满意的回答。秩序与应答这两个基督教基本观念,在天职观中得到了统一和融合,使宗教改革成为西方现代思潮变革和社会发展的重要基石。

四 韦伯论信念伦理和责任伦理

1919 年 1 月 28 日,马克斯·韦伯应自由学联巴伐利亚分部邀请,在慕尼黑做了《以政治为业》的演讲。"业"(Beruf)在这里是一个伦理概念。韦伯在《新教伦理与资本主义精神》中对这个概念做了深入分析,这个"业"不是一般理解的那种养家糊口的职业,而是作为使命的职业——志业,是一种天职,以政治为业,事实就是讨论有关政治伦理问题。政治伦理一直是一个非常复杂的问题,有人甚至提出政治是否有伦理坐标的问题。韦伯肯定政治生活中伦理维度的存在,我们应该探讨的是什么样的伦理框架是切合政治生活的。正是由于对这个问题的探讨,韦伯对信念伦理和责任伦理做了区分:"一切伦理性的行为都可以归于两种根本不同的、不可调和的对峙的原则:信念伦理和责任伦理。这不是说,信念伦理就是不负责任,责任伦理就是没有信念。当然不能这么说。不过,究竟是按信念伦理准则行事——用宗教语言来说,就是'基督徒做对了,成绩归功于上帝'——还是按责任伦理原则行事,就是说,当事人对其行为的(近期)后果负责,两者有着天壤之别。"①

　　一般认为，这两种伦理观念是截然对立的。韦伯也的确倾向于反对信念伦理，倡导责任伦理。但如果我们深入了解韦伯在此文中或其他文献中对这个问题的论述，就会发现事情远非这么简单。比如，他引用马丁·路德1521年4月18日在沃尔姆斯城答辩时作为结尾的名言，写道："真正令人无限感动的是，一个现实、真诚地感到对后果的责任，按照责任伦理行事的成熟的人——不论年纪大小——在任何关头都说：'我再无旁顾，这就是我的立场。'这才是真正的人性，使人为之动容。我们中间的任何人，只要他的心没有死去，都可能碰到这种情况。在这个意义上，信念伦理与责任伦理并不是绝对对立的，而是相辅相成的，合起来才能造就真正的人，即能够'接受召唤去从事政治'的人。"② 在这里韦伯认为两者并不是截然相对的，反而是一种互补的关系。韦伯对两种伦理的区分以他的社会行为理论为基础，他把社会行为分成四种类型。

　　（1）工具理性（又译为"目的理性"）的行为；

　　（2）价值理性的行为；

　　（3）感情与激情的行为；

　　（4）传统行为。

后两种类型是指由现实的情感和感觉规定的，由习惯起作用的行为。我们日常的大部分行为属于这两类，但这不是韦伯关注的重点，他关注的是前两种类型。韦伯将价值理性的行为定义为"被某种信仰决定的行为"，这种信仰本身有某种伦理的、美学的或宗教的价值，人为达到这种价值而不计成功与否。这种行为的意义在于行为本身，是一种命令式的，表达式是"我必须"。而工具理性行为则不同，它关注对后果的计算。为达到目的而进行合理的权衡、采用合理的手段的行为，目的、手段和伴随性后果都会在考虑之中。

　　韦伯最看重工具理性行为。他认为，作为一种理想的典型结构，工具理性行为不关心价值，它只关注结果和达到目标的手段的有效性。两种理性行为都包括一种命令，但这种命令的位置各不相同。在工具理性行为中，这种

---

① 〔德〕马克斯·韦伯：《伦理之业》，王容芬译，广西师范大学出版社2008年版，第85页。

② 〔德〕马克斯·韦伯：《伦理之业》，第94页。

命令出现在选择的理性思考之后，它指引人建构达到目的的最有效的方式或手段；而在价值理性行为中，这种命令出现在理性思考之前，我只有遵守这个命令而没有其他选择。由此看来，这两种行为是完全不同的。然而韦伯提出，在现实情况中，很少是只有一种行为在起作用，这种情况几乎不存在，而总是两种行为同时在一个人身上或者在同一个境况中发挥作用。两者相互作用和影响的情况非常多，比如，一个人通过纯粹的价值理性在可选择的目标之中确定目标，而在达到这个目标的过程中，又使用纯粹工具理性的方式。韦伯从不认为任何一种实际的社会行为要么是完全价值理性的，要么是完全工具理性的。这两种社会行为是对人类实际决定中的两种不同标准可能交互影响的一个探索性说明。

韦伯以政治为业的分析有三个层次。第一个层次是伦理的，韦伯关注的是这两种理性行为的连结，关注的是：一个行为的伦理意义究竟是价值还是结果，或者两者相结合。第二个层次是制度的，也就是指生活的领域，生活中不同的制度秩序，如政治的、宗教的或科学的、艺术的。相应地，以政治为业是不仅考察这个特别领域的冲突，也考察政治与其他领域的冲突。第三个层次，是由韦伯的信念构成的，他认为伦理关切和制度关切是和一个人的世界观联系起来的，可以说是观念的或理念的层次。在这个层次上，关键问题是：这是一个理性的世界吗？在其中，形成伦理和制度的世界是以理性的等级秩序来安排的吗？韦伯对信念伦理和责任伦理的区分是在第三个层次的意义上讲的。这种区分最终是伦理世界观的区分。

信念伦理不否认有前面两个层次的冲突，但不承认有第三个层次上的冲突。它预设了一个伦理的理性世界的存在，在这个世界中，各种义务最终都不是相冲突的，价值是等级有序的。一个好行为的标准不在于它的结果，行为人不为其负责任，他们的责任和义务在于服从与事物秩序相符合的要求和命令。在服从中，他们的意向有着重要的道德价值。信念伦理有多种表现形式，最极端的形式被韦伯称为福音的绝对伦理，这主要体现在《马太福音》中的登山宝训。"它的真义在于，要么全有，要么全无"，"福音的诚命是无条件的，非常清楚：把你的全部都无条件的舍出"。[①] 这种伦理的特点是根

---

① 〔德〕马克斯·韦伯：《伦理之业》，第84页。

本不考虑任何结果，这是一种完全的价值理性行为。还有一些形式较为缓和的信念伦理，也是在生活中较为常见的，如韦伯在提到他的同行弗尔斯特的观点时说，他的书有一个简单命题：善有善报，恶有恶报。好像这样一来，就什么难题也没有了。他在这里加入了工具理性的行为，考虑到后果及方式的选择。这两种方式的伦理在他看来都不可行，完全缺乏实际意义。前者在政治家看来，只要不是针对所有人的，那就是毫无社会意义的过分要求。而事实上，那种"连左脸也送过去被人打"的要求只对圣人有效，常人根本无法做到。至于说真话的绝对义务在现实中尤其在政治生活中更加不可行。至于后一种伦理，韦伯认为如果这个命题成立，那么神正论的问题根本不会存在，也更不会引起人们诸多的诘难，而且在很多时候情况是完全相反的，好人没好报，而恶人却得福。

韦伯批判信念伦理，不是批判它追求"善"的伦理要求，目的在于指出："在许多情形下，'善'的目的与人们对道德上可疑的、至少是危险的手段以及产生恶的副作用的可能性或几率的容忍分不开。世上没有一种伦理能够表明：什么时候在什么范围内伦理上善的目的把伦理上危险的手段和副作用神圣化了。"① 他断言，用"目的"神化"手段"的信念伦理也注定要失败。因为"事实上它只有一种逻辑可能，那就是摈弃任何使用道德上危险手段的行动"②。除了逻辑上的难题，韦伯进一步指出信念伦理不能回避现实世界，在现实世界关键时刻，一向标榜以爱还暴、以德报怨的信念伦理学家，往往"转眼之间大声疾呼使用暴力，——最后的暴力，它会带来消除一切暴力的局面——完全像我们的军官在每一次攻势之前对士兵们说的：这是最后一次，它将带来胜利与和平"③。

信念伦理学家之所以相信信念价值的无条件性，在于他们相信宇宙秩序的理性化假设，他们无法忍受世界上伦理的非理性状况。而这种对宇宙秩序的理性相信，是宗教存在的一个基础，信仰者当然不允许破坏这种宗教存在的根基，所以他们不管现世情况如何，看不到现实与信念之间的巨大落差，一味遵从理想主义，从而不可能真正实现他们的伦理观念，反而最终走向了

---

① 〔德〕马克斯·韦伯：《伦理之业》，第 86 页。
② 〔德〕马克斯·韦伯：《伦理之业》，第 87 页。
③ 〔德〕马克斯·韦伯：《伦理之业》，第 87 页。

暴力。韦伯对付信念伦理的方法很简单，就是回到政教分离，回到路德，把对战争的责任从个人肩上卸下，转给政府。在他看来，除了信仰，个人在任何事情上服从政府（这当然也包括使用暴力）都不会有罪。不过信念伦理和责任伦理的区分并非完全是政治上的，它也关系到一个人自己的存在方式，战争的责任固然可以推给政府，但人在实际生活中仍然会遇到许多矛盾和冲突，在处理这些问题时，韦伯提出了责任伦理。

责任伦理不承认一个以理性等级秩序为基础的世界，责任伦理的背景是现实世界各种各样的冲突，这种冲突决定我们的生活。冲突是我们经验世界无可逃避的一个特征，在上面所提到的三个层次中都存在。不管我们提不提到它，冲突都是无处不在的，越是我们提得少的地方，反而是冲突越激烈的地方。韦伯对冲突的理解首先来自两种理性行为的矛盾，这是伦理层次上的，其次是制度上的冲突，当然这两种冲突归根结底是理性冲突所造成的。伦理领域内的冲突来自两种行为的区分，一个问我价值的命令是什么，我如何让我的行为与它们相符，另一个不关心价值，而是问从 A 到 B 的最有效的路径是什么？尽管这两种理性在现实生活中常常联结在一起，但韦伯坚信，没有任何理性能够调解和沟通两者，因此伦理决定总是带有模糊性和危险性，在两个维度之间不可能有持续的理性存在。这样的冲突常常产生特别的伦理问题，这些问题伦理不能通过它自己的前提来解决。其实这也就是韦伯在批判信念伦理时所说的：没有一种伦理能够表明在伦理上善的目的可以把手段和副作用神圣化。

至于制度上的冲突，这种情况在现实中就更是显而易见，因为社会的基础即理性本身就是一个内涵非常丰富的概念，几乎无法精确地界定，正如韦伯自己提出的："譬如，神秘的观照（contemplation）从其他生活范围来看是一种特别非理性的心态，然而在我们这里却有理性化的神秘观照，正如有理性化的经济生活、理性化的技术、理性化的科学研究、理性化的军事训练、理性化的法律和行政机关一样。此外，所有这些领域均可按照完全不同的终极价值和目的来加以理性化，因而，从某一观点来看是理性的东西，换一种观点来看完全有可能是非理性的。因而，各式各样的理性化早已存在于生活的各个部门和文化的各个领域了。"[1] 因此，在社会各种领域里，在规

---

[1] 〔德〕马克斯·韦伯：《新教伦理与资本主义精神》，第 10—11 页。

则都有所冲突的情况下，根本不存在一个为所有人所认同的信念，各种制度都有其合理性的一面，但这个合理性并不是全面的。

韦伯讲到了理性多种形式的区分，如"形式理性"和"实质理性"的区分。他以资本主义经济中的劳动市场为例，认为在劳动力市场，劳动者自愿出卖劳动力给资本家，资本家透过劳动的商品化精确计算生产成本而与劳动者签订劳动合同，看起来这是非常公平合理的，是符合"形式理性"的，但这不能掩盖以下事实，从"实质理性"的角度来质问合同成立的条件可以发现，劳动者是在生活压迫下，不得不出卖劳力，实质上仍是不自由，资本家具有优势地位。因此，形式理性不足以解决实质理性或实质正义的基本问题，两者之间的紧张更是资本主义社会许多冲突矛盾现象的根源。这种分析问题的方式在我们看来非常熟悉，与马克思的观点可谓完全一致。

在谈到韦伯有关理性的分析时，孟森（Wolfgang Mommsen）对此做了比较深入的思考。他在《韦伯的世界史概念》中，根据韦伯的历史观导引出两种历史变迁的形态：一种是革命性的，通常由某些人基于价值的信仰，完全服从于非日常性（non-everyday）的理念，譬如宗教上的召唤或是自由、平等理想等等，而能够聚合群力，扭转现实世界的情况，这种献身于理想的行为，具有价值理性的行为意义；另一种则是强调途径化与规律性的变迁，认为历史是一个渐变的过程，以工具理性作为原则，不主张激进的革命。他认为，韦伯所谓"理性化"也有两个层面："一是由非日常性的、卡理斯玛式的理想所引导，也就是在理念或精神伦理上受到感召而'合理化'了社会关系，例如加尔文教派信徒的行为；另一个层面则是纯粹'形式'的，例如在法律关系、经济组织或政治制度上一步步推展的'理性化'。"①

这两种理性的冲突，事实上也就是实质理性与形式理性、价值理性与工具理性之间的冲突，这种冲突是无法掩盖的。在某种程度上，理性人受信念或伦理价值的影响，两种理性不可偏重，但在人的实际活动中，不可避免地总是对一个方面有所偏重，价值理性与工具理性之间并非必然存在一个合理性连接，人的行为看似合理的，但事实上却不合理，反而导致各种矛盾和冲突。

---

① 顾忠华：《韦伯学说》，广西师范大学出版社 2004 年版，第 38 页。

在韦伯看来，两种理性之间彼此冲突，这种冲突无处不在。在这种关系中，如果要想在现实生活中实现自己行为的初始目标，就不能无视这些冲突的存在，尤其是政治家更要面临各种伦理困境和冲突。所以，不顾现实行为一味追随自己的信仰，这是不可能实现的。在承认冲突的背后，是韦伯对现代社会秩序的一种深刻洞察。新教尤其是加尔文新教突出上帝的决定性力量，上帝的预定没有人可以改变和知道，但是再后却把"选民"的证据放到了人的手中，这就是一个使宗教理性化或给世界"祛魅"的过程。加尔文原本想强调信仰，结果反而使宗教精神在资本主义社会里慢慢抽空，一切都变得极为理性，整个世界已经被"祛魅"化了。在现代社会，宗教不可挽回地走向了没落。韦伯看到，在现代社会，人们已经不再如中世纪那样相信世界是一个上帝创造的秩序良好的等级，职业的神圣意味也大打折扣。在这样一个理性的时代，再去宣讲宗教的各种信念已经不能像中世纪那样有说服力，世界等级存在的观念也不复存在了。一切都是相互冲突的，而不是秩序良好的。纯粹的信念伦理的根基已经不复存在，这时候，就必须要将责任伦理与信念伦理结合起来。当然，韦伯事实上还是相当悲观，在资本主义社会中，各个部分的合理性却不能保证整体的合理性，工具理性使用的结果往往是非理性的，因此在一个上帝"祛魅"的世界里，我们对人类的前途和走向仍是一无所知，理性似乎走向了它的吊诡，最终又走向了非理性。

当然，韦伯所处的时代已经与路德时代大不相同，路德时代是一个来世生活比现实生活更加重要的时代，而在韦伯的时代是一个"祛魅"的时代。"在没有上帝，没有先知的当今时代，经验科学和功利取向已经把所有神圣的东西都从这世界上驱逐了；因此，任何纯粹的'信念伦理'不仅在理论上难以立足，而且在实践中也显得荒唐可笑。唯一的出路即在于责任伦理。通过责任伦理，一方面可以导出目标合理行为，为经验理性的行为方式提供伦理价值；另一方面与'信念伦理'相接，为抽象的道德理念奠定现实的基础。换言之，在当今现代性条件之外，任何一种信念，惟有当它与责任伦理结合在一起时，才可能是有效的。"① 可见韦伯力图用责任伦理克服信念

① 冯钢：《责任伦理与信念伦理：韦伯思想中的康德主义》，《社会学研究》2001年第4期。

伦理的困境，但他的任务并没有很好完成。

因此，在现代社会，人要实现自己的天职，单靠新教改革带来的宗教信念已经不可能，上帝已变成一个抽象符号，天职中的神圣观念存在的前提，即等级秩序和赎罪观念在现代人心中都已经淡泊，被认为是非理性的东西，但这些宗教中的非理性因素被资本主义利用或代替之后，理性又开始走向另一极端。韦伯也明显感觉到整个社会合理性的巨大悖论，没有天职观，就不会有资本主义精神的发展，但资本主义发展到一定时候，把职业中的宗教因素抛弃之后，社会发展陷入茫然之中，而韦伯提出两种伦理正是对这种情况的一种回应。但事实上，这仍旧无法挽救整个现代社会的巨大不合理性，因为两种伦理之间仍然存在着不可弥合的断裂。然而，越是如此，两种伦理的结合就越发重要而迫切。正因为如此，我们要充分正视中世纪道德世界观对我们反思近现代西方道德哲学面临的问题所独具的重要资源价值。责任伦理和基督教的爱的伦理——信念伦理的源泉——之间存在着亲缘关系，无论如何都是我们不能否认的。

如果说，马丁路德的天职观和韦伯的责任伦理思想是中世纪哲学的道德观的近代效应，启发我们思考近代伦理哲学与中世纪思想之间的渊源关系，那么，康德关于意志决断和德性的力量及其界限的思考，虽然间接但更深刻地启发我们去大胆挖掘中世纪道德世界观对近代理性主义伦理学产生的持久而内在的影响，即便这种影响是那么迂回而隐秘。

第二节　中世纪的自由决断和康德的自由理论[①]

康德常常被看作西方自由观念的奠基人和辩护者，然而，为人的自由进行奠基这一神圣而艰难的事业却发生在更早的年代，即那个连接古代与现代的中古时代。希腊人对理性的挚爱达到了神圣的境界，亚里士多德曾在《形而上学》中指出，求知是人的"天"性。"神学"就是思想的思想，思辨是"最大的"幸福。他在《尼各马可伦理学》中又说，向善是万

---

① 本节内容作为本课题的阶段性成果曾以"'决断'还是'任意'（抑或其它）？——从中世纪的 liberum arbitrium 看康德 Willkür 概念的汉译"为题发表在《江苏社会科学》2007 年第 3 期，在此做了进一步改进。

物的本性。幸福－道德－至善无疑也是苏格拉底以来希腊哲学（包括希腊化时期的哲学）的核心范畴。因此，亚里士多德在《尼各马可伦理学》中对人的行为进行了系统的探讨，提出了系统的"行为选择"理论。不过，严格地说，他的选择学说并没有达到自由（尤其是意志自由）理论的核心层。

西方自由观念的真正本源和逻辑起点是基督教神学。康德那种启蒙视野下的理性主义自由观固然重要，但我们不能以偏概全，以免把它说成西方自由思想的唯一类型，更切忌把它说成为自由"奠基"。西方自由思想的理论来源也同样要从两个维度去探索，亦即犹太－基督教的自由观和康德的启蒙自由观，后者本来是希腊理性主义与希伯来基督教思想在启蒙视野下的融合，尽管启蒙的巨大社会影响遮蔽并且弱化了我们对康德思想的本真辨识力。两者之间也存在着张力式的碰撞发展，这两种自由观的合力推动了西方社会的有序发展。下面我们就围绕中世纪自由意志概念做出符合思想实际的分析，并尝试在"中世纪的意志自由"和"康德的自由意志"这两个视域之间架起一座沟通的桥梁。

一　意志自由理论的奠基①

按照斯多亚派所持的希腊传统观点，自由是受教育的人的本质，人是自由的，但实现这一本质所依仗的乃是教育。"人是理性存有，而且一个有理性的人具有深思熟虑和决定行为的自由。"② 奥古斯丁的对手贝拉基曾经坚持这种希腊式的理性自由观。贝拉基和奥古斯丁的冲突不在于此，而在于是否承认原罪可以遗传，并且整个人类是否因为亚当的原罪而丧失本源的自由。奥古斯丁的《论自由决断》反对贝拉基主义否认神恩的自由观，反对摩尼教命定论的反异端著作，为"神正论"辩护。

奥古斯丁首次对意志概念的明确界定出现在公元 392 年的《论两种灵

---

①　虽然本书第二章专门讨论了奥古斯丁对意志主义的奠基，但这里我们之所以还保留本篇文章关于这个问题的讨论，主要因为这个问题的讨论目的在于探寻康德自由意志理论的渊源，特别是 Willkür 概念的中世纪根源，这是其一。另外，本文写作时曾参考了重要的德语文献《中世纪词典》里的一些词条。这是本书第二章所缺乏的。

②　〔美〕蒂利希：《基督教思想史》，尹大贻译，香港：汉语基督教文化研究所 2000 年版，第 187 页。

魂》中，他说，意志是灵魂的一种趋向或倾向。据考证，表达自由决断能力（libera arbitrii potestas）或决断自由（arbitrii libertas）的术语首先可以在德尔图良那里找到。① 大约自公元 392 年以来奥古斯丁就把欲求的意志（voluntas 意愿）和自由决断能力（liberum arbitrium）做了区分，后者为人和天使所共有，一个活动者可以无需任何一种其他的原因，并无需一种恰当的理由就可以有意识地为了错误的行为选择做出决断。"使心灵成为贪欲的帮凶的，除了心灵自己的意志和自由决断能力外，别无他物。"②

在《论自由决断》中，奥古斯丁基于神正论立场，集中论述了罪恶的来源。人的行为的恶来自意志的自由决断（ex libero voluntatis arbitrio），统治一切恶行的贪念使心灵受制于虚无之物，意志的自由决断是关键。意志是行为的载体与主体，"自由决断（liberum arbitrium）概念作为源自意志的深思熟虑的决断能力（Entscheindungsvermögen）表达了人的尊严和责任，中世纪在解释这个概念时沿着特别由奥古斯丁开创的道路行进"③。中世纪在坚持神的特权这一前提下强调自由决断中的人的"自因性"（Selbstursächlichkeit）。

奥古斯丁在《论自由决断》中开宗明义地论述了人的两种恶：行为的恶和遭受的恶。前者来源于人的意志及自由决断，后者是因此所受的罚，虽然施行惩罚的是上帝，但追溯起来，原因依然是人的自由意志。不过，因为自由意志毕竟是救赎史上的重要事件，罪恶与惩罚相关，两者分别涉及因自由意志作恶和因神的惩罚对恶的遭受。罪与罚涉及人与上帝之间的关系。库尔特·弗拉什正确地指出，"意志自由首先是在恩典说和预定论的情境中保持其恰当的位置"④，正义就其本质而言是与他人相关的。若没有意志的自由决断能力，原罪就是无法理喻的，"若非人是有意行恶，惩罚就是不义的"⑤。人正是出于意志和自由决断犯罪作恶，才能彰显神之惩罚的正当性。通过犯罪和受罚，人才能学会区分善恶，才能使人作为"上帝的形象"这一受造本质开显出来，正如奥古斯丁所言，"人不可能无自由意志而正当生

---

① *Historisches Wöterbuch der Philosophie*，Band 12，Basel/Stuttgart，2004，S. 767f.
② 〔古罗马〕奥古斯丁：《论自由决断》Ⅰ 11：21。
③ *Lexikon des Mittelalters* Ⅺ，Deutscher Taschenbuch Verlag，2003，S. 208.
④ *Lexikon des Mittelalters* Ⅺ，S. 208.
⑤ 〔古罗马〕奥古斯丁：《论自由决断》Ⅰ 1：1。

活，这是上帝之所以赋予人以自由意志的充分理由……上帝应当赋予人自由意志"①。自由决断是理解神正论的关键。

奥古斯丁并没有停留于此，他还突出了意志自由在整个救赎事件中的连续性和层阶性。我们在论及他的意志（自由）概念时务必要注意两点：一是他的神正论世界观；二是意志概念的层阶性特征。关于第一点，我们从《论自由决断》第一卷中不难了解。关于第二点，奥古斯丁从三个层次分析了意志（自由）概念：首先是堕落前的自由：亚当接受了上帝赋予的"能不犯罪"（posse non peccare）的能力，这是本源的自由，或者"形而上的自由"②。其次是堕落后的自由，但这时的亚当还没有得到不能够犯罪（non posse peccare）的完全恩典，因此还有可能犯罪，事实上他的确也犯了罪，从而丧失了本源的自由，可同时他也获得了堕落后的自由——与无知与无能相伴。这种自由又叫作虚无的自由（manca libertas）。真正的自由（vera libertas）是爱（caritas），这是肯定意义上的自由，不再是超然、中立的，而是有道德性的。罪人借助上帝的恩典重新获得了在善恶之间进行抉择的能力，因此是恩典的自由。③ "当我们服从真理，而使我们从死亡，也即从罪恶中得自由得真理，正是上帝本身。"④ 奥古斯丁关于服从真理是唯一真正自由这一观点有两个主要的论据，《论自由决断》卷二第 13 章和 14 章明确指出了第一个论据——真理与善，"灵魂非可靠地享受一件东西，就没有自由去享受它"⑤。真理和善是唯一不能被忤逆灵魂的意志夺去的东西，所以，服从真理并热爱善的灵魂将是自由的，而依附较低等级的事物的灵魂将会受到外力的摆布。

在余下的卷二及卷三的前半部分中含蓄地给出了第二个论据，奥古斯丁在这些章节中阐释了他对于存在与善的关系的看法，这一观点植根于柏拉图，随后为中世纪基督教思想家所共有。奥古斯丁区分了意的两个基本要

---

① 〔古罗马〕奥古斯丁：《论自由决断》Ⅱ 1：3。

② Thomas Williams 为《论自由决断》英文版写的导言。参见 Augustine, *On Free Choice of the Will*, 1993。

③ 以上区分参见周伟驰《奥古斯丁的基督教思想》，中国社会科学出版社 2005 年版，第 251 页。

④ 〔古罗马〕奥古斯丁：《论自由决断》Ⅱ 14：37.

⑤ 〔古罗马〕奥古斯丁：《论自由决断》Ⅱ 14。

素：愿意（velle）与能够（posse），两者缺一不可。正如保罗所说"我愿意行善，却无力为之"（《罗马书》7：18），新自由、真自由是意愿（voluntas）与能行所愿之能力（potestas）的结合。自由意志通过恩典使"意愿"变为能力，从而成全了自由，但也不能简单化为自由意志的辅助性力量。可见，恩典对于意志有直接作用：坚定意志，治愈意志①，这正是奥古斯丁与贝拉基的根本区别所在。总之，在由意愿自由走向能力自由的过程中，起决定作用的不是人的决断，而是上帝的恩典。只是他格外强调，人的自由决断是人实现上帝肖像这一自我本质化过程的必然环节和必由之路。奥古斯丁对意志自由的分析充盈着基督教式的存在论（生存论）信息。作恶归责于人，成善归功于上帝。

二　中世纪自由决断概念的流变

在奥古斯丁以后，中世纪关于自由意志的讨论越来越具有道德心理学的特征②，突出道德主体的内省意识，这是奥古斯丁《忏悔录》的直接效应。另外一个重要变化就是理性要素的介入。如果说，在奥古斯丁的意志层阶分析中，爱（信仰）高于认识，意志高于理智，在走向真自由的过程中，信仰与恩典起了决定性作用，那么，后来随着"真宗教就是真哲学"这一奥古斯丁式口号变得"不合时宜"，理性再次成为自由意志的相关项，尽管安瑟伦通过把意志自由规定为"为了正义本身而维护意志的正义的能力"，将目标置于自由意志观念的显著地位，"强调意志自由的形上维度"③。

安瑟伦在他的《论自由决断》中指出："意志在本质上是一种自发运动，人们不可能被迫地（即便在死亡的威胁下）意愿，即不自愿地意愿，因为每个意愿者都意愿其意愿。"④ 正如 E. 吉尔松在分析基督教关于意志与必然的对立时指出的："你可以强迫一个人做这做那，但你绝不能强迫他意愿这个或那个。"⑤ 安瑟伦认为，"意志（will）、自发性（spontaneity）、免于

---

① 参见〔法〕E. 吉尔松《中世纪哲学精神》，第 255 页。
② 参见吴天岳《意愿与自由：奥古斯丁意愿概念的道德心理学解读》，北京大学出版社 2010 年版。
③ *Lexikon des Mittelalters* Ⅺ，S. 209.
④ 转引自 *Historisches Wöterbuch der Philosophie*，Band 12，S. 770。
⑤ 〔法〕E. 吉尔松：《中世纪哲学精神》，第 248 页。

必然（absence of necessity）都是同义字……自由意志透过一种自发运动而固定在某一对象上，此种自发运动就是欲望（appetitus），既然欲望是在选择，则欲望就是意志，而自由则在于由知识所光照的意志之合理性"①。安瑟伦的这种观点后来在邓·司各脱那里得到更进一步发挥，"一切决定都属于知识的范围，一切自由都属于意志的范围"②。安瑟伦实际上也突出了自然（本性）和意志（自由）之间的冲突。

阿伯拉尔强调，意志的自愿赞同是罪恶的本质。意志自由直接地就是不受约束地执行所认知的东西的能力，尽管意志不可能和自身达成一致。自由意志总是意愿人们所喜爱的东西，意志是使人赖以和动植物区别开来的东西。在本来意义上，意志在赞同中实现自身，因为"哪里没有意志，哪里就没有赞同，哪里有意志，哪里就有自由"③。阿伯拉尔考察了理性与意志之间的关系，他在强调意志使人区别于动植物的同时，也强调"使我们和动物区别开来的仅仅是这种知识的理性化状态"④。

在 12 世纪，伯恩哈德把意志自由描述为一种源自意志自由和理性判断的赞同活动，同时把理性只看作意志的婢女，而克雷莫纳的普雷波斯廷（Praepositinus v. Cremona）认为，自由决断（liberum arbitrium）就是理性，这显然是另一个极端，属于波埃修阵营。12 世纪围绕意志与理性关系的讨论就是这两种极端论点之间的论战，奥古斯丁的权威代表了这一时期意志主义的解释类型，波埃修的权威代表的是理智主义的解释类型，后者"明显地把意志之根设置在理性之内"，"意志只在被理性判断之时，才有自由可言"。⑤ 相较于邓·司各脱的极端意志主义，波埃修的确站在理性主义一边，"使欲望变成自由的，则是理性批判"⑥。由此可见，波埃修的观点确是一种"完整的理性主义"。

关于理性与意志的论争一直持续到 14 世纪初，不过，这一时期的主流

---

① 转引自〔法〕E. 吉尔松《中世纪哲学精神》，第 249 页。
② 转引自〔法〕E. 吉尔松《中世纪哲学精神》，第 249 页。
③ *Historisches Wöterbuch der Philosophie*，Band 12，S. 770.
④ 〔法〕阿伯拉尔：《神学导论》Ⅲ 7，转引自 *Historisches Wöterbuch der Philosophie*，Band 12，S. 770。
⑤ 转引自〔法〕E. 吉尔松《中世纪哲学精神》，第 250 页。
⑥ 转引自〔法〕E. 吉尔松《中世纪哲学精神》，第 251 页。

观念是意志优先，当然也出现了如托马斯的折中主义论点。在阿尔伯特
（Albert）那里，意志独立于理性；在托马斯那里，两者彼此共存，理性与
灵魂这一实体有现实的分别，但联系更紧密。意志只有借助理性才能和灵魂
的其他部分相关，无论是感性欲求能力通过理智对象驱动意志，还是意志借
助理性主导并安排这些欲求。一方面，托马斯秉承了波埃修的观点，即理性
使意志自由，理性不仅使目标内在化①，而且使意志达至普遍的"至善"并
且鉴于各自的和世俗的善物使之自由。另一方面，意志是其他所有能力
（包括理智能力）的动力因。意志作为自动的东西，从本身看，它只服从第
一推动者（上帝），只有上帝才能以自然的非强制的方式推动它，因为上帝
本身创造了意志的本性，而且因为他本身不仅是意志的动力因，而且是意志
的终极目的因，这个目的因是意志当作它自己的永福去意愿的。因此，"自
由决断与意志的关系就如同理性（ratio）与理智（Intellect）的关系一
样"②，自由决断专司手段，而理智和意志关涉原则和目标。自由决断和意
志仍然是同一种（和理性有别的）灵魂能力，就如同理性和理智是同一的
能力一样，只有在上帝中，理性和意志才能一致，本性和本质才能相符。理
性虽然最终比意志更高，但在某些方面意志是更好的，一旦它敦促人追求更
大的善。E. 吉尔松指出，托马斯介于理性主义和意志主义之间，"同波埃修
一样，托马斯认为，一个自由意志的行为是一个自由的判断，但他会加上：
［所谓自由判断］。因为本质上那是一个意志所要的行为，而不是理性判断
的行为。同邓·司各脱一样，托马斯承认，自由本质上属于意志，但他拒绝
在定义自由意志时忽略实践理性的判断，而后者的出路乃终结于意志的选
择。就质料而言，自由乃是意志之事；就形式而言，自由意志乃是理性之
事"③。托马斯的观点有助于我们为康德的自由意志理论定位，正如 E. 吉尔
松的论断，"天主教的自由观在本质上虽然是宗教性的，但对于理解哲学上
和道德上的自由意志问题，却有深刻的影响"④。

---

① 〔意〕托马斯：《神学大全》Ⅰ－Ⅱ 6.1。参见 *Historisches Wöterbuch der Philosophie*，Band 12，S. 771。

② *Historisches Wöterbuch der Philosophie*，Band 12，S. 771f.

③ 〔法〕E. 吉尔松：《中世纪哲学精神》，第 252 页。

④ 〔法〕E. 吉尔松：《中世纪哲学精神》，第 254 页。

在弗朗西斯教派中，奥古斯丁主义关于意志独立于理智的观点被认可。波那文图拉认为，意志可以根据其反思能力约束自己的行为[①]，自由和意志以认识为前提，本性的意志（voluntas naturalis）和选择的意志（voluntas eligentiae）有别，本性意志与包含实践原则的良知（Synderesis）同一。由于良知是一种习性，即不总是现实的，所以人可能选择作恶，亦即有时这种习性就被选择意志的偏好占据。邓·司各脱继承了弗朗西斯派的力量原则（principium potestativum），对他而言，意志也不是通过理性获得自由的，而是通过其自身的形式获得的。意志甚至就是真正理性的能力，因为其特征就是指向对立面，无论是对象还是行为。意志控制激情，理性只是通过意志的调节才对激情施加影响。上帝的自由意志是实存的，因为存在着偶在性，上帝的意志行为就其本身来看是必然的，但考虑到所意愿的外在物，就是偶在的了，"它总是最有秩序地意愿，即先目的，后手段"[②]。

纵观中世纪自由意志观念的演变，我们不难看出，自奥古斯丁提出自由决断的学说以来，无论是他的追随者还是批评者，都在他的基本立场上延续或演变。我们认为，中世纪思想对意志自由的强调超过了亚里士多德和斯多亚派，无论是奥古斯丁还是托马斯甚或邓·司各脱，虽然他们在意志与理性的关系上看法不同，然而将意志看作人的存在链条中一个必然的不可或缺的环节，却是共同的。对此，E. 吉尔松说："自由实际上与意志共存亡，也就是说：与人共存亡。然而，自由意志除了这种本然特性以外，必然要剥除任何道德色彩。没有自由当然没有道德，但在自由意志的本质内并不含有任何道德因素……一切的选择，就其为选择而言，都同时在心理上为不决定，在道德上为超然的。"[③]

E. 吉尔松的分析旨在表明，中世纪自由意志理论首先是存在论的。中世纪哲学关于"一、真、善"的同一性理论在一定程度上就是基于这种自由意志理论，因此，我们首先要甄别其"首要性"，自由意志的道德属性无疑是第二性的，自由意志之于存在的必然性始终是第一位的。当然，E. 吉尔松无意摒弃其道德意义。他话锋一转："但是，身为天主教徒，又不可能

①　参见波那文图拉《箴言》II d. 25，转引自 *Historisches Wöterbuch der Philosophie*，Band 12，S. 772。

②　*Historisches Wöterbuch der Philosophie*，Band 12，S. 773f.

③　〔法〕E. 吉尔松：《中世纪哲学精神》，第 252—253 页。

不关心自由行为中的道德素质。"① 从根本上看，奠基于基督教神学背景下的中世纪自由意志理论，其基本框架就是：人的意志从属于神的意志。自从亚当因自由决断选择作恶并且陷入死亡的惩罚以来，几乎所有的正统神学家都强调，恩典使人的原罪后的向善意愿变成向善的自由能力，从而使被分裂的意志重获统一，使自由决断（liberum arbitrium）中包含的自由与意志两个要素形成一个完整的整体。安瑟伦有言："恩典不但不削弱自由意志的能力，而且予以解放。恩典在'决断（arbitrium）'的自发性之上，增加了'自由'（liberum），使'自由'成为'意志'的能力，一个真正的'自由决断（liberum arbitrium）'便是一个决断的自由（libertas arbitrii）。"②

中世纪哲学家一贯认为，从"liberum arbitrium"（自由决断）发展到"libertas arbitrii"（决断自由）的契机不是别的，仅仅是恩典，尽管他们把前者看作中立的、超然的自由，决断、选择具有可能性与开放性，是人的生存论图式，但是，由生存走向道德，由存在走向应当的决定性要素是恩典，即便其先决条件首先是自由意愿。从行为的自由决断、对象的自由决断、目的的自由决断方面看，人的意愿都是自由的，即意愿"意愿"，但在达到目的的手段选择上，人总会出错，甚至必然出错。这表明，从存在的善走向道德的善这一历程中，人的理性是无能为力的、有限的。中世纪的自由意志论虽然在很大程度上告别了传统的外力决定论或命定论，但预定论依然是无法摆脱的宿命。构成人的真正自由和永福的决定性要素既不是理性，也不是意志，而是恩典。在某种意义上，"liberum arbitrium"（自由决断）归于（不仅归责于而且归功于）人和天使，而"libertas arbitrii"无疑属于上帝和义人。人因拥有前者而不同于动物，人因放弃前者而享有了后者。这两个概念在康德的术语中就对应于自由的决断（die freie Willkür）和决断的自由（Freiheit der Willkür）。

三　康德的意志要素论和 Willkür 的汉译

Willkür 来自拉丁文 arbitrium，作为不当实施的决定或意志表现的贬义

---

① 〔法〕E. 吉尔松：《中世纪哲学精神》，第 253 页。
② 转引自 E. 吉尔松《中世纪哲学精神》，第 256 页。译文有改动。

表达，用于行为理论、伦理学和法哲学或政治哲学之中。"它也可能表示这些行为能力。在中性意义上，在语言哲学中说的是语言符号及其意义设定的随意性。"[1] 在一般的德文词典中，"Willkür"有任意、决断、专断、专横、专制、独裁等释义，大多是贬义，而且政治色彩浓厚。相应地，对形容词 willkürlich 的解释是：任意的、随意的、专制的、专横的、专断的等。

我们知道，无论在《纯粹理性批判》《实践理性批判》中，还是在《道德形而上学基础》中，特别在《单纯理性界限内的宗教》和《道德形而上学》中，Willkür 都是一个非常重要的概念。目前，国内学界对这个概念的翻译还不统一，根据我们不完全的考察，主要翻译为任意（性）、意愿、任性、选择、意志等[2]。下面我们围绕康德著作进行文本学分析，看看中世纪的自由意志理论对我们理解康德是否具有启发性，并且启发性在什么地方。这不单单是翻译的问题，更重要的是厘清中世纪思想和康德哲学的内在关联。康德在《纯粹理性批判》和《实践理性批判》中都谈到 Willkür 这个概念，但最有代表性的文本首推《道德形而上学》。让我们先来考察康德在《纯粹理性批判》中论先验自由时的一段经典论述：

"非常值得我们注意的是，以这种自由的先验理念为根据的是自由的实

---

[1] *Historisches Wöterbuch der Philosophie*, Band 12, S. 809.

[2] 该概念的翻译大约可分为三类。第一类是中年学者的翻译尝试，有三种译法："任意（任意性）"，以邓晓芒为代表，在《判断力批判》《实践理性批判》中翻译为"任意"，在《纯粹理性批判》中有时翻译为"任意性"；"意愿"，以韩水法翻译的《实践理性批判》为代表；"任性"，以李秋零翻译的《纯粹理性批判》为代表。以上译本都是严格根据德文版翻译的。第二类是一些前辈，他们依照英译本翻译为"选择"、意志或意志的选择，如关文运的《实践理性批判》，就翻译为"选择"；"意志"，以蓝公武的《纯粹理性批判》为代表；"任意选择的意志"，以韦卓民《纯粹理性批判》为例；"选择或意志的自由决断"，以沈叔平《法的形而上学原理》为例。以上版本都是根据英译本翻译的。第三类是新近一些研究中世纪哲学的青年学者的尝试，他们在翻译中世纪文本时把 arbitrium 译为"选择或意志的选择或决断"，如吴天岳、周伟驰（《现代哲学》2005 年第 5 期的相关文章），再如黄裕生倾向于将 arbitrium 译为"决断"（《西方哲学史》第三卷）。陈虎平翻译的阿利森的《康德的自由理论》，译为"任意"，但很显然，译者是持存疑态度的，因为原作品几乎都是以选择（Choice）来英译 Willkür，译者在大多数情况下保留德文 Willkür。综合以上翻译，我们认为，三种译法中，第二类尝试，即老一辈翻译家的尝试虽然依照英译本，但基本符合该词的实质含义，反映了康德和中世纪哲学之间的内在联系。而以邓晓芒为代表的中年学者虽然忠实于德文版，做出了本土化的（而非盲目跟随英文版）的尝试，但恰恰过于本土化而忽视了西方自由理论的历史"实际"。而第三类尝试注意到了自由概念的中世纪资源，而且把握住了其中关键，但对康德思想和中世纪哲学的内在关联仍然缺乏自觉的体认。

践概念，并且前者在后者中形成向来缠绕着自由何以可能这一问题的种种困难的契机。在实践上理解的自由就是决断（Willkür）之于因感性冲动而来的强制的独立性。因为一种决断就其病态地（被感性这一动因）刺激而言，是感性的；如果它能够被病态地强制，那么，它就是动物性的决断（arbitrium brutum）。人的决断虽然是一种感性的决断（arbitrium sensitivum），但不是动物性（brutum）决断，而是自由的（liberum）决断，因为感性不可能逼迫人的决断行为，而是人身上具有一种可以不受感性冲动的强迫、自行自我决定的能力。"①

这段话包含了康德在《纯粹理性批判》中关于实践自由的经典理解。决断（Willkür）仅仅是实践意义上的自由的第一层含义，即消极的自由：决断不依赖于感性冲动的强制，或者独立于感性冲动的强制。决断的主体是意志，意志的主体是人。决断之所以是自由的而非强制的，乃是因为人身上固有（beiwohnen）一种不受感性冲动的强制就能自我决定的能力。这里尤其要注意：独立性、固有能力、自我决定（自发性）是几个相互关联的概念。这几个关键词不仅是我们理解康德自由概念的一个重要层面（消极自由），更主要的是：如何翻译 Willkür。

我们认为，无论将 Willkür 译为"任意"还是"任性"，抑或译为"意愿"都不太确切，因为人的 Willkür 不可能是任意的，更不是任性，否则很难理解康德的理性主义，意愿也仅仅是意志的第一个层面，而这里实质上已经到了决定的层面，而且是独立决定的能力。即便我们暂且不考虑这种能力的本源（固有性）究竟来自何处，仅仅就其自由属性而言，Willkür 这个词最好译为"决断"，"Die freie Willkür"就是自由决断。

有人把这种决断的独立性看作先验自由的消极含义，而积极的含义是指"自行开始一个因果系列的原因性"②。其实，康德自己在《纯粹理性批判》中并没有做出如上区分，他强调，实践的自由概念以先验的自由理念为基础，决断的独立性表示实践自由的属性，而先验的自由理念则是宇宙论意义上的自由假设。充其量，实践自由就是决断独立于感性冲动的强制

---

① 〔德〕康德：《纯粹理性批判》，A533/534，B561－562，邓晓芒译，人民出版社2004年版。引文中凡涉及"任意"的，笔者全部换成了"决断"。

② 参见邓晓芒《康德自由概念的三个层次》，《复旦学报》2004年第2期。

自我决定的能力，而先验自由（或者理论自由、宇宙论理解中的自由）是一种"自行开始一个状态的能力"①。康德在《纯粹理性批判》另一处的确也谈到自由决断只为人所特有，并且是以理性而非感性为动因的规定。他说："那种不依赖于感性冲动，也就是说能够通过仅由理性所提出的动因来规定的决断，叫自由决断（arbitrium liberum）。"② 这里他再次强调决断的自由本性，即独立性，而且即便在一般实践理性上而非纯粹实践理性上理解，决断之所以是自由的，乃是因为理性，这是毋庸置疑的。其实，以上两处引文在《道德形而上学》导言中有更完整的表达。康德关于消极自由和积极自由的区分是在《实践理性批判》和《道德形而上学》中先后阐明的。

"但那种独立性是消极理解的自由，而纯粹的且本身实践的理性的这种自己立法则是积极理解的自由。"③

"决断的自由是它不受感性冲动规定的那种独立性，这是它的自由的消极概念。积极的概念是：纯粹理性保持自身是实践的能力（das Vermögen der reinen Vernunft, für sich selbst praktisch zu sein）。"④ 正如实践的自由概念以先验的自由理念为根据一样，自由意志同样是以自由决断为基础的。这就如自由决断是基于一般实践理性一样，自由意志基于纯粹实践理性，从不纯粹的一般理性到纯粹的实践理性，从准则到法则，从自由决断到自由意志，都无不贯穿着一条主线：理性与自由。

为了更好地理解从自由决断到自由意志的内在逻辑，我们再围绕《道德形而上学》导言中的观点来厘清决断与意志（Willkür 和 Wille）的区别，其实早在《实践理性批判》中康德就已经对二者进行了区分。

"意志自律是一切道德律与之相符合的义务的惟一原则；反之，任意（决断－引者）的一切他律不仅根本不建立任何责任，而且反倒与责任原则

---

① 〔德〕康德：《纯粹理性批判》，A533/B561，第 433—434 页。参见 Immanuel Kant, *Kritik der reinen Vernunft*, Felix Meiner Verlag, Hamburg, 1993, S. 523f.。

② 〔德〕康德：《纯粹理性批判》，A802/B830。参见 Immanuel Kant, *Kritik der reinen Vernunft*, S. 726。

③ 〔德〕康德：《实践理性批判》，邓晓芒译，人民出版社 2003 年版，第 44 页。参见 Immanuel Kant, *Kritik der praktischen Vernuft*, Felix Meiner Verlag, Hamburg, 1990, S. 40。

④ Immanuel Kant, *Die Metaphysik der Sitten*, in *Kant's Schriften Werke* VI, Berlin, 1902, S. 214.

和意志的德性相对立。"①

下面我们再结合《道德形而上学》导言的两段话集中分析决断和意志的关系。在其中第一处，康德结合实践理性的欲求能力对意志进行了要素论分析，他把意志分为三个层面、三个要素。

"从概念上看，如果使欲求能力去行为的规定根据是在其自身里面而不是在客体里面发现的，那么，这种欲求能力就叫作一种根据喜好有所为或者有所不为的能力。如果它与自己产生客体的行为能力这一意识相结合，它就叫作决断（Willkür）。但是，如果它不与这种意识相结合，它的行为就叫作愿望（Wunsch）。如果欲求能力的内在规定根据因而喜好本身是在主体的理性中发现的，那么，这种欲求能力就叫作意志（Wille）。"②

同样，在《道德形而上学》"导言"第四部分（道德形而上学的预备概念——一般实践哲学）中康德再次集中论述了二者的功能。

"法则来自意志，准则来自决断。决断在人那里是一种自由决断；仅仅与法则相关的意志，既不能被称为自由的也不能被称为不自由的，因为它与行为无关，而是直接与为行为准则立法（因此是实践理性本身）有关，因此也是绝对必然的，甚至是不能够被强制的。所以，只有决断才能被称作自由的。"③

"但是，决断的自由不能通过遵循或者违背法则来行为的选择能力（libertas indifferentiae〔中立的自由〕）来界定——如一些人可能就有过这种尝试——，虽然决断作为现象在经验中提供着这方面的一些常见例子，因为我们只知道自由（正如我们通过道德法则才能够认识的那样）是我们的一种消极属性，即不受任何感性的规定根据的强制而去行为。但是，作为本体，也就是说，按照纯然作为理智的人的能力来看，正如它就感性的决断而言是强制的那样，因而按照其积极属性来看，我们在理论上却根本不能展示它。我们只能清楚地看出这一点：尽管人作为感性存在者，按照经验来看，表现出一种不仅遵循法则而且也违背法则做出选择的能力，但毕

　　①〔德〕康德：《实践理性批判》，第43页，引文有改动。参见 Immanuel Kant, *Kritik der praktischen Vernuft*, S. 39。

　　② Immanuel Kant, *Die Metaphysik der Sitten*, in *Kant's Schriften Werke* Ⅵ, S. 213.

　　③ Immanuel Kant, *Die Metaphysik der Sitten*, in *Kant's Schriften Werke* Ⅵ, S. 226.

竟不能由此来界定他作为理知存在者的自由，因为显象不能使任何超感性的客体（毕竟自由决断就是这类东西）得以理解。自由永远不能被设定在这一点上，即有理性的主体也能够做出一种与他的（立法的）理性相冲突的选择；经验足以证实这种事曾经发生（但我们却无法理解发生这种事的可能性）。——因为承认一个（经验的）命题是一回事，而使之成为（自由决断的概念的）解释原则并且成为普遍的区分标志（与 arbitrio brutos. servo［动物的或者奴性的决断］相区分）则是另一回事：因为前者并没有断定这标志必然属于概念，但这却是后者所必需的。——与理性的内在立法相关的自由本来只是一种能力；背离这种立法的可能性就是一种无能。"①

我们之所以引用这段话，是因为康德在这里清楚地阐明了决断的特征，而且他自己就用 arbitium 来解释 Willkür。

美国学者阿利森（H. E. Allison）在《康德的自由理论》中对"Willkür"和"Wille"做了比较详细的分析。② 其关键在于：二者究竟有无一致性？如果把自由归于前者，后者是否就必然不是自由的。如果说二者都是自由的，那么，我们又如何理解二者各自的自由？毕竟它们各司其职，具有不同的功能。如前所述，康德在此对这两个概念的分析说明，二者是一致的，是广义意志的两个不同要素，没有前者的决断自由，就没有后者的自律自由，正如我们不能把主观准则和客观法则割裂一样，我们也不能把决断和意志看作两个独立的要素。这一点在《道德形而上学》"导言"第一部分就已经考察过了，愿望、决断和意志都是欲求能力的不同层面。虽然后面的分析是从立法的角度出发的，但实质上依然与前面的分析不可分。当然，康德对意志自律的强调，表明他主张人凭靠理性（而非上帝恩典）实现人格中的人性，这是典型的启蒙主义立场。

综合以上分析，我们主张将 Willkür 翻译为"决断"，这更符合康德思

① Immanuel Kant, *Die Metaphysik der Sitten*, in *Kant's Schriften Werke* Ⅵ, S. 226. 其中"libertas indifferentiae［中立的自由］"这个词恰恰通过不同的可能性展示 Willkür 的决断（Entscheidung）性质。虽然 Entscheidung 本身就是区分，上述拉丁文"libertas indifferentiae（不加区分的自由）就是区分的不同选择的可能性。

② 参见〔美〕亨利·E. 阿利森《康德的自由理论》第七章，陈虎平译，辽宁教育出版社 2001 年版。

想的实际。从《单纯理性界限内的宗教》中我们也能够看到，康德思想和基督教的关系是十分紧密而复杂的。虽然他不再在知识领域内谈论宗教和恩典，但只要我们对康德哲学思想进行广义的理解，即把他的宗教思想纳入他的整个哲学体系，就不难看到中世纪围绕意志自由与恩典关系展开的论述给康德带来的内在影响。在中世纪哲学的语境中，从自由决断发展到自由意志的关键性契机是上帝的恩典，而康德诉诸人的理性。这是中世纪哲学和康德哲学的本质区别，但是，这种区别背后的联系似乎更值得我们省思。在这里，我们觉得有必要再次提及前面已经谈到的一本论文集《恩典学说是理性"致命的一跃"：从奥古斯丁和康德的张力看自然、自由与恩典》，这本讨论文集①对我们的论证是个有力的支持。

第三节　道德与宗教的张力②

从西方伦理学发展实际看，基督教道德价值观确实存在问题，在近代遭到启蒙主义强烈批判，因为它把人的幸福引向虚幻的彼岸世界，牺牲了人的世俗幸福。康德的伦理学是一种严格的德性论伦理学，他把追求道德的普遍必然性作为第一要义，"定言命令"是行为的最高实践原则。凡是违背理性绝对命令的行为，都是非道德的，所以康德拒斥形形色色的幸福论伦理学。然而，德性本身并不必然带来幸福，人的实践理性、意志本身是不完全的，无法实现德福结合这一完满的善，因此他才假定上帝存在、灵魂不朽和意志自由，这就是从道德向宗教的转向。我们认为，这是康德道德哲学中的一个"退缩"，是理性向信仰的妥协。康德的解决方式是独特的，一方面，他突出了作为理性存在者的人自身的自主性，能够从一个居住于感性世界的自然人超拔出来，实现一个理性存在者自身的尊严；另一方面，人是一个特殊的理性存在者，与具有完全意志的上帝这个理性存在者不同，无法独自使德性（最高的善）化为幸福，并且在感性世界中实现出来。

---

① Norbert Fischer（Hg.），*Die Gnadenlehre als "salto mortale" der Vernunft？*.
② 本节内容采纳课题组成员李喜英以"康德论德性的力量及其限度"为题发表在《江苏社会科学》2009 年第 3 期的文章，标题、内容在此做了修订。

一 德性是意志的道德力量

义务概念构成康德德性论伦理学的基础。在《道德形而上学》中，康德阐释"义务"这个德性论概念时，对德性这样规定："反抗一个强大但却不义的敌人的能力和深思熟虑的决心是勇气（fortitudo），就我们心中的道德意向的敌人而言是德性（virtus，fortitude moralis［道德上的勇气］）。"①

康德对德性更典型的界定出现在"一般德性"这一论题中，在那里，他力图通过论述德性本身（überhaupt）、德性之为德性的根据，澄清以往在德性问题上的经验主义做法（实际上是批评亚里士多德的"中道"观）。他指出：

"德性意味着意志的一种道德力量。但这还没有穷尽这个概念；因为这种力量也可能属于一个神圣的（超人的）存在者，在他身上没有任何阻碍的冲动来抵制他的意志的法则；因此，他很乐意遵循法则来做这一切。所以，德性是一个人在遵从其义务时意志的道德力量，义务是由其自己的立法理性而来的一种道德强制，如果这理性把自己构建成一种执行法则的力量本身的话。——德性并非自身就是义务，或者拥有德性并不是义务（因为若不然，就必定会有为义务而承担义务），而是义务发布命令，并且以一种道德的（按照内在自由法则可能的）强制来伴随其命令；但由于强制应当是不可抗拒的，为此就需要力量，力量的程度我们只能通过人由于其偏好而给自己造成的障碍的大小来度量。恶习，作为违背法则的意向的产物，是人现在必须与之战斗的怪物；所以，这种道德力量，作为勇气（fortitudo moralis［道德勇气］），也构成了人最大的、惟一的、真实的战斗荣誉，它也被称为真正的智慧，亦即实践的智慧：因为它使人生存于世的终极目的成为自己的目的。——只有拥有了它，人才是自由的、健康的、富有的，是一个国王，如此等等，而且人既不能因为偶然也不能因为命运而受损：因为人自己拥有自己，有德性的人不可能失去其德性。"②

可以看出，康德的这种观点典型地反映了自苏格拉底以来经培根直至启

---

① 〔德〕康德：《道德形而上学》，张荣、李秋零译，载李秋零主编《康德著作全集》第6卷，第393页。

② 〔德〕康德：《道德形而上学》，张荣、李秋零译，载李秋零主编《康德著作全集》第6卷，第417—418页。

蒙时代惯有的理性乐观主义信念，这是一种充满男子气概的英雄主义论调。康德无疑汲取了古希腊早期"力量即道德"的观念，同时传承了苏格拉底和培根的思想，从美德即知识，知识即力量，发展出"德性即力量"这一新的道德箴言。然而，我们要格外注意，康德在这里不是一般地讨论德性观，而是在解决亚里士多德的疑难问题：说到底，究竟什么是德性？

康德不满于亚里士多德的中道即德性的经验主义观点。在他看来，德性与缺德之间不是量的差别，而是质的差别。如果我们只是固守于"中道观"，我们就无法彻底解决德性之为德性的根据问题。康德的道德哲学与传统伦理学最大的区别在于：他要寻求道德之为道德的根据，也就是我们常说的："先天综合判断如何可能"中的何以可能问题，这是康德道德哲学的核心问题。"一般德性"其实就是论述德性本身、德性之为德性的根据、德性何以可能的问题。在康德看来，"德性是意志的道德力量"，这表明，意志是德性的根据和基础，这里的意志是人的意志或者不完全的意志，因为遵守义务的意志面对的是本性的偏好。之所以人的意志能够面对来自本性的偏好产生一种坚强的勇敢的力量，因为意志源于理性自身，而理性是人本身所固有的。这里我们要注意的是：康德对理性自身性的强调，"德性就是实践理性的自主性"[①]。德性、意志、道德、理性、人、自身性是几个相互关联的术语。人之为人在于人有自由，有德性，能够遵从义务行为。当康德进一步把德性和人的行为联系起来考察的时候，德行就具有"德性"的含义，实际上，这都是德文"Tugend"同一个词的不同表述。

德性之所以能够具有排除来自欲望和爱好的障碍，担负起自己的责任，乃是因为理性本身具有这种力量。康德的理性概念已经不是单纯的知识或知（如培根），也不是理论理性本身，而是作为意志的实践理性。他说："理性是一种巨大的莫可抗御的力量，它排除一切外来的干扰，清洗全部利己的意向，保持自身所创制的道德规律的纯洁和严肃。"[②] 有时候，康德把这种不为外物所动的精神状态称为"无情"，认为它是"德性的真正力量"，是抗拒诱惑、经过深思熟虑以坚定的决心将规律付诸实施的精神。我们认为，康

---

① 〔德〕康德：《道德形而上学原理》，译者代序"德性就是力量"，第2页。
② 〔德〕康德：《道德形而上学原理》，译者代序"德性就是力量"，第5页。

德把德性界定为意志的一种斗争和道德力量，不仅在于强调意志对那些违反道德法则的诱惑即那种与职责、义务相对立的冲动和偏向的克服和压制，更重要的是为了实现道德的纯洁性，或者更准确地说，为了实现伦理学的先验化转向，这是首要的任务，正因为如此，他在《道德形而上学的奠基》中围绕道德命令对经验主义伦理学给予了集中批判。

二　康德对幸福论的拒斥

康德指出，正如理性分为理论理性和实践理性一样，意志也分两类：完全的意志和不完全的意志。前者与道德规律（法则）、必然性完全一致，这种必然性的完全的意志只有神这个理性存在者才有。命令式对上帝的神圣意志不适合，因为上帝的完全意志是必然地和规律相一致的。后者（不完全的意志）与道德规律不完全一致，或者无知，或者表象不完全。所以当面对这种必然性（规律）时，不完全的意志就遇到强制力。正是在这个意义上说，"德性就是力量"，即面对强制力所产生的状态（超越）。道德规律（法则）就是对人的主观意志的"强制"（Nötigung），这种力量表现出来就是"命令式"（Imperativ）。命令式是道德律的逻辑表现形式，这是理性的强制，不同于因感觉对意志的左右而产生的"乐意"。前者出于客观原因，出于理性原则，为大家共同接受的规则。后者出于主观，只为部分人的感觉所接受。前者是普遍的、客观的，因为出于理性原则，后者是主观的、因人而异的，因为它出于感觉原则，康德把前者叫作"实践上的善"，他在比较两者时插了一个注，他说：

"欲求能力对感觉的依赖性就叫做偏好（Neigung），因此，偏好在任何时候都表现出一种需要。但是，一个偶然地可被规定的意志对理性原则的依赖性则叫做兴趣。兴趣仅仅发生在一个有依赖的意志那里，这个意志并不是自动地在任何时候都合乎理性；在属神的意志中，人们不能设想任何兴趣。但是，属人的意志可以对某种东西有兴趣，却并不因此就是出自兴趣而行为。前者意味着对行为的实践［主动］兴趣，后者则意味着对行为对象的病理学［被动］兴趣。前者仅仅表示意志依赖理性就自身而言的原则，后者则表示意志依赖理性为了偏好的原则，也就是说，理性在此仅仅指示如何满足偏好的需要的实践规则。在前一种场合，我感兴趣的是行为，在第二种场合，我感兴趣的是行为的对象（就它合我的意而言）……在一个出自义务的行为中，必须关注的不是对对象的兴趣，而仅仅是对行为本身及其在理性中（在法则中）的原则的兴趣。"①

在康德看来，基于道德普遍法则的定言命令和基于个人准则的假言命令有本质区别，这种区别也是基于感觉的偏好和基于理性本身的兴趣的区别，而且，一个出自义务的行为，即德性一定是关注行为本身，而不是行为对象。他在区分假言命令和定言命令的同时，对一切形式的经验主义伦理学进行了驳斥。

"一切命令式都要么是假言地、要么是定言地发布命令的。前一个命令式把一个可能的行为的实践必然性表现为达成人们意欲的（或者人们可能意欲的）某种别的东西的手段。定言命令则是把一个行为表现为自身就是客观必然的，无须与另一个目的相关。"② 他接下来还这样区分："如果行为仅仅为了别的目的作为手段是善的，那么，命令式就是假言的。如果行为被表现为就自身而言善的，从而被表现为在一个就自身而言合乎理性的意志之中是必然的，被表现为该意志的原则，那么，命令式就是定言的。"③ 假言命令是一个条件式，一个可能的行为的实践必然性被看作达到人愿望的，至少是可能愿望的另一目的的手段，而定言命令则是把行为本身看作自为地客观必然的，和另外的目的无关，定言命令才是绝对的无条件的命令。

康德对幸福论和经验主义伦理学的批评集中在他对假言命令的分析上，假言命令有或然的和实然的两种。前者叫技术（技艺）的，后者叫机智的，但都不是定言的、道德的命令。或然命令在科学技术中广泛运用，用一定手段达到一定目的，没有道德因素，只有技巧的熟练，内在目的依赖于外在手段。对技术科学来说，人们为了达到实利性目的必须这样做，无所谓合理或是善良的问题。而实然命令（实用的、福祉）与或然命令不同，为一切有

①　〔德〕康德：《道德形而上学的奠基》，李秋零译，载李秋零主编《康德著作全集》第 4 卷，中国人民大学出版社 2005 年版，第 420—421 页。

②　〔德〕康德：《道德形而上学的奠基》，李秋零译，载李秋零主编《康德著作全集》第 4 卷，第 421 页。

③　〔德〕康德：《道德形而上学的奠基》，李秋零译，载李秋零主编《康德著作全集》第 4 卷，第 421—422 页。

理性的存在者共同具有的目的，如"人人都愿意幸福"，这是根据自然必然性所具有的完整意向，是对幸福的意向。这也是一个命令，它虽然是实然的（确定的），不再是或然的意向必然性，因为这是每一个人普遍具有的本质，因此康德叫作机智（Klugheit），但却依然不能构成康德意义上的道德命令，这是因为"行为并不是绝对被要求的，而只是作为另一个意向的手段被要求的"①。从或然命令到实然命令，虽然行为的准则经历了一个由主观、因人而异到普遍、人人欲求的转变，但终归没有做到从自身出发，因此这种行为的准则无论如何都无法与普遍的理性法则相一致。

康德在回答道德命令何以可能的问题时对作为实然命令的"机智"做了分析。虽然人人都愿意幸福是一个确然的意向，"然而不幸的是，幸福的概念是一个如此不确定的概念，以至于每一个人尽管都期望得到幸福，却绝不能确定地一以贯之地说出，他所期望和意欲的究竟是什么。原因在于：属于幸福概念的一切要素都是经验性的，也就是说都必须借自经验，尽管如此幸福的理念仍然需要一个绝对的整体，即在我当前的状况和任一未来的状况中福祉的最大值"②。也就是说，幸福是一个感性概念，是千差万别的，而且往往包含不幸于自身。因此人们对幸福只能做出不确切的规定，即人对一切爱好的满足之总和就是幸福，"幸福是尘世中一个理性存在者的状态，对这个理性存在者来说，就他的实存的整体而言一切都按照愿望和意志进行"③。也就是说，凡事皆照愿望和意志而行的状态就是幸福。这里康德强调的应该侧重于意愿这一层面，也就是说，幸福论者渴求的幸福是建立在纯经验的基础上的，一个人的幸福是由他当下的感觉所决定的。在康德看来，这种幸福是主观的，不具有客观性，没有统一的幸福的标准。

康德之所以批判经验主义的幸福论伦理学，根本的原因在于这种伦理学缺乏先验的视野，只是基于感觉经验，只问幸福，不问如何配享幸福，因此

---

① 〔德〕康德：《道德形而上学的奠基》，李秋零译，载李秋零主编《康德著作全集》第4卷，中国人民大学出版社2005年版，第423页。苗力田在《道德形而上学原理》中把此句翻译为"行为不是出自本身，而是作为实现另外目的的工具、手段"，我以为，这一阐释非常传神。参见康德《道德形而上学原理》，第33页。

② 〔德〕康德：《道德形而上学的奠基》，李秋零译，载李秋零主编《康德著作全集》第4卷，第425页。

③ 〔德〕康德：《实践理性批判》，李秋零译，载李秋零主编《康德著作全集》第5卷，中国人民大学出版社2007年版，第132页。

无法从根本上回答德性之为德性的根据问题。说得具体些，它所强调的行为"不是出于行为本身，而是出自另外的目的，出于行为的对象"，所以，这种行为是作为实现另外目的的工具和手段。

三　康德的"退缩"与德性力量的限度

康德虽然强调道德命令的无条件性、先天性和纯粹性，但他同样关心人的幸福问题。当他论证了伦理学的普遍原理，即行为的主观准则和客观法则的符合一致问题，澄清了如何配享幸福这一理论难题之后，他也考虑如下问题：在通过道德命令完成了德性的理想化之后，又要解决德性如何返回感性世界，实现道德于感性生活之中的问题。这时，康德提出了三条道德公设，即灵魂不朽、意志自由和上帝存在。这三条道德公设虽然不具有经验实在性，但却是实现人类理性本性——完满的善所必需的理念，这属于信仰，是信以为真（认之为真）的范畴，是把道德的理性命令和感性世界的生命连接起来的中介，这就是所谓"从道德向宗教的转向"，康德认定"对幸福的希望是随着宗教才开始的"①。

这一转向意味着康德德性论的一种"退缩"，它表明了德性的限度。康德究竟为什么要从道德转向宗教？康德曾经在《纯粹理性批判》第二版序言中说过，"因此，为了得到信仰的位置，我必须悬置知［识］"②。康德从道德转向宗教首先是和他从"知"转向"信"相一致的。

康德旨在解决如何配享幸福的问题，他要求在道德范围内完成一次思维方式的转向。我们不仅在《道德形而上学的奠基》中看到康德在普通的道德理性知识和哲学的理性知识之间，在普通的道德智慧和道德形而上学之间进行对话，而且也看到，他的道德哲学要以先验的方式关注人的幸福意向。从经验伦理学向先验伦理学的转向，是一次道德领域的哥白尼式革命。但是，康德也绝没有置幸福于不顾，而是力图从"知"转向"信"，进而从道德转向宗教，实施由德性向幸福的"返回步伐"，也就是上面所言的"退

---

① 〔德〕康德：《实践理性批判》，李秋零译，载李秋零主编《康德著作全集》第 5 卷，第 138 页。

② 〔德〕康德：《纯粹理性批判》BXXX。Ich muß also das Wissen aufheben，um Platz zum Glaube zu bekommen，因为在康德看来，物自体属于信的范畴，不是知的对象，无法以概念这种知的方式把握，只能信以为真。参见康德《纯粹理性批判》BXXX）。

缩"。虽然普遍必然性、无条件性、客观性、自身性、绝对性都和德性之为德性的根据相关，但理性，无论思辨的理论理性还是纯粹实践理性，其实都是在理性自身内兜圈子，以实践理性立身的德性无论如何"超越"，它只能超出现象，无法"超越"物自身和"我自身"，而德性与幸福的结合是一项超出实践理性自身（不完全的意志）能力的事业。总之，康德对理性有限性的这种自觉，是决定他从道德走向宗教的一个主体方面的原因。

此外，从对象上看，德性所完成的善是凭借立法的善良意志所能达到的最高境界，即最高的善，这是善本身。而德性与幸福的结合，是完满意义上的善，这种给予者不再可能是不完全的意志，而是具有完全意志的神圣的理性存在者（上帝）。我们认为，康德从基于理性自身出发给人的行为立法，回答了绝对命令何以可能的问题。现在，在回答幸福何以实现的问题上，他转而寄希望于未来世界，寄希望于一个神圣意志。这不仅是康德德性论对德性就是意志的道德力量的界限和限度的承认，也是他对传统幸福论伦理学的一次"妥协"。追求幸福毕竟是人类的本性意向和自然愿望，虽然意志的道德力量使人配享幸福，但要使有德之人得到幸福，实现德性，达到二者的结合，却是德性本身无法保证的，也就是说德性并不必然允诺幸福。康德认为："德性的准则和自己幸福的准则就其至上的实践原则而言是完全不同类的，而且它们尽管都属于一个至善，为的是使至善成为可能，但却远远不是一致的，它们在同一个主体中极力相互限制，相互损害。"① 人们纵然极其严格地遵行道德法则，也不能因此期望幸福与德性能够在尘世必然结合，合乎我们所谓至善，康德这种道德与幸福不相和谐的观点受到了黑格尔的批判，黑格尔认为这是一种倒错或"倒置"，是康德道德世界观固有的矛盾，即至善与完满善的矛盾。因此，黑格尔在《精神现象学》中给予了尖锐批评，而且把它和通常的道德观念相提并论，黑格尔是这样说的："人们会通常自以为经验事实是这样的：在我们当前的世界里有道德的人时常遭逢不幸，而不道德的人反而时常是幸运（福）的……清楚地表明这种看法和所谓经验是一种颠倒。"② 黑格尔这段话经常被人们引用来说明德性与幸福之

① 〔德〕康德：《实践理性批判》，李秋零译，载李秋零主编《康德著作全集》第5卷，第120页。
② 〔德〕黑格尔：《精神现象学》（下），贺麟、王玖兴译，商务印书馆1987年版，第141页。

紧张关系（张力），同时反映黑格尔和康德道德世界观的差异。其实，黑格尔比一般人清楚康德道德观的真正意蕴，他不会把经验性的道德观念和康德的道德观相混淆，康德显然是要提升那种日常的通俗道德知识到道德哲学、道德形而上学的高度，这也是《道德形而上学原理》的核心任务。

不过，我们的确应该特别注意黑格尔对康德道德世界观的批评，只是不能被这个批评所蒙蔽。① 黑格尔对康德的批评的主旨在于：康德在德性论上的妥协，一方面是对宗教的妥协，倒向了道德神学；另一方面，黑格尔也在批评康德向通常的经验道德观念妥协。如果说，黑格尔批评康德的道德世界观没有将其理性主义坚持到底，这种批评虽然也有偏狭之处（哲学与宗教、理性与信仰的互动本来就是西方哲学的一个基本现象），但还算睿智，可是，当黑格尔批评康德向日常的经验道德观念妥协，这种批评是非常令人存疑的。

西方主流哲学自始至终都存在一种理智主义、精英主义、天才论的倾向，在近代以降，这种倾向更加明显。康德的这种妥协恰好表现出康德对日常道德观念的尊重，表现出对中世纪哲学中普世主义、大众主义的道德之维的关注。这种关注是非常重要的，是康德启蒙思想中一条往往被忽视的副线。我们认为，恰好在这一点上，康德要比黑格尔更深刻。也正因为如此，被黑格尔在《精神现象学》中当作通常道德观念加以批评的那种经验论观点"有德之人常遭不幸，而无德之人却时常幸运"，值得我们今日在讨论道德与幸福关系时认真、深入、全方位领会。德性究竟能否决定幸福？幸福究竟是必然的还是偶然的？德性是否必然能够允诺幸福？

康德虽然认为，经验幸福并无公度的客观标准，但他也承认这种经验层面的幸福并不排斥幸福原则，相反，幸福是一个完善的道德不可缺少的因素，"幸福原则与道德原则的这一区分并不因此就马上使二者对立，而且纯粹实践理性并不要求人们放弃对幸福的欲求，而是仅仅要求只要谈到义务，就根本不考虑幸福。就某个方面来说，照管自己的幸福甚至也可以是义务，这部分地是因为幸福（技巧、健康、财富都属于此列）包含着履行他的义

---

① 不过，这里不是一个适合讨论黑格尔和康德道德世界观差异的地方，因为《精神现象学》讨论道德世界观是在黑格尔的"精神"这一范畴之下讨论的，是在"对其自身具有确定性的精神、道德"这一节里具体论述道德世界观及其"倒置"。

务的手段，部分地是因为幸福的缺乏（例如贫穷）包含着逾越他的义务的诱惑。"①

康德只是在谈道德意志和行为动机时，幸福才是他要否定的对象，一个有德性的人，还不是一个道德完善的人，"德性虽然是最高的善，但不是唯一的善，也不是完满的善，一个有德性的人还应该得到幸福，最理想的情况是所得的幸福和他所有的德性在程度上相一致，无功之赏，不劳而获，不应得的幸福是无价值的，得不到报偿的德性虽然可贵，伴随着应得的幸福的德性却最为理想"②。在康德看来，德性是人的理性最崇高的追求，但幸福不是渴求而来的，它只是人在追求道德性的纯洁的生活中的希望和期待，也即，幸福是对完满的善的希望，德性相应于人的理性（实践理性）能力，而幸福则与理性的超越希望相一致。

人之所以产生这种希望，是因为"在理智战胜了人欲，克服了由爱好而来的冲动并且历经艰难困苦，完成了棘手的责任的时候，人们心身愉悦，胸中充满深沉的宁恬，这就是道德生活中真正的幸福"③。人们完全可以把这种状态称作幸福。当然，这是基于实践理性的德性论幸福观。康德对传统幸福论的妥协，以及他从道德转向宗教，这种"退缩"是康德哲学中一个值得特别注意的问题。

首先，这种退缩基于人类自然存在者这一现实情态。康德曾经说过，人是自然的理性存在者，是有限的理性存在者。作为自然存在者，首先意味着人的生命展开于感性的经验世界之中，人类理性的本性自身包含了向善的愿望和感性的自然欲求，正如古希腊哲学中的"人人意愿幸福"一样，幸福同样也是康德伦理学中的质料方面。然而，这种目的和质料却是被给予的，和理性能力、实践理性的意志规定并不矛盾，这里隐含着感性和理性、欲求和意志之间的张力。一方面，人类理性可以规定这些欲求，使之成为理性化的欲求；另一方面，这种"可以"是有条件的、被限制的，一定有超越的本性存在，而且这种超越性源于上帝存在、灵魂不朽和意志自由。这与其说是一个推论，不如说是一种信以为真，"知"与"信"的张力关系再次呈现

---

① 〔德〕康德：《实践理性批判》，李秋零译，载李秋零主编《康德著作全集》第5卷，第99页。
② 〔德〕康德：《道德形而上学原理》，译者代序"德性就是力量"，第6页。
③ 〔德〕康德：《道德形而上学原理》，译者代序"德性就是力量"，第8页。

出来。

其次，更彻底地看，康德的"退缩"表明，人的理性能力是有限的，也就是说，人的理性能力，无论是理论理性还是实践理性，从能力上看，都是有限的。理性的道德命令虽然是普遍的、无限制的、目的性的和自律性的，但这只适用于理性范围，在理性范围内有效，一旦本性（自然）返回感性领域，这种能力的有限性、被制约性、接受性便立即显现出来了。因此，道德和幸福的完满结合便是理性能力所无法保证的。这种完满意义上的善，无论如何，既无法以"知"的方式企及（因为它不是知的对象），同时，也无法以道德命令的方式达到理性和信仰的融合。所以他主张要换一种方式进入这种问题域，这个问题域不是知的领域，而是思的领域，思的本质是超越，其对象是无条件者。所以，既然理性在规定知的能力上是有条件的，就必须通过思来思想出一个相应的无条件者构成的主体域（理念）与之相配。这样，灵魂不朽、意志自由和上帝存在便顺理成章地出现了。

最后，康德对自然神学的批判，就是凭借着这种划界来完成的。由于划界本身是一种区分，区分现象与物自体，区分知与信（思），而这种区分是理性化之思，所以康德的这种从道德转向宗教，从道德转向宗教的"退缩"依然是理性的，即广义上的赞同性之思，传统自然神学的问题在于将本属于信的对象错当成知的对象。

总之，康德的"退缩"是一种思维方式的转变，这是由先验领域向超越领域的转变，是从自然向自由的过渡。然而，这种过渡同时也表明，理性的自由本身是有限的，自由是有界限的自由，这就与中世纪道德世界观的主题再次契合了。人的尊严靠意志来维护，但意志是不完全的意志，所以人的意志自由是有限度的。换句话说，康德作为现代思想家，竭力在实现着上帝的不完全恩典，以人的意志自律来呵护上帝的形象。这种人义论立场为启蒙思想奠定了基本坐标，其中蕴含着，人秉承着恩典，人能够进行理性的认识和能够进行意志的选择。

第 六 章
当代责任伦理的起源

第一节　责任伦理与神正论[①]

　　奥古斯丁奠定了传统神正论的基石。然而，伴随着基督教的世俗化和西方哲学的范式转换，传统神正论在近现代遭遇了严重挑战，乃至在启蒙运动中被颠覆。在近代哲学的认识论转型和启蒙运动的双重变奏中，中世纪传统的自由概念逐渐褪去了消极的特征，为积极自由所取代，自由不再必然与信仰问题相关，而与科学、理性、社会正义结盟。人的自由决断和意志选择不再是罪恶的根源，而是成就至善的内在根据，实践理性和善良意志成为人的道德活动主体。

　　尽管传统神正论在近代（包括现代）发生了如此重大转型，但是，即便在启蒙运动的黄金年代——康德的时代，传统神正论依然有回响。自由说到底也不是纯粹实践理性的功能，真正的智慧来自对神的敬畏，人的正义与神的正义不可分。比如，莱布尼茨的神正论，哈曼对康德纯粹理性的批判和对启蒙的反思，无不根源于传统的基督教神正论。如果说，哈曼对康德的批评饱含对神正论遗产的救护，深刻预见了启蒙运动的负面效应，那么当代著名哲学家、海德格尔的犹太弟子汉斯·约纳斯则结合 20 世纪人类历史的痛苦（罪恶）经验，发出"上帝不再全能"的呐喊，20 世纪人类历史的苦难与上帝无关，"上帝不是不愿意，而是他不能"。正因为如此，他提出了一

---

　　① 此文曾以"传统神正论的当代转换：从奥古斯丁的传统神正论到约纳斯的责任哲学"为标题发表于《文史哲》2006 年第 5 期，在此稍加订正。

种有别于传统人类中心论伦理学的新的伦理观——责任伦理。他认为，现在到了人类该为自己的行为负责的时候了。为自然负责，为未来和后代负责，就是当代的绝对命令——责任命令（责任原理）。约纳斯的责任伦理便是对传统神正论的当代转换，是建立在责任原理之上的"人义论"，不是对神正论的放弃，而是对它的创造性转换。这集中表现为他对自然概念的强调和对现代虚无主义的批判。

一　奥古斯丁与传统神正论

我们前面已反复提及，奥古斯丁在为原罪论做哲学阐释时提出了意志自由理论。在他看来，人由于违背上帝的命令，滥用了上帝赋予人的自由意志，做出了错误的选择，背离了最高的善——上帝，归向了更低级的善——有形之物（包括肉身），从而犯了罪（peccatum）。罪的根源在于人的自由意志。人对上帝的背离（defectus）出于意志的自由决断（liberum arbitrium），因自由决断犯罪，因此是原罪（peccatum originale）。人之受罚是咎由自取（selbstverschuldet）。在某种意义上说，奥古斯丁的自由观就是现代自由观念的本源。他对自由与责任的思考不仅仅是伦理学的，而且是形而上学的、存在论的。正如《论意志的自由决断》的英译者托马斯·威廉姆斯在译者导言中所说："认为人具有形而上的自由的观点被叫作'意志自由主义'。意志自由主义如今在哲学家中不再是一个主流观点，大多数人认为，我们充其量只有自然的自由。但奥古斯丁是意志自由主义的伟大辩护者之一，实际上，正是他第一次清楚地阐明了这种自由意志主义的观点。"[①]"形而上的自由"在这里恰好意味着：自由乃是人类存在的根据。

《论自由决断》是奥古斯丁探讨罪恶起源的名篇，其实质是为神正论辩护。他认为，人犯罪之所以"咎由自取"，是因为人根据意志的自由决断犯罪。问题的关键是，上帝赋予人以自由意志并不是为了让人犯罪，而是为了人能够正当生活。神是按照自己的肖像造人，赋予他认识的理性和行善的自由意志，因此，上帝不是罪恶的原因。

奥古斯丁以神学的思辨突出了自由与责任的本源联系（借用康德的话

---

① Augustine, *On Free Choice of the Will*, p. XI.

就是 communio primaeva），但他认为，去恶从善的任务（救赎），是堕落后的人类无法实现的，纵使人仍有"向善"的意愿，但"无能"仍使他无法实现其自由意愿，能力的缺乏是堕落后的人类的现实处境，人陷于种种有形物和自然欲望的束缚不能自拔，只能依靠神的恩典重获自由。他对意志的要素论分析一直影响到后世哲学家，从中世纪的阿伯拉尔、托马斯·阿奎那和邓·司各脱，到现代哲学家帕斯卡、笛卡尔、莱布尼茨乃至康德都深受他的影响。例如，康德就把意志分成决断、愿望和意志三个层次，他说："从概念上看，欲求能力，就规定其行为的根据在于自身而非在于对象而言，就是一种根据喜好行为或不行为的能力。就它和产生对象的行为能力的意识相关而言，就是决断（Willkür）。如果它与这种意识无关，其行为便是愿望（Wunsch）。人们发现其内在的规定根据因而喜好本身就在主体理性中的欲求能力，叫意志（Wille）。"[①] "就理性可以规定欲求能力本身而言，在意志之下可以包含决断，但也可以包含单纯的愿望。可以受纯粹理性规定的选择叫作自由的决断，而只能受制于爱好（感性冲动、刺激）的决断将会是动物性决断（arbitrium brutum）。人的决断是这样的：虽然受到冲动的刺激，但不受它规定，因此决断本身（无需已经获得的理性技能）不是纯粹的，但却可以受纯粹意志规定去行为。决断的自由是指决断不受感性冲动规定的独立性。"[②]

康德基于启蒙主义立场，他对意志的要素论分析是理性主义的，与中世纪哲学有根本区别。他从向善行为中考察意志这种实践理性能力，奥古斯丁则坚持从罪－行中探讨意志的功能。当然，两者关于意志优先的思想有相似性。奥古斯丁对意志的分析始终坚持意志高于理性的主张，康德倡导实践理性优先。当然，奥古斯丁的意志主义更彻底。在人的各种功能中，意志高于理性，爱高于认识。诚如蒂利希所言："这种意志的优越性是西方用以战胜东方的另一个伟大观念。它产生了中世纪的唯意志论（邓·司各脱）和理智主义（波埃修）之间的伟大斗争。"[③] E. 吉尔松也指出："从圣·奥古斯

① Immanuel Kant, *Die Metaphysik der Sitten*, in *Kant's Schriften Werke* Ⅵ, p. 213.

② Immanuel Kant, *Die Metaphysik der Sitten*, in *Kant's Schriften Werke* Ⅵ, p. 213.

③ 〔美〕P. 蒂利希：《基督教思想史》，尹大贻译，香港：汉语基督教文化研究所 2000 年版，第182 页。

丁到托马斯·阿奎那和邓·司各脱，每一位天主教思想家都同意，自由意志在原罪以后仍然保留其未犯罪以前的状态……自由实际上与意志共存亡，也就是说：与人共存亡。"① 换句话说，自由是形而上的自由，是生存论的自由，正因为如此，后世哲学家（如康德）才把道德奠基于自由。自由首先是（本源上）存在论（生存论更恰当）的，而非伦理学的。E. 吉尔松说："没有自由当然就没有道德，但在自由意志的本质内并不含有任何道德因素。"②

阿伯拉尔在《认识你自己》中突出强调了犯罪的意向而非意志，这表面上是为了告别奥古斯丁的意志主义，其实突出了意志中的意愿要素在犯罪中的作用。托马斯的自愿行为理论同样围绕奥古斯丁的意志自由论展开对罪与责任的讨论。从表面上看，托马斯探讨伦理问题和幸福问题，是"纯粹"道德的，但其实体现了中世纪哲学对善与存在的同一性的密切关注，存在论与伦理学的关系是本源的一致关系。阿伯拉尔宁可把他的著作叫作"认识你自己"（scito te ipsum），而不愿叫作"伦理学"（ethica）。

奥古斯丁在强调人的自由意愿之于罪恶的决定作用时，始终坚持认为，造成贪欲的不是自然物本身，而是人的意愿。错误（或者罪－恶）在于人把该享用的东西当作使用的，把该使用的东西当作享用的，这是对意志的误用，神本是人该享用的，自然（肉体）是该使用的，可人发生了"误用"，沉湎于肉欲中不能自拔，这不只是罪，更是罪的罚。他虽然不像柏拉图那样强调人的灵肉分离，而是在现实的灵肉结合中去考察灵魂的超越意义，主张灵魂对肉体的支配，但他更重视人的内在性，轻视自然（身体、肉身）的倾向依然是明显的。其实，按照基督教世界观，自然（肉身）和人（灵魂）一样，都是上帝的作品，自然也是人之为人的内在要素，身体、本性、人性与自然是天然合一的。奥古斯丁对自然的忽视（也许无意识地）对后来的启蒙运动间接地产生了消极影响，最终助长了启蒙主义对自然概念的遗忘。

总之，在古典基督教哲学中，人之所以要为自己的行为负责，是因为人的行为是基于自愿，是基于意志的自由决断，人必须为自己的选择行为承担

---

① 〔法〕E. 吉尔松：《中世纪哲学精神》，第 252 页。
② 〔法〕E. 吉尔松：《中世纪哲学精神》，第 252—253 页。

责任。这种思考无论是理性主义的（如波埃修），还是意志主义的（如司各脱），还是处于两者之间的（如托马斯），都表明人的行为离不开意志。这就是基督教原罪论和神正论向我们展示的哲学史效应。

二　哈曼对康德哲学的批判

总体而言，传统神正论在近代启蒙运动中被颠覆了，中世纪的意志论是一种消极意志论，自由是和罪恶紧密联系起来的，恶来源于自由意志，因原罪而来的生存处境是不幸的、痛苦的，是"善的缺乏"。这种自由观固然深刻，因为人的自由决断揭示了存概念的本源——从上帝这个存在本身（esse ipsum）中绽出（脱出 ex-sistenz），但是，这种意志的决断是负面的、消极的自由，或者用康德的话说，"只能受制于爱好（感性冲动、刺激）的决断是动物式的决断"①。而积极的自由决断，是指"纯粹理性保持自身是实践的能力"，即善良意志。在康德看来，使意志成为积极自由、实现其成善意愿的，是纯粹实践理性本身。但在传统神正论中，使意志重新获得在善恶之间抉择能力的是上帝的恩典，是爱本身。这种恩典与爱是上帝从外面注入人的自然理性——人的本性的。真正的自由就是完成超自然的使命，例如奥古斯丁主义者波那文图拉就特别关注实际的历史的人的命运，而"所谓实际的历史的具体的人，是指肩负着超自然使命的人"②。

自文艺复兴以降，人们对自由的认识转换了一种角度，从自我意识的确定性出发，论证自由意志与认识的关系。自由问题和认识论结盟，由此出现的认识的确定性问题压倒了生存的安全（确定性）问题，如何生存的问题逐渐让位于如何认识的问题。在培根、笛卡尔（莱布尼茨有所不同）和启蒙思想家看来，自由意志的使命在于使人脱离上帝的束缚，寻求人在自然面前的主人地位，自由不再仅仅是消极的，人对上帝的背离有其积极的一面。随着启蒙运动的深入，伴随着世俗化与现代化，人的主体性观念日益确立，人不仅开始"为自然立法"，而且开始"为自己立法"，人不仅是立法者，也是审判者。

---

① Immanuel Kant, *Die Metaphysik der Sitten*, in *Kant's Schriften Werke* Ⅵ, S. 213.

② 〔英〕柯普斯登：《西洋哲学史》第二卷，第 350 页。

同时，在这个新的时代（Neuzeit）里，自然的命运经历了深刻的变化：从新时代早期的人类母亲的角色（整体世界）发展到后来的物质、材料，以至于工具（主体性世界）。人的主体性地位确立的过程，也是自然地位日益衰微的过程。18 世纪以来，随着机械论自然观的确立（这种确立依赖科学的发展），对人本身的认识和形象的描述也日益机械化，"人是机器"，拉美特利（La Mettrie）的这个口号典型地预见了 20 世纪以来人类生活的现状，不仅自然是工具，是材料，人本身更是成了现代技术发展的工具和材料。

正如传统神正论遭遇了被颠覆的命运一样，启蒙主义从它登上历史舞台起，也遭遇到来自同时代人的挑战。其中最具代表性的，就是康德的同时代人哈曼。他对康德及其启蒙理性的深刻反思，间接地反映了传统神正论在近代哲学中的顽强生命力。神正论虽然在启蒙运动中的名声不太好，但是在哈曼那里却成了反思纯粹理性的利器，他在《理性的纯粹主义的元批判》① 一文中集中批判了康德的理性主义。

哈曼首先质疑康德的先验哲学立场。他认为："人类是否不需要任何经验、在任何经验之前就知道对象，在对一个对象进行感觉之前就具有一个感性直观，这些问题属于秘而不宣的神秘事物，对这些东西加以清理（更不用说，对它们提供一个解决办法）还不曾进入一个哲学家的心中。"② 在哈曼看来，康德的断言是未经"清理"的工作，与批判精神相抵触。接下来，哈曼指出，康德纯化哲学的方式、方法也是成问题的，这和后现代哲学对笛卡尔纯化"我思"（cogito）的批评不谋而合。③ 哈曼依次对康德纯化哲学的三个步骤进行了批判。

康德"纯化理性"的第一步是个失败的尝试，他试图"使理性独立于任何传统及其习惯和信念"。而第二步"纯化"，即康德在《纯粹理性批判》"先验辩证论"中对先验和超验的区分同样不可能。在哈曼看来，这种纯化

---

① 该文载于 Josef Nadler 编的历史批判版《哈曼全集》第三卷《语言、神话、理性》，维也纳 1951 年德文版，第 283—289 页。以下引文引自 J. 施密特编《启蒙运动与现代性》，徐向东等译，上海人民出版社 2005 年版。

② 〔美〕J. 施密特编《启蒙运动与现代性》，第 158 页。

③ 江怡：《理性与启蒙——后现代经典文选》，东方出版社 2004 年版，第 570 页。

之所以不可能，因为理性不可能达到经验之外。第三步"纯化"涉及语言，这"似乎是关于经验的纯粹主义"。他认为，语言（而非理性）才是哲学的基础，语言是理性唯一的标准，既是最初的也是最后的标准。哈曼说："一个人思想的历程越长，他就越深刻、越内在地变成哑巴，丧失了一切说话的欲望。"① 一个人越是对上帝恐惧，他就越是谨慎。智慧产生于对上帝的敬畏。这让人联想到汉斯·约纳斯所言："即便伟大的先知、祈祷者、预言家、无与伦比的诗篇作者的话语，在永恒的秘密前曾经都是结结巴巴。"② 哈曼对康德的批评揭示了如下事实。

首先，感性和知性有一个共同根，但它们是绝对不能分离的统一体。康德纯粹主义的错误根源就是建立在一个假想的分离之上，尽管此后康德始终把二者的结合看作纯粹主义哲学的目标。但在哈曼看来，康德的观点是"辩证的"而非"审美的"。他的二分法表面上很有辩证的意象，但实质上造成了很多假象。哈曼指出，康德的错误就在于"把自然已经统一起来的东西以这种剧烈的、毫无根据的、武断的方式分离开来"。"通过把它们的根源分裂开来，难道这两个分支就不会因此而凋谢枯萎吗？"实际上，二者是"感性本质和知性本质的实体的统一"③。哈曼援引了圣经《马太福音》（19：6）的话"所以，上帝是配合的，人不可分离"，论证感性和知性的原始的完整性。值得注意的是，强调感性和知性的源始统一性，本是中世纪哲学的特征。在波那文图拉看来，与其说存在着两种理智（感性和知性、主动理智和被动理智），毋宁说灵魂中的同一个理智有两种不同的表象罢了。主动理智的功能是抽象，被动理智的功能是接受。被动理智固然需要主动理智的帮助，但是被动理智本身具有抽象出观念并且判断此观念的能力，主动理智的认知活动也有赖于被动理智所提供的感官资料。总之，"二者是分工合作的关系"④。哈曼也认为"康德纯粹主义的错误在于，它违反了那个完整性的身体基础：'感官（sensus）是一切理智（intellectus）的原则'"⑤。

① 〔美〕J. 施密特编《启蒙运动与现代性》，第158—159页。
② 〔德〕汉斯·约纳斯：《奥斯威辛之后的上帝观念》，张荣译，华夏出版社2002年版，第38页。
③ 〔美〕J. 施密特编《启蒙运动与现代性》，第161页。
④ 〔英〕柯普斯登：《西洋哲学史》第二卷，第403页。
⑤ 〔美〕J. 施密特：《启蒙运动与现代性》，第310页。

其次，哈曼认为，语言之所以比理性更根本，因为感性比知性更优越，身体是语言的载体，性欲是思想的动力，是统一感性和知性的纽带。他试图以此来使康德的纯粹理性相对化，康德的纯粹倾向试图使知识摆脱传统、经验或语言的任何外在束缚。对此，加雷特·格林（G. Grimm）评价说：“哈曼对康德哲学的批判主要针对这种纯粹主义。”① 语言在理性生成中具有优先性，先于逻辑命题和推理，语言和经验是理性的根据，纯化哲学对语言的依赖只能适得其反，造成悖论和二律背反。

最后一点，也是最主要的一点，哈曼对康德纯粹主义的批判有坚实的神学基础。其一，他从上帝创世出发，为感性和知性的本源关联进行论证。其二，关于性欲的强调，也是从圣经的角度来讲，讨论感性和知性的统一，阐明了语言对身体的依赖性。其三，他之所以如此强调语言之于理性的基础作用，还是利用圣经的权威，尤其是利用了“圣言”“道成肉身”，言语创造世界的思想资源。“圣经应该是我们的准绳，是‘基督教的一切概念和言语得以建立起来的词典与语言学’。”② 理性之于基督教，犹如法律之于保罗。换句话说，理性对哲学是重要的，但对基督教而言，重要的是语言，是信仰，离开信仰的理性不起作用。其四，他试图用对上帝的敬畏来取代启蒙主义的纯粹的二元理性观，哈曼颠覆康德纯粹主义所仰仗的，恰恰是一种截然不同的理性概念，正如 G. 格林所言：“那个理性概念不是立足于人的自主性，而是立足于对‘上帝的恐惧’。”③ 哈曼指出“敬畏耶和华是智慧的开端。对我主的恐惧是智慧的开始”④。简言之，理性的本质在于对上帝的敬畏。

如果说，哈曼对康德的批判折射出 18 世纪启蒙理性和基督教哲学的微妙关系，并试图从基督教视野重新理解意志自由与自然的关系，那么，20世纪后半叶兴起的有后现代视野的宗教哲学则试图对传统基督教哲学尤其是其上帝观（包括神正论）进行反思和创造性转换，完成对 20 世纪人类历史

---

①　〔美〕J. 施密特：《启蒙运动与现代性》，第 309 页。

②　J. G. Hamann，*Sämtliche Werke*，Band I，Historisch-kritische Ausgabe von Josef Nadler，Wien，1951，S. 243.

③　〔美〕J. 施密特：《启蒙运动与现代性》，第 312 页。

④　〔美〕J. 施密特：《启蒙运动与现代性》，第 150 页。参见《箴言》9：10。

实际的检视，在这种思考中提出新的哲学观。这种哲学观的主旨不仅在于克服传统基督教哲学的现代困境，而且试图找到克服现代虚无主义的出路。这种哲学实验具有双重目标：反思基督教哲学，反思现代性，通过这种双重反思走出虚无主义困境。

三 "上帝不再全能"

哈曼在 18 世纪宣告了一种与启蒙理性截然不同的敬畏理性观，20 世纪的汉斯·约纳斯则把对上帝的敬畏转换成对世界、对自然的敬畏，试图通过他的所谓"恐惧启迪学"克服脱胎于希腊晚期思想特别是诺斯替教的虚无主义和二元论。20 世纪 20 年代，约纳斯在 R. 布尔特曼身边学习新教神学，写作《奥古斯丁与保罗的自由问题》，尤其是对诺斯替宗教进行了深入研究。同时，作为海德格尔的学生，他对存在主义哲学有深入理解。他在 1987 年的演讲《奥斯威辛之后的上帝观念》中对传统神正论重新做出了思辨，完成了对神正论的创造性转换，这恰恰为责任伦理奠定了神学的根基。

约纳斯并不以宗教哲学家自居，但对科学技术的哲学批判充满宗教哲学特有的深度，正如《奥斯威辛之后的上帝观念》出版序言所说："他以理性论证的方式，征得理解和同意，向人们阐明，在一个受到败坏的时代，一种责任伦理是必不可少的。"[①] 在约纳斯看来，自培根以来，人类就已经踏上了技术宰制的道路，现代科学技术在 20 世纪给人类带来了灾难性后果，最大的灾难莫过于奥斯威辛事件。"奥斯威辛"既是"一个败坏时代"的象征，又是一个变化了的上帝观之见证。他在演讲中首先提出了自己的"思辨神学"，他指出，面对一个败坏的时代，传统上帝观过时了，全知、全能和全善三个属性中肯定有一个不合时宜了。这个不合时宜的属性既不是全善，也不是全知，而是全能。"上帝不再全能"，上帝和人一样，也在受难。上帝是一个正在受难、生成和担忧的上帝。他说："与一个受难的和生成的上帝概念密切相关的，是一个担忧的上帝概念，担忧的上帝是这样一个上帝，他没有冷眼旁观、把自己封闭起来，而是为他担忧的事揪心。"[②] 上帝

---

① 〔德〕汉斯·约纳斯：《奥斯威辛之后的上帝观念》，见出版前言。
② 〔德〕汉斯·约纳斯：《奥斯威辛之后的上帝观念》，第 22 页。

之所以对奥斯威辛事件保持沉默，不是他的冷漠，而是为成就人的正义。"不是因为他不愿意，而是因为他不能，所以他不干预。"①

"不再全能"，意味着上帝的一种自我放弃，上帝把自己的主动行为让渡给他的义人，让人以正义的选择回应上帝的救赎。约纳斯说："永恒的始基借助放弃自己的神圣不可侵犯，允许世界存在。一切受造物因这一自我否定才存在。伴随着生存，它们接受了从彼岸世界得到的东西。上帝把自己完全交付给生成的世界后，他就不必再付出了，现在是该人为他付出的时候了。"②

约纳斯改造传统上帝观的真正动机，是为了给责任伦理寻求神学根基。传统上帝观和神正论突出的是人对上帝的绝对义务，强调人对永恒法则的服从，以人的罪恶来反衬上帝的正义，而奥斯威辛之后的神正论则通过转换视野，试图突出上帝的不再全能、上帝的受难和担忧，形成一个生成的上帝观，以此维护上帝的正义。这样做的实质是突出人对自然的责任，通过人对自然的责任彰显人的正义，间接地表明人对上帝的绝对义务，建立在这种神学背景下的责任哲学是强调人对自然的责任，强调人与自然的和谐共存。

如前所述，原罪之后的人类丧失了在善恶之间进行抉择的能力，即便他有向善的愿望，也没有了向善的能力，人需要上帝的恩典获救，使人重获自由，只有上帝拥有全能的意志自由。然而，现在，在一个败坏了的时代，上帝不再全能。面对无神论的责难，约纳斯指出，上帝依然是正义的，他之所以对人类的"至恶"——"奥斯威辛"事件保持沉默，是因为"上帝和人一样在受难"。约纳斯通过强调上帝的"受难"，一方面继续捍卫神正论（恶来自人的意志决断），与上帝无关；另一方面，耶稣的十字架之死，"为人受难"彰显的是上帝的"爱"，人对上帝的"应答"显得"绝对必要"，这正是约纳斯对"责任原理"的神学论证，也是对"人义论"的深刻呼唤，回应"上帝命令"的人是义人——正义的人。人为上帝付出——将自己"交付"给上帝，意味着担当起人自己的责任，面对人自己的恶做出积极的

---

① 〔德〕汉斯·约纳斯：《奥斯威辛之后的上帝观念》，第32页。
② 〔德〕汉斯·约纳斯：《奥斯威辛之后的上帝观念》，第37页。

回答。"奥斯威辛"预示着 20 世纪六七十年代以来责任伦理学的时代已然到来。

四　虚无主义的根源

约纳斯认为，20 世纪人类的现实处境是，生存意义发生了危机，用他的话说，就是"人与尘世分离的内在经验反映了人类异化状况"①。如前所述，约纳斯的思想成长是与他的诺斯替宗教研究工作分不开的。正如恩斯特·诺尔特（Ernst Nolte）所说："他的犹太式关切促使他去研究以色列人的先知书……约纳斯的精神打上了马堡大学的烙印……他在鲁道夫·布尔特曼的讲座上喜欢上了诺斯替宗教，后来许多年里他都献身于诺斯替宗教研究，他的权威作品《诺斯替宗教和晚期希腊罗马精神》就是关于诺斯替宗教的。"②

约纳斯认为，诺斯替的二元论是现代虚无主义的起源。E. 诺尔特这样分析："诺斯替研究使他学会了识别这种最粗暴的'二元论'形式，这种二元论把身体与灵魂、世界与上帝彼此彻底区分开来，以至于把身体看作坟墓，灵魂不得不在一条艰难的道路上致力于返回超自然的神性，这种神性是灵魂的本源。正如约纳斯所说，正是海德格尔关于存在分析的知识为他开辟了理解诺斯替思想的这种纯粹而遥远的世界的道路。而且，在返回的道路上，现代虚无主义的特征一览无余地呈现在他的面前，现代虚无主义同样使人生活在绝对孤独和无归属状态。但这是笛卡尔的广延物和思想物的二元论导致的后果，这种二元论把动物看作必然过程，使思想陷入世界的缺乏症，也恰恰因此使人错过了生命的本质（有机体）。在第二个阶段，约纳斯转向生物学研究，他认为，有机体活生生地证明：被唯心主义和唯物主义哲学分裂了的东西，从最简单的形式到最复杂的形式，都是一个统一体……自由并非首先开始于人的生存。它在第一次破晓中就已经存在于最原始的生物中了。"③ 物是自由的，特别是有机体，约纳斯的《生命现象》的德文版书名就叫作《有机体与自由》。

---

① 〔美〕理查德·沃林：《海德格尔的弟子》，张国清等译，江苏教育出版社 2005 年版，第 119 页。

② Ernst Nolte, *Geschichtsdenken im 20. Jahrhundert. Von Max Weber bis Hans Jonas*, Berlin, Farnkfurt/Main, Propyläen, 1991, S. 571.

③ Ernst Nolte, *Geschichtsdenken im 20. Jahrhundert. Von Max Weber bis Hans Jonas*, S. 572.

责任哲学的另外一个背景就是海德格尔的存在论。约纳斯在《责任原理》中避而不谈他的老师海德格尔，但他的思想却深深打上了其老师的烙印。对此，E. 诺尔特说："约纳斯将海德格尔针对此在所指出的许多东西，如'被抛'和'去存在'重新置于生命中，尤其是置于动物的生存中，以至于人不再是作为一个孤立的理性部分出现于一个死亡的世界，而是作为一个存在本身的事件，扎根于始基中。作为一个源始的实体回到自己本身，正如约纳斯在明确援引黑格尔时所说。"① 值得注意，约纳斯始终将他的神正论和海德格尔的存在论贯通起来。"约纳斯不迟疑地将显示为生命的存在根据（存在的存在）称做'神性'……我们最大的可能性远远超出了一种理性世界的确立，为了全体的利益：我们能够'促进或成就神性'，我们有能力成为受难的不死的上帝的助手。"②

这一切听上去是思辨的，却是约纳斯伦理学的前提。"他第一次指出，一切迄今为止的伦理学，包括康德的伦理学在内都是一种当下的伦理学，因此，无法认清前所未有的历史状况。"③ "这种神性不再是全能的，因此需要我们不断的帮助。"④ 约纳斯对传统神正论的转换利用了海德格尔的哲学资源，他不停地使用着海德格尔的哲学术语，如"存在分析"、"将来"、"被抛"、"担忧"、"筹划"以及"自由与选择"。⑤

在约纳斯的思想成长中，贯穿着对虚无主义的批评。他认为，"西方文化危机的哲学根源"就在于"虚无主义理念"，这种虚无主义是现代自然科学和现代技术文明的产物，现代技术文明导致了"失乐园"，造成无家可归状态。他说："现代技术的希望之乡骤变为威胁，或者说希望与威胁不可分割地联系在一起，这构成本书的第一命题。"⑥ 希望越大，失望越大，希望与失望，这就是约纳斯眼中现代技术的真面目。这其实正是启蒙运动的负面后果，正如沃尔夫冈·施奈德（Wolfgang Schneider）所言："启蒙骤变为它

---

① Ernst Nolte, *Geschichtsdenken im 20. Jahrhundert. Von Max Weber bis Hans Jonas*, S. 573.

② Ernst Nolte, *Geschichtsdenken im 20. Jahrhundert. Von Max Weber bis Hans Jonas*, S. 573.

③ Ernst Nolte, *Geschichtsdenken im 20. Jahrhundert. Von Max Weber bis Hans Jonas*, S. 574.

④ Ernst Nolte, *Geschichtsdenken im 20. Jahrhundert. Von Max Weber bis Hans Jonas*, S. 575.

⑤ Franz Josef Wetz, *Hans Jonas zur Einführung*, Hamburg, 1994, S. 16.

⑥ Hans Jonas, *Das Prinzip Verantwortung. Versuch einer Ethik für die technologische Zivilisation*, Suhrkamp Taschenbuch Verlag, 1984, S. 7.

的反面，在最近的 200 年里发展出来的技术在今天变得凶险起来。"① 现代自然科学的功利主义价值观最终导致了人类生存的意义危机，不仅导致了对自然的遗忘，更导致了对人性本身的遮蔽，"为了人的幸福考虑征服自然，其过分的成功现在也扩展到人的本性自身，这导致了最大的挑战，这是人的行为给其存在带来的挑战"②。

总之，对自然的忽视是现代虚无主义的本质。从诺斯替教分裂上帝与尘世开始，到奥古斯丁对内在人与外在人的区分，再到笛卡尔的身心二元论，一直到现代存在主义，虚无主义一直没有断线。约纳斯对存在主义哲学忽视自然、遗忘自然的缺陷尤其敏感，在《有机体与自由》中说："从来没有一种哲学像存在主义那样如此少地为自然担忧，对存在主义来说，自然没有任何尊严。"③ 他把对自然的遗忘看作德国哲学的固有传统，"在现代现象学和整个近代意识哲学中，自然不起任何重要作用，就是人也恰恰没有从自然出发去解释，而是相反，从自然中脱出"④。"全部德国意识哲学、现象学和存在主义都患有奇怪的世界缺乏症。"⑤ 尽管约纳斯没有对 18 世纪法国唯物主义哲学进行任何实质性评价，但他的确抓住了近代理性主义哲学忽视自然的本体地位这一要害。

五 本体论的责任伦理学

约纳斯认为，在奥斯威辛之后，上帝和人的关系是一种"共在"关系，人的受难证明上帝也在受难，世上的罪恶和上帝的仁慈共融。对约纳斯而言，把海德格尔的存在论分析和神正论相结合，对责任进行本体论论证显得刻不容缓。

W. 施奈德说："约纳斯学说的基础和前提是，人对他的行为负责，这种行为的责任是人无法摆脱的。人作为唯一能够负责的存在者，对他所做

---

① Hans Jonas, *Dem bösen Ende näher. Gespräche über das Verhältnis des Menschen zur Natur*, Frankfurt/M., 1993, S. 7.

② Hans Jonas, *Das Prinzip Verantwortung. Versuch einer Ethik für die technologische Zivilisation*, S. 7.

③ Hans Jonas, *Organismus und Freiheit. Ansätze zu einer philosophischen Biologie*, Göttingen, 1973, S. 314.

④ Franz Josef Wetz, *Hans Jonas zur Einführung*, S. 48.

⑤ Hans Jonas, *Wissenschaft als Persönliches Erlebnis*, Göttingen, 1987, S. 19.

的事负责。"① 他把人定位为能够负责的存在者，这是约纳斯对传统神正论和现代性理念中的人的形象的继承，只是相比于前者，他否定了上帝的全能，进而突出人是上帝的助手这一积极角色；相比于后者，他反对现代性观念中人对自然的宰制，批判现代性观念中对自然的遗忘，试图通过强调人对自然的责任，弥合人与自然（自然与人性本来就是统一体）的裂痕，克服现代性中关于人的观念的过时性。

约纳斯结合自己的亲身经历，分析了 20 世纪人类历史的痛苦经验。在他看来，导致大屠杀的表面原因，是现代自然科学和技术文明失控的结果，但究其内在根源，是因为现代技术遭遇了前所未有的意义危机。伴随着人的主体性理念的自我膨胀，作为人性载体的自然失去了价值和意义的本体地位。因此约纳斯首先要诊治的是现代虚无主义对自然的遗忘，这和恢复自然之于责任的基础地位分不开，这便是其本体论论证的核心所在。约纳斯首先要为价值寻求一个客观、普遍、绝对的基础。自康德以来的现代伦理学有一个共同特征：否认人是自然的一部分，否认自然是价值的基础，从根本上颠倒了人与自然的关系，违背了责任原理，他深刻地指出："一切传统伦理学都是人类中心论的（anthropozentrisch）。"②

约纳斯既反对诺斯替教把世界二分的做法，也反对德国观念论，更反对海德格尔（特别是前期）使世界狭义化为人的存在（Dasein）的做法。在他看来，世界是一个整体的意义关联性世界。海德格尔曾经指出，"担忧"（Sorge）是人的存在方式，人感到自己"被抛"到世界上，这个世界在人反思前就已把自己展现在人的存在面前。生存（Existieren）意味着自我筹划，在多种可能性中进行选择，并且以这种方式承担生存的重任。不过，约纳斯把"担忧"概念从海德格尔早期存在论对此在（人）的分析中剥离出来，把它运用到对生命哲学的思辨上去。任何有机体，无论植物、动物还是人，每个生命，就其是有死性的生存而言，意味着"在存在与不存在之间徘徊"③。生命需要为拒绝死亡和自我保存持续不断地搏斗。"首先，就价值而

---

① Hans Jonas, *Dem bösen Ende näher. Gespräche über das Verhältnis des Menschen zur Natur*, S. 8.

② Hans Jonas, *Das Prinzip Verantwortung. Versuch einer Ethik für die technologische Zivilisation*, S. 22.

③ Hans Jonas, *Philosophische Untersuchungen und metaphysische Vermutungen*, Frankfurt/M., 1992, S. 86.

言，自然被这种知识'中性化'（neutralisiert）了；其次，人也被中性化了。现在，我们在赤裸裸的虚无主义面前感到畏惧，其中最大的力量是最空虚的，最强大的能力意味着最渺小的知识。这就是我们感到畏惧的原因。"①传统伦理学对自然表现出冷漠的态度，对自然的冷漠导致的直接后果就是对人自身的冷漠，特别是对未来持续发展的不负责任。

既然担忧不单是对人的担忧，而且是对存在本身（整个世界）的担忧，那么，谁才有担忧者的资格呢？他回答："人是唯一为我们所知的、能够有责任的存在者，人有责任，因为他可以有责任，责任能力已经意味着责任命令的假定：能够本身包含了应当，责任的能力作为一种伦理能力基于人的存在论能力，能够在认知行为和自愿行为之间进行选择，因此责任是对自由的补充，责任就是一个自由地行为的主体的负担，我对自己的行为本身负责。"②

约纳斯提出了一个"责任命令"："'如此行为，以便使你行为的后果可以和地球上的真正人的生活持久地和平相处'；或者否定地说，'如此行为，使行为的后果不要对这种生活的未来可能性造成毁坏'，或者简单地说，'不要殃及地球上的人类可持续生存的条件'。"③

约纳斯认为，责任的本体论论证离不开形而上学，"致力于一种伦理学的世界性哲学家，必须首先研究一种理性形而上学的可能性"④。正是因为缺乏形而上学的视野，传统伦理学才会陷入人类中心论不能自拔。他的责任概念究竟和传统的责任概念有何根本不同呢？让我们比较一下他和韦伯在责任概念上的区别，就可以更清楚地看到其责任概念的具体含义。

弗朗兹·约瑟夫·韦茨（Franz Josef Wetz）指出："马克斯·韦伯第一次把责任概念引入了现代伦理学讨论，并且在他对康德实践哲学的批评性解释中区别了志向伦理和责任伦理。一个志向伦理学家（如康德）探讨一个行为的志向价值，而不关心其后果，一个行为，当它与道德志向吻合时，就是合乎道德的。韦伯首先赞同康德的观点，真正的道德性取决于道德志

①　Hans Jonas, *Das Prinzip Verantwortung. Versuch einer Ethik für die technologische Zivilisation*, S. 57.

②　Hans Jonas, *Philosophische Untersuchungen und metaphysische Vermutungen*, S. 130f.

③　Hans Jonas, *Das Prinzip Verantwortung. Versuch einer Ethik für die technologische Zivilisation*, S. 36.

④　Hans Jonas, *Das Prinzip Verantwortung. Versuch einer Ethik für die technologische Zivilisation*, S. 94f.

向……是为了善而行善，而不是为了别的目的。"① 不过，韦伯对康德的观点做了补充，我们的行为不仅应该遵从道德志向，另外还应该注意其可能的后果，应该诚实地承担起责任，约纳斯同意韦伯的观点，只有善良的志向还不够，通常还应该注意我们行为的后果。约纳斯把人类的责任范围甚至拓展到整个有机自然界，并且增添了一个未来的视野，而韦伯还停留在传统伦理学的基础上，他的责任是对当下和属人世界的责任。约纳斯致力于一个比韦伯更详细的责任概念规定，责任是一个关系范畴，指某人在一个法庭面前根据一个他承担的义务对某事负责。在这个意义上，一个被告在一个法庭上遵循现行的法律为犯罪行为负责。韦伯和约纳斯不仅在规定我们人对什么负责这一问题上存在分歧，而且在我们到底必须在谁面前为我们的行为负责这一问题上也有差异。按照韦伯的观点，这个法庭肯定是行为的主体自身、政治家，按照约纳斯的观点，判决者却是有生命的自然和未来的后代，我们对什么负责的问题和我们在谁面前负责的问题重合了，在一定意义上"在谁面前负责"要比"对什么负责"更根本。约纳斯把人这个责任主体首先置于神的法庭（或者良心）面前，然后再谈对什么负责的问题。

约纳斯的本体论论证不止于此。他认为，自然让我们承担保护自然的义务，在自然中并对自然负责的行为的义务根据，应该就是自然本身。而"按照韦伯的观点，除了我们自己本身，没有什么能够让我们承担义务，有责任心的政治家应该遵循哪些原理和路线，归根结底是信仰的事"②。

与传统伦理学的因果性责任观不同，约纳斯把责任概念描述为"非交互性关系"③，这和法国当代思想家列维纳斯（Levinas）有相似之处，在列维纳斯看来，责任是"一种非对称性关系"④，也就是说，责任不是建基于交互性之上的，承担责任意味着不求报答地对一个正在出现的他者负责。同时，列维纳斯把他者仅仅理解为他人，对他人我们应该毫无保留地予以帮

① Franz Josef Wetz, *Hans Jonas zur Einführung*, S. 115. 一般把康德的 Gesinnung 翻译为信念，因此，韦伯有信念伦理和责任伦理的区分，但笔者觉得，Gesinnung 翻译为志向比较好，这和中世纪的意志概念有渊源关系。

② Franz Josef Wetz, *Hans Jonas zur Einführung*, S. 117.

③ Hans Jonas, *Das Prinzip Verantwortung. Versuch einer Ethik für die technologische Zivilisation*, S. 177.

④ E. Lèvinas, *Ethik und Unendliches*, Graz/Wien, 1986, S. 75.

助。相反，约纳斯把他者理解为整个有生命的自然。

"责任的原初对象"① 是孩子，责任的原初事件是双亲的教养，正常情况下，父母牵挂他们的孩子，而不过问孩子们究竟能给予他们什么，约纳斯以父母对孩子的责任来表现人对自然的责任。责任通常是在某人陷于困境、需要特定的帮助时发生的，对不同性质的伤害的敏感和缺乏抵抗力，以引人注目的方式使得一种保护和帮助的需求明显起来，满足这种需求意味着承担责任，人的卓越之处在于："只有人才能独自承担责任。"② 所以约纳斯说，一切责任的典范是亲子关系，父母对孩子负责，不是因为他们生养了子女，而是因为子女需要他们。

F. J. 韦茨指出："我们为什么要如此行为，为什么保护有生命的自然是我们的义务，这是近年来最重要的哲学课题。"③ 在这场争论中，有两种对立的观点。一种观点是从客观方面寻求负责行为的义务根据，如神学家和形而上学家；另一种观点是从主观方面寻求义务根据，如功利主义者或者理性哲学家。"前者的出发点是：自然具有本己的价值，自然甚至就是权利的载体，这些权利使我们有义务善待自然，人们通常把这种观点叫作自然中心论立场。相反，功利主义者和理性哲学家否认自然的所有道德价值，并且首先从人的利益或者人的理性出发，引导人们善待自然，人们通常把这种观点叫作人类中心论立场。"④ 约纳斯站在自然中心论一边，认为自然生物（有生命的自然）和人一样有尊严和权利。自然是神圣的，这种观点伴随着宗教的世俗化和形而上学的危机的频发，在现代性观念中，连同宗教－形而上学的世界大厦一起动摇了，人们不再对伤害自然的尊严心怀畏惧。

不过，我们不能片面地指责约纳斯是自然中心论者。他认为，我们不是要求给自然和人一样的待遇，而是要以对待人的态度对待自然，弥合人与自然的裂痕的恰当方式是抬高动物与植物，而不是贬低人。这是一种思维方式的变革。无论约纳斯愿意承认与否，他始终都没有完全跳出其固有的先验主义，他的思想始终保留了德国一贯的思辨风格，尽管他是那么地关注人类历

---

① Hans Jonas, *Das Prinzip Verantwortung. Versuch einer Ethik für die technologische Zivilisation*, S. 234.
② Hans Jonas, *Das Prinzip Verantwortung. Versuch einer Ethik für die technologische Zivilisation*, S. 185.
③ Franz Josef Wetz, *Hans Jonas zur Einführung*, S. 119.
④ Franz Josef Wetz, *Hans Jonas zur Einführung*, S. 120.

史实际，强调理论与实践的合一，他是那种标准的试图以形而上的方式关注人类生存命运的思想家，不管人们怎么批评他的责任伦理过于严厉，过于纯洁，他的思考都不失深刻，当人们（包括他自己）称他的责任伦理是一种本体论伦理学时，是十分恰当的。正是在这个意义上，我们说他的责任伦理不仅是一种伦理学，而且是一种哲学形而上学。他对传统神正论进行的当代转换，从批判现代哲学对自然的遗忘出发，试图克服现代虚无主义的尝试是富有理论魅力和实践成果的。

第二节　普世伦理的中世纪本源

我们讨论普世伦理出于两个方面的考虑。一方面，大力挖掘中世纪哲学的深度和广度，尽可能充分利用这一特殊历史时期人类宝贵的道德思想资源，结合当今世界一体化、全球化时代的现实问题，寻找不同民族和地区之间的对话与合作，同样是哲学家的神圣使命。因此，重视普世价值、建构普世伦理观念，就不仅具有重要的理论意义，而且有现实的迫切性。另一方面，普世主义和民族主义的对峙是人类在任何时期任何地方都必须面对、思考和解决的最基本的哲学课题。当今世界，各种动荡和纷争，各种歧视、暴乱，甚至恐怖事件，都无不和形形色色的民族主义有关。在一定意义上说，民族主义是全世界、全人类共同的敌人。如何在普世主义与民族主义之间寻求平衡，不仅是政治家们的紧迫任务，也是哲学家们在当下必须面对的高难度课题，普世主义的视角显得更加必要。这是一个摆在我们面前的挑战，任何无视普世主义或普世价值观念的想法和做法，在理论上都是绝对短视的，在实践上是有害的。充分挖掘西方中世纪道德资源中的普世伦理和普世价值观念的资源，就是本研究的重要现实意义所在。

一　何为普世伦理

一般认为，普世伦理是 20 世纪 80 年代才真正兴起的，直至 20 世纪末，普世伦理才逐渐成为一个极具热点、极具吸引力的话题，其背景我们在此不便详加讨论。而进入 21 世纪以来，围绕普世伦理和普世价值的争论更是成为大陆文化界的显学，尤其是近几年来，这一争论迅速波及各个领域，甚或转变为一场意识形态领域的大辩论。①　在这里，我们没有兴致参与到捍卫主流意识形态、鞭挞普世价值的论辩漩涡中。但仔细思考，便会发现，这场所谓论争其实亟待真正学术的清理，特别是需要深入普世伦理的奠基层次，进行彻底的形而上思考。我们认为，这是非常必要的。

如前所述，中世纪哲学的道德阐释旨在发掘中世纪道德世界观可能的现代效应，前面我们已经围绕近现代思想的转变讨论了这种道德观对康德、约纳斯等人的影响。本节我们主要思考的是中世纪道德观（伦理学）中究竟有没有普世伦理的萌芽和资源？如果有，其核心观念是什么？或者说，普世伦理的本源究竟是否在中世纪？如果对上述问题的回答是肯定的，那么，中世纪的伦理道德观是如何为普世伦理进行奠基的？换句话说，一种普世伦理何以可能？

关于究竟什么是普世伦理（the universal ethics，也可以叫普遍伦理），德国神学家孔汉思（Hans Küng）在《全球伦理——世界宗教议会宣言》中宣讲为一种"全球伦理"（Global Ethics）。他这样说："我们所说的全球伦理，并不是指一种全球的意识形态，也不是指超越一切现存宗教的一种单一的统一的宗教，更不是指用一种宗教来支配所有别的宗教。我们所说的全球伦理，指的是对一些有约束性的价值观、一些不可取消的标准和人格态度的

---

① 近十年来，学术界围绕"普世价值"进行了空前激烈的争论，赞成者很多，其中不乏像汤一介、李泽厚、赵汀阳、郭齐勇、龙士云等知名学者，很多人的讨论结合了汶川地震后的人性表现。最近，也有作者开始追溯普世价值的渊源，值得注意。参见沈思《"普世价值"的源起、演变和思考》，文章把基督教思想看作"普世价值"的本源。参见 Aisixiang.com，2014 年 4 月 24 日更新。而反对普世价值的学者，侯惠勤是一个代表，他先后撰文激烈反对普世价值的存在，参见其代表性论文《"普世价值"的理论误区和实践陷阱》，《马克思主义研究》2008 年第 9 期；《"普世价值"的理论误区和实践危害》，《中国社会科学院报》2008 年 11 月 11、13 日。虽然真正的争论率先在意识形态领域展开，而且《马克思主义研究》一度成为两种观点交锋的主阵地，但争论迅速波及几乎所有领域，即便在西方哲学研究中，与普世价值的讨论一样，普世伦理的讨论也异常热烈，如万俊人、陈亚军等学者也加入其中。在英美和欧陆两派内部也形成了交锋，究竟有没有普世价值，如何谈论普世价值与普世伦理，也成为热点话题，并一度形成所谓先天派和后天派之争。先天派认为，先天存在普世的或普适的价值，后天派认为，普世价值是后天的，是通过讨论和辩护，达成共识，形成普遍的价值观念。在这里特别提及两个人的文章，把先天与后天普世伦理之争引出来了。参见亓学太《行动的理由与道德的基础》，《学术月刊》2010年第 5 期；陈亚军：《普世伦理：后验性及其原因》，《哲学研究》2009 年第 8 期。而亓学太的文章《普世伦理与道德的先验实在基础——兼与陈亚军教授商榷》（《社会科学》2010 年第 11 期）最典型地反映了学界两种立场，即普世伦理的先验性与后验性之争。笔者在此讨论中世纪与普世伦理时主要倾向先验论立场，同时涉及具体观点时，也观照这种普世伦理价值所具有的一定后天获得性特征。

一种基本共识。没有这样一种在伦理上的基本共识，社会或迟或早都会受到混乱或独裁的威胁，而个人或迟或早也会感到绝望。"① 显然，这种定义强调的是全球范围内的一种伦理共识，既然是全球伦理，就具有普遍性、普世性或普适性。the universal ethics 被译为"普世伦理""全球伦理""世界伦理"等。这些不同的说法，其实都表达同一个思想，即"我们所说的全球伦理，指的是对一些有约束性的价值观、一些不可取消的标准和人格态度的一种基本共识"。依照我们的看法，该术语应该译为"普世伦理"比较适切，因为全球伦理这个词更多地指代普世伦理在全球范围内的综合效应，是"用"而非"体"。

我们在此无意全面论述普世伦理的有与无，而是立足肯定的立场，为普世伦理的中世纪渊源做出建设性的勘察，也就是说，探索中世纪伦理中有哪些基本观念和普世伦理思想贯通，甚至为当代普世伦理的思想建设奠定了基础。如果我们以上述引文中的全球伦理"大义"为基础，即以"约束性的价值观、不可取消的标准和人格态度"为尺度加以考量，我们就不难发现，中世纪伦理学中确有不少"微言大义"可资借鉴。

通过前面的研究，我们已经发现，中世纪道德哲学已经包含了一些重要的普世伦理精神，这不仅是普世伦理和普世价值的萌芽和直接思想资源，而且是普世价值和普世伦理的核心。比如爱、正当生活，比如自然法、金规则、仁慈、博爱与自由、责任等，可以说是中世纪道德资源中最具广泛持久效力的部分。我们在此再度结合奥古斯丁、阿伯拉尔和托马斯等人的思想，尝试找出其中的"约束性的价值观"、不可取消的"标准"和"人格态度"。

二　"爱上帝、爱邻人"与金规则

毫无疑问，20 世纪 80 年代以后，普遍伦理或普世伦理逐渐成为一个焦点话题，背景就是世界的一体化和全球化。这个时代是一个不同民族、不同文化、不同价值观在经济全球化现实下如何"共在"，如何求得"共识"，求同存异的时代。所以，"约束"，无论是彼此约束还是自我约束，就成为

---

① 孔汉思、库舍尔编《全球伦理——世界宗教议会宣言》，四川人民出版社 1997 年版，第 12 页。

一个摆在全人类面前的普遍性挑战。

孔汉思的观点旨在强调，全球伦理是一种对话伦理，是在差异中求得一致，他说："我们所说的全球伦理，不是指用一种宗教来支配所有别的宗教。"① 说得更"伦理些"，就是全球化时代的我们如何进行交往，全球伦理的金规则就是一种全球化时代的交往规则。虽然基督教没有"特权"支配其他宗教和其他文化，但我们可以从中世纪哲学资源中发现这种"约束性的价值观"，引导全球化交往。如前所述，奥古斯丁对中世纪道德观的确立最大的贡献是缔造了爱的伦理学，中世纪伦理的首要特征是"爱的伦理"，这种新伦理不仅是奥古斯丁伦理学的金规则，而且正表现了当今普遍伦理或普世伦理之"约束性的价值观"。当今世界是一个"求同存异"的全球化世界，多样性是客观事实，如何面对这种差异性、多样性，寻求共识，就是全球伦理和普世伦理的首要任务。

奥古斯丁指出，"爱上帝、爱邻人"，这一诫命表达了爱的哲学原则，是金规则的基石。他进一步解释这种爱的原则，并利用福音书里的话做了阐释，我们和邻人交往时应该遵循"爱的规则"，他常常把这个金规则当作基本的道德原则使用，这就是："人也应该愿他人有自己所愿的善，也应该力图使你的邻人远离那些你要远离的恶。"② "无论何事，你们愿意人怎样待你们，你们也要怎样待人。"③ "在每次和人的交往中，遵守这样一条谚语就可以了：'你不愿人怎么待你，你就不要如此待人'。"④ 人们常说，儒家思想中的"己所不欲，勿施于人"以否定性方式表达了金规则，基督教的金规则是一种肯定的表达方式：己所欲，施于人。你要别人怎么对待你，你就怎么对待别人。只是，在奥古斯丁和其他中世纪思想家那里，这种交往规则想保持持久效力，需要一个基础或基石：对上帝的爱。前述的交往规则（金规则）的适用范围是在"邻人之间的爱"这一交往层面，如果缺少了"爱上帝"这一前提，邻人之爱就有可能沦为功利性的"计算"或者"以牙还牙"，从而无法保证这种交往的可公度性和普遍有效性。因此，对于奥古斯

---

① 孔汉思、库舍尔编《全球伦理——世界宗教议会宣言》，第12页。
② 〔古罗马〕奥古斯丁：《论真宗教》245。
③ 《马太福音》7.12，另参见《路加福音》6.3.
④ 〔古罗马〕奥古斯丁：《论秩序》Ⅱ 25。

丁和随后的阿伯拉尔和托马斯这些中世纪哲学家而言，人对上帝的爱是邻人之爱的"先天条件"。而且，这种爱是神圣的、超越的、无功利的，因为这是上帝的仁爱在人身上的显现，上帝的爱是"仁慈而非正义"。不仅阿伯拉尔，所有的中世纪伦理学家都贯彻了"爱上帝、爱人如己"这一爱的命令，他们以各自不同的术语论证了爱的金规则。

普遍伦理的"普遍性"，就是"共识"的可能性。按照基督教的金规则，爱上帝是其基石，因为它是"邻人之爱"之所以可能的保障，更是求共识之所以可能的根据。在这个意义上说，中世纪的爱的伦理，尤其是这种爱的规则，就是普遍伦理之所以可能的先天条件，即何以可能的根据，这就是普遍伦理（普世伦理）的先验层面的含义，也是我们对"普世伦理的中世纪本源"的第一个阐释。

继普世伦理是否可能、何以可能之后，另一个问题是怎么去达到"共识"。按照孔汉思的话说，这涉及"不可取消的标准"和人格态度问题。

还是让我们先围绕奥古斯丁来分析不可取消的标准和人格态度和爱的伦理存在怎样的关系。奥古斯丁从反、正两个方面论证，只有爱上帝的意志才是自由的意志，善良的意志，只有这种爱才是真自由。这种集爱与自由于一身的伦理学最大的特点就是普世性、平等和大众化。也就是说，爱不仅是"约束性的价值"的基石，也是不可取消的标准和人格态度的典范。

奥古斯丁在阐释原罪论时曾经指出，基督教的原罪的实质是对上帝恩典的滥用，即运用意志的自由决断选择背离上帝，意志的自由决断是罪的本源。说得更清楚些，如果没有自由决断，就不会有善恶的区分。无论我们怎么看待普世伦理，善恶的区分都是关键。在奥古斯丁看来，没有自由意志的决断，这种本源意义上的区分（背离上帝这个至善，趋向更低级的善）就不可。也许有人认为，这是奥古斯丁对基督教信仰的独断辩护，其中缺乏理性的分析和批判，但其实，他的辩护还是包含丰富的批判意味，只是他批判的是希腊哲学中的理性主义。在他看来，希腊哲学家关于"人人都愿意向善，无人愿意作恶"的信条是缺乏论证的。他对基督教原罪论的阐释就是对希腊这一独断信条的批判性论证，其中的论证过程我们在本书第一、二章（尤其在第二章）中已给予充分讨论。

奥古斯丁不仅第一次指出，自由意志（意志的自由决断）是善恶相分的根据，更重要的意义还在于，他第一次结合基督教教义对希腊哲学的知识论立场进行了解构，这种批判第一次深度触及哲学与基督教的融合。这种融合的积极成果是：他批判了希腊知识论伦理学和道德观的精英论主张。在他看来，希腊哲学伦理学是一种知识论伦理学，只有明辨（知识与明智）什么是善的人，才有德性，进而才有幸福可言。事实上，并非所有的人都认识善本体，只有那些受到良好教育的人才可以通向幸福之门。这样，希腊哲学家就恪守其哲学王的理想，保守其精英主义理念，就将芸芸大众置于无德和不幸的大本营。奥古斯丁之所以再三强调，基督教是真哲学和真宗教的同一，是因为基督教是大众化的哲学，是普遍的、普世的、平等的，而且是具体的、实存的。

奥古斯丁对基督教哲学的辩护其实已经揭示了这一点。基督教是真哲学，意味着基督教是普世的哲学，是大众的哲学，基督教的道德规则手册是面向所有人的，幸福与智慧都不取决于对善的知，而是在上帝的圣言中，我们可以通过倾听去掌握。这就是信的哲学、相信的哲学，是信念伦理，而奥古斯丁把这种伦理称作"爱的伦理"。为爱的伦理学进行奠基，就是奥古斯丁最重要的哲学志业，这种奠基需要终结和告别古典的知识论美德伦理学。

奥古斯丁通过大量论述驳斥和暴露了美德伦理的问题，概括起来就是精英主义。无论从底线伦理看，还是从深度伦理看，奥古斯丁都极大地扩大了伦理学的内涵，伦理学不单纯是哲学的，更包含宗教伦理这一维度。如果说，哲学和基督教的融合确实削弱了哲学的希腊性，那么，伦理学和基督教的结合，就真正强化了伦理学兼容应当与实存的两面性。基督教爱的命令构筑了底线伦理的底线（爱上帝，是爱邻人的前提和底线），这就是应当。基督教的博爱，则揭示了伦理学的实践理性特征。实践理性的特征就是习俗化的伦理实践，没有信仰的习俗是不可能的。对此，在《寻求普世伦理》一书再版跋里作者引用罗尔斯（John Rawls）的一段话说："如果我们对人类未来的道德前景不抱任何希望，一切人类社会正义自由的讨论将会变得毫无意义。"①

---

① 万俊人：《寻求普世伦理》，北京大学出版社 2009 年版，第 373 页。

　　的确如此，一说起哲学和形而上学，特别是伦理学，乌托邦理想就是无法祛除的，因为这是人类理性的本性，渴望求得大同，求得和平，是人类世世代代的理想，这就是一种信仰。无论哲学上的什么流派，总是无法绕过这个人性愿望，说其独断也罢，对其批判不够彻底也罢，只要是在哲学形而上学意义上谈论爱智慧，就无法不这样希望。无论东西方人如何理解智慧，智慧不是知识，这是一个普遍的共识。《寻求普世伦理》一书在对普世伦理进行反复论证之后，最后也和罗尔斯一样慨叹道："我们探寻普世伦理的全部动机和动力也许就在于此，舍此，我们的探寻能有什么其他的终极依据吗？"[①] 道德理想主义，无论人们如何炮轰、鞭挞其理论上不自洽，但这种"主义"之所以无法根除的原因在于：人类理性的超越本性。从亚里士多德到康德，再到约纳斯、布洛赫（Ernst Bloch），永远都无法消除。不过，在我们看来，罗尔斯的慨叹也只是就事论事。既然我们同在寻求普世伦理，就应该大大方方地展开，既不仅仅出于民族感情拒斥西方源头，也不应该因为我们受的教养方式和教育习惯而错失普世伦理的寻求方向——基督教伦理。无论如何，中世纪基督教伦理都是寻求普世伦理的一个可能的入口，普世伦理而非普遍伦理，这恰恰是我们如此寻求的理据。全球伦理太过空间化，缺乏形上维度；普遍伦理太过哲学化，不够实存。而普世伦理和中世纪伦理之间存在很多内在的契合之处，这种内在的契合绝非如罗尔斯感慨的那样是主观的人类需要，更多的问题在于：为什么人类会有这种需要？换句话说，为什么人们会有道德理想主义的冲动？人类为什么会愿意向善而非愿意作恶？这些问题总需要一个论证。这种终极论证是寻常的理性逻辑无法完成的任务，说穿了，中世纪基督教哲学做的就是这种工作。我们前面两章关于奥古斯丁的分析，其实就是摆明中世纪的这种证明方式。

　　奥古斯丁的哲学思想的确具有划时代影响，在很多哲学主题上他都做出了杰出贡献。比如，在语言方面，奥古斯丁对维特根斯坦的语言图像论有直接影响，还对伽达默尔语言解释学发生了影响。在"时间问题"上，他对胡塞尔的影响无与伦比。至于在自由观上，他对西方现代自由观念的影响是本源性的。他在生存问题上的分析，更是直接孕育了西方的生存论－存在论

---

　　① 万俊人：《寻求普世伦理》，第 373 页。

哲学的范式。比如法国最著名的奥古斯丁学者 H. 马鲁对奥古斯丁的思想效应进行了非常准确的分析①，他基于奥古斯丁和 17 世纪哲学之间的内在逻辑关系看待奥古斯丁思想的历史效应，特别通过詹森主义（Jansenism）和马勒伯朗士（Malebranche）讨论 17 世纪的两种思潮——笛卡尔式的奥古斯丁主义和奥古斯丁式的笛卡尔主义之间的内在联系。② 虽然马鲁没有讨论具体的道德问题或伦理学的影响，但他的论述却是需要我们进一步理解、分析和思考的重要文献。奥古斯丁的伦理学和普世伦理的关联和契合点尚需我们进一步探讨，目前国内外研究都还存在空白，我们在此也只是一个探寻的尝试。

如果说，奥古斯丁爱的伦理学及其金规则揭示了普世伦理的先天性和超验存在，那么，阿伯拉尔则是寻求一种对话伦理，他的思想除了继承奥古斯丁的先验维度以外，又强调一种后验性，强调对人类对话能力的培养，这表明，中世纪的普世伦理其实也具有后天的可获得性特征。

三　阿伯拉尔的"对话"与普世伦理

阿伯拉尔伦理学的现代意义，最近受到人们的普遍关注，特别值得提及的是一本新近出版的论文集，其中很多文章论及阿伯拉尔思想的效应，尤其是佩尔卡姆斯的一篇文章论述康德和阿伯拉尔思想的共同点，认为他们在道德自律和上帝信仰这两个主题上存在深刻的内在一致性。③ 佩尔卡姆斯的一本著作也颇有价值，书的标题是"爱是阿伯拉尔之后伦理学的中心概念"④。在当今社会，爱的概念在全球化时代，逐渐成为构筑普遍价值观念的核心。爱就是自由，自由就是爱的精神越发成为人类生活的题中应有之义。在某种意义上说，中世纪道德观对普世伦理的影响，是通过康德伦理学中的普遍主义起作用的。另外，阿伯拉尔的对话伦理思想，其世俗化理性精神和宗教宽容思想，都深深地再现在活生生的当下。

我们无意重复前面已经讨论过的阿伯拉尔伦理学的全部内容，如意向伦

---

① Henri Marrou, *St. Augustine and His Influence through the Ages*.

② Henri Marrou, *St. Augustine and His Influence through the Ages*, p. 172.

③ Ursula Niggli（Hg.）, *Peter Abaelard: Leben-Werk-Wirkung*, 2003.

④ Matthias Perkams, *Liebe als Zentralbegriff der Ethik nach Peter Abaelard*.

理学，在此我们特别强调的是他试图在不同宗教背景下的人之间进行理性对话、求得共识的伦理精神，这不仅反映了 12 世纪的时代精神，而且反映了其思想的划时代意义。这是普世伦理的更为鲜活的思想资源，尤其重要的是对话伦理学反映了普世伦理的后验性特征。这不单单涉及"约束性的价值"，而且关涉"不可取消的标准和人格态度"。

首先，他以 12 世纪特有的辩证法精神赋予"理性对话"以更显著的建设性价值。

李秋零、溥林在为《伦理学·对话》所写的中译本导言中指出："除了将辩证法引入神学和对极端唯名论与实在论的反驳外，阿伯拉尔的伦理思想在中世纪哲学史上也是极有特色的。他关于伦理学的专门著作有两部，即《哲学家、犹太人和基督徒之间的对话》和《伦理学》（或《认识你自己》）。一般认为，这两本书是中世纪最早以理性的方式探讨伦理学问题的专著。"[①] 的确如此，阿伯拉尔结合 12 世纪的思想实际，对传统的希腊哲学伦理和世俗道德给予了宽容，使基督教伦理与世俗的哲学伦理精神得到融合，正如《伦理学》英译本的译者 D. E. 勒斯科姆的说法，"阿伯拉尔对非基督教哲学和伦理有很高的评价"[②]。比如，他在其著作《神学》中呼吁：基督徒应该了解非基督徒关于上帝和三位一体的见解，讲述了神父们在这些哲学家们的学校里学习的情形，在自传里提到一个争论，阿伯拉尔和爱洛伊斯争论他们是否该结婚，这个争论提到了许多非基督教哲学家们的观点，爱洛伊斯被允许赞成哲学家们无婚姻的爱情观。再如，阿伯拉尔将非基督教道德也纳入其神学主题之中，在《伦理学》（或《认识你自己》）一书的第二部分开头，他就强调，波埃修在亚里士多德的《范畴篇》里发现了关于"德性就是习惯"的说法。根据亚里士多德的说法，习惯不仅仅是一种性格倾向，而且是一种通过努力和毅力而获得的品质，然后稳定在人的生命本质中，在人的灵魂中产生一个难以抹去的标记。阿伯拉尔还在其著作《哲学家、犹太人和基督教徒的对话》中让哲学家定义、划分天主教道德，如审慎、正义、坚毅和自制，他将德性判定为一种习惯，一种通过人的努力而获得的自然品

① 〔法〕阿伯拉尔：《伦理学·对话》，第 XIX。

② *Peter Abelard's Ethics*，参见译者导言。

质，阿伯拉尔和他的学派因而比同时代的神学家们更突出强调自然德性，"在同时代的神学家中，阿伯拉尔是第一个对自然德性进行严肃的哲学讨论的人，也是第一个真正地将人的德性置于神学地图之上的人"①。佩尔卡姆斯的观点更加激进，"阿伯拉尔甚至就是 12 世纪的康德，是一位 12 世纪的启蒙主义者，其思想的历史影响堪比 18 世纪的康德"②。

其次，与理性主义相关联，阿伯拉尔非常强调在不同的伦理道德观点之间进行"理性对话"的必要性和迫切性。

这一点在整个中世纪的确与众不同，在一定程度上具有跨时代意义，自从哈贝马斯以来，商谈伦理（对话伦理）与交往行为理论成为当代思想潮流，也是当今普世伦理非常关注的话题。阿伯拉尔伦理学代表作之一《哲学家、犹太人和基督教徒的对话》（简称《对话》）非常精妙地把这种在不同观点之间的对话、交锋、求得共识的愿望表达出来了。这是一部虚构的作品，而且在基督徒与犹太人之间的对话并没有出现，因此三方对话变成了哲学家和犹太人、哲学家与基督徒之间的两两对话。这是差异性的对话，也就是说，阿伯拉尔假定一个大前提：三位对话者对上帝拥有共同的敬意，但每个人都有不同的信仰和生活，"哲学家满足于自然法，基督教徒和犹太人有自己的圣经"③。

在阿伯拉尔那里，争论其实有一个悬拟的结论：只有少数基督教徒，才能合理地既满足信仰又满足哲学的需要。在这一点上，阿伯拉尔捍卫了奥古斯丁的那种基督教是真哲学和真宗教的立场，只不过他比奥古斯丁更信任哲学的理性精神，在三边对话中，阿伯拉尔任由哲学家发挥其理性论证。在这场虚拟的对话中，与其说阿伯拉尔扮演了基督徒角色，还不如说他扮演的更多的是哲学家的角色，他知道哲学理性的力量和"双方条律的契据"④。如前所述，在《对话》这部未完成的手稿里，真正完成的对话是两个，哲学家跟犹太人的辩论是第一轮辩论，然后是哲学家和基督教徒的第二轮辩论。第一轮辩论的主题是圣经的信仰和理性之间的关系，特别提到了由理性和自

① *Peter Abelard's Ethics*. 参见译者导言。
② Matthias Perkams, "Autonomie und Gottesglaube. Gemeinsamkeiten der Ethik Abaelards mit der Immanuel Kants," in *Peter Abaelard：Leben-Werk-Wirkung*, S. 129.
③ *Peter Abelard's Ethics*. 参见译者导言。
④ 参见 *Peter Abelard's Ethics*，译者导言。

然而定的生活的充足或不足；后一轮辩论的主题是非基督教徒面对的基督教道德，哲学家和基督教徒针锋相对。在这里，阿伯拉尔让自己挑战、检验了非基督教道德，这引起了时人的极大注意。当 12 世纪那些被非基督教道德学家们吸引的大多数作家仍停留在文学欣赏的水平上，当大多数神学家在他们的神学里对所有这些都不管不问时，少数几个有更多辩证头脑的探寻者，像里尔的阿兰（Alain de Lille）和索尔兹伯里的约翰（John of Salisbury），特别是阿伯拉尔，却对古老的观点进行了探讨。在《对话》里，阿伯拉尔对他们的观点进行了最细致的审视，这种审视在 12 世纪也出现过。① 其中第二轮辩论能够最充分地展现阿伯拉尔的伦理学特色，也能代表中世纪道德哲学的共性。

从文本上看，哲学家和基督教徒之间的讨论有两个目标：其一，讨论至善和极恶的性质；其二，讨论达到至善和极恶的途径或方法。当言及第二个目标时，基督教徒要求哲学家定义、区别善行和恶行。哲学家的定义，大部分依据西塞罗（Marcus Tullius Cicero）的著作《论发明》（Ⅱ53－4），一些部分依据马克罗比乌斯（Macrobius）的《"西庇阿之梦"评注》（Ⅰ8.7），但也引用了阿伯拉尔自己关于人类行为的道德区分理论的一部分，以及亚里士多德对习惯和性格所做的区分。然而，在讨论最高的善和最大的恶时，作为争论的当然领导者的哲学家，因赞成他的基督教支持者而失去了主动权。哲学家所谓至善和快乐相联系，特别是和古老的享乐主义学说相联系。当然，这是特指通过德性而达到的内在灵魂的安宁。这样，哲学家就能够调和塞涅卡（"最伟大的道德启发者"）发现的享乐主义与苏格拉底－柏拉图主义的观点，即通过德性而获得的快乐是最高的善的观点。由于在宁静的灵魂中确保没有忧伤和痛苦，他声称，享乐主义者所追求的快乐不包括世俗的利益，它正是牧师所宣扬的天国，虽然酬报的名称不同，但所给的东西是一样的。

随之而来的是基督徒的驳难，将哲学家的注意力引向"坚忍"精神上。阿伯拉尔认为，也许古代哲学和基督教的关系不像哲学家所认为的那样和谐。基督教宣扬对现世的轻视，鼓动对来世幸福的渴求，非基督徒的哲学家

① 参见 *Peter Abelard's Ethics*，译者导言。

认为，我们应该为德性追求德性，而不是为了一个更好的希望而追求德性，如西塞罗将对诚实与快乐本身的追求与对利益的追求区别开来，对人来说，唯一的至善不在于幸福，人们的德性不一，因而获得的报酬也不等。哲学家回答说，坚忍精神的优点是能避免两种恶——过与不及。首先，哲学家说，基督教徒总是将其作为代表的西塞罗既不赞成仅仅追求世俗的报酬，但也不是排斥所有的报酬。其次，他并没有将德性本身归入最高的善，坚忍精神表明，所有好人同样是有德性的，而奥古斯丁说，所有德性只有一个名字，这就是仁慈。而且有德性的人就是拥有所有品德的人，因此，仁慈的人也拥有所有的品德，所有的德性都是仁慈，是爱。基督教徒再次反对哲学家，虽然只有仁慈才能赢得上帝的奖赏，但并不是所有的好人都同样由仁慈造就；没有人比好人更好，但一个好人可能比另一个好人更好。

这样，就达到了争论的一个重要目的，哲学家和基督教徒比较了他们对最高的善和最大的恶的定义之后，他们都同意最高的善——完满的善就是上帝。不同点在于：他们对人的最高的善和最大的恶的定义不同，哲学家认为，人的最大的善就是永恒的宁静或快乐，而这是通过事功获得的，是在未来的生活中对上帝的觉察与认识中得到认可的。人的最大的恶也是通过事功而得到永恒的惩罚，遭受永远的痛苦。基督教徒对人的最高的善和最大的恶的定义，不是根据得到的报酬或惩罚——惩罚本身是善，不是恶——而是根据人能够达到的最高的内在状态，根据使人获得他的永恒的报酬的东西，即他对上帝最高的爱，或使他成为罪恶的过错。

基督教徒和哲学家之间的讨论仍没有结束。基督教徒接下来详尽地阐述了基督教的信仰，将其与对上帝的觉察的快乐经验和对地狱的体验联系起来，然后又泛泛地讨论了善与恶的性质，特别提到了"善"的模糊性，工作到这里未完成而中断了，但远在这之前哲学家已经降为提问者的角色，他承认他的先辈对善与恶定义得不够。在《对话》中阿伯拉尔想在他的同代人面前宣扬非基督教的长处，当然这对他所要关注的东西来说始终是第二位的。阿伯拉尔树立了一个哲学家的形象，从理性上接受了灵魂不朽、来世报酬与惩罚的存在，以及对上帝是至善的认同。《对话》中的哲学家的观点和奥古斯丁的《上帝之城》第八卷中的哲学家的观点有类似之处。在那里奥古斯丁表明，非基督教哲学（柏拉图派）在许多方面跟基督教接近。《对话》中的哲学家一开始无根据地认为基督徒都是疯狂的，但随着对话的展开，他的观点明显地站不住脚了，哲学家没能够教化基督教徒，反倒是基督教徒主导了争论，从有利的地位确定了基督教道德和古典非基督教道德之间的关系。①

当然，我们在勘探阿伯拉尔对话伦理学中的普世价值时，必须注意如下几点。

其一，阿伯拉尔伦理学思想的实质或主流是基督教性的，尽管它具有理性主义倾向和对话精神，这种基督教性具有某种普世性，但和当今世俗的文化对话层面讲的那种底线伦理（或者最小化）全然不同，无疑它是最高要求意义上的，是理想化的应然层面，而不是实存性的实然层面。这就涉及其意向伦理的关键，阿伯拉尔关注的始终是人的内在态度而非外在行为，即便他的对话也是遵循了差异中求共识的原则，这种差异充其量是态度上的差异，也就是说，阿伯拉尔对话思想中普世伦理的后验性特征是局部的有限度的，从根本上看，其对话达到的目标和理想依然是先验的，是一种先验的普世伦理精神。

其二，阿伯拉尔对非基督教道德的宽容是有限度的，他的思考源于其特有的宗教生活，尽管他的代表作之一《伦理学》取了一个苏格拉底式的标题"认识你自己"，在 20 世纪通常表示合乎理性的伦理学，一种异教道德家的伦理学，而阿伯拉尔本人也确因其激进思想被教会课以严惩，但他依然是基督教道德的捍卫者，绝非标准的异端道德家。这一点可以从他的一些声明中了解，如在《伦理学》中，他就提醒读者参考他的《神学导论》第三部分立场，在《伦理学》第一册结束部分，阿伯拉尔批判了对真理的敌对立场，这种真理在当时那种宗教生活占据其生活的突出地位的人看来，是自明的。

另外，阿伯拉尔的《认识你自己》在异端看来，不是一本理性道德方面的著作，两册书当中，第二册只剩下一些残篇。在第二册书当中，阿伯拉尔打算研究善与恶，对上帝的轻蔑与服从。第一册完整地保留下来了，在其中，阿伯拉尔考察了本罪与原罪的区别，并且考察了罪的补救办法——惩罚、忏悔、赦免和赔偿，引用的资料几乎全部来自《圣经》和教父遗书

---

① 以上部分参见 *Peter Abelard's Ethics*，译者导言。

（*Patristic*），可认作异教徒的根据和思想观念并不够充分。总之，阿伯拉尔的《伦理学》是一部针对基督教道德而写的神学著作，是《神学导论》的姐妹篇，它以"认识你自己"为题，实际上也暗含阿伯拉尔对道德核心问题，尤其是对人的行为态度（Haltung）之优先性的关注。①

其三，阿伯拉尔伦理学的先验性尤其反映在《伦理学》（《认识你自己》）中，主要集中于意向论和罪的定义。阿伯拉尔把奥古斯丁的意志主义进一步推向意愿主义，也就是说，他看重的是行为动机，即意愿（意向、意向）而非行为本身。

他认为，上帝不考虑什么行为是完成了的，而是考虑什么样的意向是已经完成了的；给人带来功绩和赞美的不是他的行为，而是他的意向和动机；对于那些受诅咒和受拣选的人来说，哪怕很平常的行为，都是因其自身而不同的，这些都很平常的行为之被称为善或恶，其根据仅在于行为者的动机。但是，如果把阿伯拉尔的观点称为道德主观主义却会是一个不准确的描述，尽管阿伯拉尔坚持认为，人的行为不因其自身而是因道德上的好或坏，更不必说人掌握了对与错的客观标准。我们的动机决定了我们的行为的道德性质，但我们的动机应被诉诸神法的标准。阿伯拉尔确实认为，一个人产生了错误的想法也是正常的，是无罪的，但他并不因此就认为那是正确的或配得上功德的。

《认识你自己》并不表明阿伯拉尔支持在 12 世纪出现的减轻教会惩罚的一些主张。伴随着十一二世纪思想的不断精炼，神学理论家试图针对性情构建更明确的观点，这种性情（志向）对于罪与赦免来说是必需的。阿伯拉尔作为辩证神学家，只要他决定建立这样一个罪的概念，那么，无论何时何地，他都会确认意欲在罪恶中的角色。

在他的《认识你自己》当中，阿伯拉尔不再将罪看作意愿的一个行为，意愿这个词太含混了，它可指情欲以及我们的各种欲望。在这种意义下，一个邪恶的行径将不构成罪，除非给予这种邪恶的行径以赞同。恰当的说法应该是，对一种邪恶意愿的赞同会构成罪，而非对邪恶的意愿，阿伯拉尔利用了奥古斯丁的一个观念，即赞同在罪中所扮演的角色。阿伯拉尔随即选取对

---

① *Peter Abelard's Ethics*，译者导言。

邪恶的赞同作为罪的唯一定义，因为它是罪的不变的不可缺少的成分。它不会与诱惑、食欲甚至先于它的意志相混淆，也不会与接着它而可能发生的行为相混淆。奥古斯丁也给阿伯拉尔存留下一个坚固的意识，即上帝的命令只涉及两件事：爱与贪婪，在这一基础上阿伯拉尔构建了他的伦理学。

在阿伯拉尔看来，事功（行为），不像意向和赞同，其本身在获得功勋或遭受诅咒之中不起任何作用，它在道德上是中立的。为了对行为的道德性做出前后一贯的描述，阿伯拉尔发展了奥古斯丁的思想，突出意向和同意的原则。奥古斯丁相信人类有了撒旦的过错与罪恶，并且人的行为决定了他的功绩。彼得·伦巴德（Peter Lombard）和巴黎圣维克多学院，通过强调这一点重返奥古斯丁，并且是以此向阿伯拉尔提出质疑的。通过把注意力集中于知道自己的意向的特性和正当性，阿伯拉尔非常突出地强调人自己选择的能力和上帝永恒法的重要性。在构造罪的概念中，相比于意志，他更多强调的是理智与决定的意向，强调理智的无过错，即赞成这样一个他并非真正了解情况的错误，阿伯拉尔强调，无知是免予罪的。

《伦理学》可能会为现代的一些缺少对早期经院哲学历史了解的读者所喜爱，正文本身在它的争辩中是令人振奋、令人激动的，当然也有点淫亵，因为阿伯拉尔有鲜活的性想象力。此外，阿伯拉尔在表达对教士或对贵族的不满时，并没有遮遮掩掩。总之，阿伯拉尔的伦理学是相当复杂的，具有多义性，因此评估其效应也是复杂而困难的。他首先是 12 世纪的卫道士，继承了奥古斯丁的意志主义和爱的伦理学立场，表现在普世伦理精神方面，表现出一种先验的普世性，与此同时，他的思想也反映了 12 世纪的理性化和世俗化特征，倡导在有不同知识背景和信仰背景的人之间进行对话，在一定程度上也表现出一种后验的普世精神。

四　自愿行为、自然法与普世伦理

托马斯的自愿行为理论或德法结合论伦理学与普世伦理也有某种内在关联。真正把宗教伦理与哲学伦理紧密结合起来的思想家非托马斯莫属，他的伦理思想不仅进一步捍卫了奥古斯丁奠定的意志主义，确立了理性在道德行为中的基础地位，而且由于他重视行为本身在道德判断中的地位，从而也克服了阿伯拉尔的纯粹意向论，由此也扩大了中世纪伦理学的内涵，使中世纪伦理学发展为非单纯的宗教伦理，而具有了哲学的世俗内涵。这样，他的伦理思想就蕴含了更直接的与交往行为有关的普世伦理思想，这主要表现在他的自愿行为学说和自然法理论中。

首先，他明确规定道德的标准是自愿行为。这一标准可以看作"全球伦理"中"不可取消的标准"中最重要的标准，它尤其体现在对话中求共识的交往行为之中。

托马斯虽然从理论框架上吸取了亚里士多德关于行为构成的两个大元素的观念，但从理论的内在旨趣上看，托马斯是奥古斯丁主义的继承者，也就是说，他依然秉承了奥古斯丁——阿伯拉尔的内在性立场，即行为发源于人的内在意欲或意向。正如有学者分析的那样，"人的行为的自愿性是基于人的意志和理性对人的行为的支配，即基于发源于行为者的内在原则"①。与此相反，基于外在原则，即强制和无知的行为则是非自愿的。

托马斯不仅继承了亚里士多德，也继承了奥古斯丁和阿伯拉尔。人的行为之所以有别于其他存在者而成为人性行为，是因为人的行为是有意向的意志活动，意向善是人之本性，这不仅是理性的本性、求知的本性，也是意志的本性。人之向善的本性是奥古斯丁在论述原罪时着重讨论的，托马斯结合亚里士多德的实践理性思想创造性地融合奥古斯丁的思想要素，从而提出了自己的自愿行为理论。人的行为不仅需要理性的指导，而且也需要意志活动的支持，两者对于一个完整的人的行为都是必需的，理性的活动不能代替意志的活动，因为这两者对于完成人的行为的作用是不同的。"行为的秩序是这样的：首先是对目的的领会，接着是欲求目的；之后就是考虑手段，再就是欲求手段。"② 实际上，在托马斯那里，行为的秩序包含两个层面：内在意向的秩序和行为的秩序，前者以实践理性对目的的把握为开端，然后考虑达到目的的可能手段；后者以意志对作为手段的行为的追求为开端，然后趋向实现目的。根据这样的行为秩序，人的行为就是运用理性和意志这双重能力而完成的自愿行为。可见，托马斯直接继承的是奥古斯丁和阿伯拉尔的意志理论，同时又融合了亚里士多德的行为理论。

---

① 　张继选：《多玛斯的自愿行为理论》，（台北）《哲学与文化》2005 年第 32 卷第 5 期，第 133—149 页。

② 　Thomas von Aquin, *S. th.* I – II 15. 3.

在托马斯那里，自愿行为并非理性和意志两大要素的机械相加，而是涉及两者的内在关系或秩序。他首先强调，"自愿的东西发源于意志"①，但这只表明行为者的内在动机，只表明行为的内在动力，这条内在性原则无法保证行为的实现，要使行为实现出来，还必须经过一系列程序，也就是说，自愿行为不只关涉意欲本身。我们前面多次提及，在从中世纪的意志概念向康德的自由意志概念的发展中，一直是有一个系统的，即意志三要素，如果仅停留在人的意向和意欲层面（意－愿），而不考量意向、目的的实现手段（决－断），是无法实现意向（意－志）的，行为也不再是完整的意志行为，自愿行为也就无从谈起。事实上，在从奥古斯丁经阿伯拉尔再到康德发展的过程中，托马斯的观点具有决定性意义，我们可以参考他给"意志"下的一个著名定义，"意志是一种理性的欲望"②。这个定义是独创的，托马斯的这个定义表明，意志行为之所以能够作为自愿行为的标尺，能够衡量行为的道德性，正是因为理性的规定和支配。

意志欲求目的，也必然欲求达到目的的手段，但这种欲求不是不择手段的欲求，而是一种恰当的欲求，恰当与否就要靠理性的指导。所谓"意志是一种理性的欲望"，意味着欲求在任何时候都不能与理性相脱离，"意志是一个表示理性欲望的名称，因此它不可能存在于一个没有理性的存在者身上"③。在一个完整的人的行为中，理性与意志相互支持，但彼此又有不同作用。E. 吉尔松在讨论托马斯关于人的行为结构时说："我们在人的行为的结构中看到，理性与意志是互动的。但是，混淆它们在行为本身内部的作用则是完全错误的。它们持续交叠，但它们绝不可混淆。"④

事实上，托马斯关于意志的自由或自愿性的论述，特别是关于意志的活动是自动的而非被推动的观点，只是在发挥奥古斯丁的思想而已。对此，他举了很多奥古斯丁曾经举过的例子。比如，他举了关于石头运动的例子，无论石头向上运动还是向下运动，在他看来，都不能算作"意志自动"的实

---

① Thomas von Aquin, *S. th.* I－II 6. 3.

② Thomas von Aquin, *S. th.* I－II 8. 1.

③ Thomas von Aquin, *S. th.*. I－II 6. 2.

④ Etienne Gilson, *The Christian Philosophy of St. Thomas Aquinas*, trans. by L. K. Shook, C. S. B., Random House Inc. ,1956, p. 255.

例。表面上看，石头向下运动是出于其内在原因的运动，但这种运动在下述意义上仍然是被它物所推动的。奥古斯丁曾经认为，石头的下降只是出于石头的本性（自然本性、物理本性）使然，而非意志活动。因此，石头的下降无所谓善恶，而人背离上帝这一最高的善、趋向更低级的善这一下降运动，之所以是恶的，是出于意志的自由决断。托马斯对石头下降之所以不是意志自动的实例的分析，要复杂得多，其中既有奥古斯丁的影响，也有他的目的论观念和理性主义认识的影响。

石头向下运动之所以不是自动的，因为它是非理性的东西，石头没有关于它的目的的观念，它的目的外在于其自身，石头向下运动仍然受外在原则支配，也就是说，它的运动是被他物即外在于自身的目的所支配。说得更清楚些，一个活动要成为自动的，除了受内在原则支配外，它还必须拥有关于目的的知识。"如果一个事物没有目的知识，即使它有行为或运动的内在原则，为了目的的行为或被驱动的原则仍不在该事物之中，而在别的事物之中，它趋向目的的行为原则是由别的事物施加的。"① 原则的彻底内在性本身，要求原则所关联的目的内在于运动着的事物之中。当然，"目的内在于事物之中"意味着事物具有目的的知识或观念。于是托马斯说："那些具有目的知识的事物被认为是自我推动的，因为在它们之中有一种原则，根据这种原则它们不仅活动，而且也为了目的而活动。因此，既然它们活动，它们为了目的而活动，这两者都出自内在原则，这样的事物的运动和活动被认为是自愿的。"②

总之，事物活动或运动的自由性或自愿性的两个必要条件是：支配事物活动或运动的内在原则和该事物所拥有的目的的知识，满足这两个条件的活动或运动才是自愿的活动或运动。"一个自愿行为的性质就在于，行为的原则是内在于行为者，并且行为者对行为的目的有某种了解。"③ 石头运动不满足这些条件，因而不是自愿或自由的，支配石头向上运动的原则是外在的，而石头向下运动虽满足内在原则，但作为非理性的东西，石头没有目的知识。作为非理性的动物的行为是不是自由或自愿的呢？动物趋向目的的行

① Thomas von Aquin, *S. th.* I–II 6. 1.
② Thomas von' Aquin, *S. th.* I–II 6. 1.
③ Thomas von Aquin, *S. th.* I–II 6. 2.

为一般被认为是受内在原则支配的，而且动物在趋向它们的目的的行为时也能感知它们的目的，因此，根据自愿的必要条件，动物的行为是自愿的。

但是，动物的行为是不完全的自愿行为。自愿的不完全性与完全性的区别在于：行为者关于目的的知识是否完全。行为者关于目的的知识，当然首先是指行为者知道或把握了其行为的目的，既然要实现目的，必然要采取可能而适当的手段，所以目的的知识不仅包括关于目的本身的知识，也包括通向目的的手段的知识。这两种知识都以理性运用为基础，特别是后一类知识，需要理性对可能的行为即手段的深思熟虑，这些才是完全的目的知识。托马斯认为，唯有作为理性的存在者的人才有这样的完全的目的知识；而作为非理性的存在者的动物只能感知目的，没有对实现目的的可能行为的深思熟虑，因而它们只能拥有不完全的目的知识。

既然行为的自愿是否完全的，取决于行为者关于目的的知识完全与否，我们就可以准确地说，与动物的不完全自愿不同，人的行为是完全的自愿行为。人的意志活动和人性行为基于其内在原则，人的理性也能把握目的并获得目的知识。托马斯把道德行为的根本性质诊断为它的完全的自愿性，这样的诊断对于理解道德行为的意义是十分明显的：行为的善与恶，以及对行为的赞扬与谴责，都是以行为者的选择和行为的完全自愿即意志自由为前提的，这实际上是任何事物及其活动具有道德特性的标准。

尽管托马斯也谈及因暴力强制与无知产生的非完全自愿行为，但他对意志自愿性的强调还是绝对的，这是他对阿伯拉尔意向论的捍卫。当然，无论在现实的道德行为还是在道德归责的问题上，事情实际上复杂得多，但无论多么复杂，只要道德行为的主体能够自由地意愿，那么，即便发生被强制的情形，他依然要承担道德责任。这是托马斯自愿行为理论的本质，他强调的是道德的绝对性和纯洁性。只有绝对建立在完全自愿即自由基础上的行为才是道德的人性行为，这一标准是"不可取消的"，是强制的、绝对必要的价值观念。这恰恰反映了普世伦理所要求的普遍性。

其次，托马斯的自然法学说之于普世伦理具有某种"规则"的意义。

如果说，托马斯自愿行为理论涉及普世伦理的深度和高度，那么，他关于法的论述则不仅涉及普世伦理的深度和高度，而且涉及普世伦理的底线和顶线。托马斯认为，上帝的永恒法是世界的普遍法则，而自然法（和神法）

则是道德律的基础和来源。上帝的永恒法（和自然法）构成普世伦理的
"顶线"，是普世伦理之所以具有普遍有效的约束的根本来源，人法（或实
证法）作为派生于永恒法和自然法的世俗法，是普世伦理的底线，保障普
世伦理的世界性（世俗性）效应。这样，在宗教、道德和法律之间就有一
个由高而低的秩序。关于托马斯德法结合的道德观的内容，我们在本书第四
章已经详细论述，此处不再赘述。我们在此扼要分析的是他的自然法思想之
于普世伦理的普遍价值和效应。托马斯不是一般地讨论法与道德的关系，而
是在追寻道德的本源时谈及法，特别是谈及上帝的永恒法和自然法的作用；
同时，他是在讨论道德的效用时谈论法，特别是谈论世俗法的价值和意义。
法是上帝圣言的象征，上帝因其圣言创造了世界，也订立了世界存在和发展
的法则，法则说穿了，就是世界的规律。

如前所述，上帝的永恒法之所以永恒，乃是因为上帝的创世是从无中创
造万物的，超越时间的，表明上帝的创造是意志的绝对自由活动，非时间
性、不变性是这种永恒法的特征。这种不变的永恒法是世界（人与自然、
整个宇宙）的法则和必然规律，无论是大自然，还是人类，无论是世界上
的任何民族，都必然和必须遵守这一法则。这时的永恒法还不具道德属性，
仅仅是道德的基础和底线。这种立场显然是神学的世界观使然，但对于同样
具有宗教根源的普世伦理而言，是极具说服力的。永恒法最大限度地提供了
普世伦理的普遍性基础，无论是自然还是人，都必须遵循永恒法这一不变的
客观法则。不过，虽然永恒法奠定了普世伦理的基础和底线，但唯独自然法
才真正具有道德的意味，特别是良知和良心，作为内在道德法则，在托马斯
这里充当了主观准则的角色。这样，外在的道德法则——永恒法虽然是他律
性的，但树立了道德行为的底线和基石，而内在的道德原则——良知和良心
作为自然法的内化，则对人提出了严格要求，有助于道德主体的成熟。我们
认为，托马斯的法则观（无论是外在的还是内在的）无疑确立了行为的道
德普遍性，要求人的主观准则反映并符合普遍道德法则，这就在理论上为基
督教的金规则做出了充分论证。在全球伦理宣言中，金规则占据举足轻重的
地位。无论是奥古斯丁爱的伦理学，还是阿伯拉尔的对话伦理学，都已经凸
显基督教的人人交往规则。从爱上帝、爱人如己，到不同身份不同信仰之间
的人进行理性对话，无不体现了金规则的不断形成。托马斯的德法结合论伦

理学，包括自愿行为理论在金规则思想传统的建设和传承中，起了极为重要的作用。

在托马斯看来，自然法源于永恒法，来自上帝的命令。之所以说自然法具有道德的含义，最主要的原因在于人的认识本性，人被上帝赋予理性能力，可以认识并遵循上帝的永恒法，自然法也就是理性和启示的结合，自然法是联接上帝永恒法和人法的桥梁，这是永恒法这一普遍、客观的外在法则（绝对他律）的内化，进一步内化为主观性的具有自律意义的道德律。托马斯指出，道德律包含三条最主要的诫命：自我保存、繁衍后代和过社会生活。这三条诫命在西方社会不同时期都发挥着普遍的效力。人不仅是个体的人，而且是集体的人，不仅有自我保存的生存权利，而且需要养育后代，更需要结成一个社会共同体，为共同善而努力。这不仅是法律，也是道德，更是伦理的本质内涵。这种基督教伦理的普遍原则是绝对命令，它指导了人的行为朝着至善方向努力。

由此可见，托马斯关于永恒法和自然法的观点实际上规定了道德之为道德的基础和根据，永恒法－道德律－世俗法律，这是托马斯德法结合论伦理学的基本特征。如果说，永恒法和自然法（包括神法）构成普遍伦理的硬核——道德的绝对性、普遍性、客观性，那么，他关于世俗法或人法的论述则体现了道德的世界性，特别是和普世伦理的世俗性紧密结合。在他看来，世俗法是制定法，体现了人的意志，它是可变的法律，可以修改，这是普世伦理的底线。

最后，和普世伦理具有重要关联的，是托马斯对道德中立性（Indifferentia）的批判。

中世纪哲学家普遍强调，不存在道德中立的行为，托马斯也不例外。从分析"indifferent"概念出发，我们可以发现一条通达普世伦理所本有的对世界的普遍关切的道路，世界主义和民族主义、普遍性与特殊性、共相与殊相、同一与差异、共识与对话，众多当代文化对话的问题都与这个概念有关。

依照托马斯的理解，当人的行为和自然的理性秩序相一致时，就是善的，若它们（至少在一个方面）违背理性秩序时，就是恶的。"一个行为，当不仅对象而且意向都是理性的时候，就是善的，当要么对象、要么意向是反理性的时候，就是恶的。"① 似乎也存在一些既不善也不恶的行为，因为它们不以任何方式和理性相关。"但是，可能有这种情况，"托马斯写道，"一个行为的对象不包含任何属于理性秩序的东西，如给地里拔草，去户外散步等等。这些行为从其性质上看，是中立的"②。可是现在，某种在性质上是中立的事，无需无条件地在具体实施中也保持中立。因为肯定没有任何行为（严格意义上）不是故意发生的。我非任意地做的事，如抚摸我的胡子或手和腿（无任何特殊的目的），就算不上是行为。任何配得上其名称的行为，都遵循一个目的，即意志从其形式上看，都指向某种东西，无论是什么，这东西在行为者看来就是善的。只有两种可能性：要么被遵循的目的事实上是善的（合乎理性的），要么不是这样。在一种情况下，行为是善的，在另一种情况下是恶的。如果行为的性质只受对象规定，可能就存在中立性行为，如"给地里拔草"，但因为真正存在的行为总是要受到对象和意向的规定，所以"行为绝不可能在道德上是中立的"③。甚至给地里拔草或者离开房间，它要么是善的，要么是恶的，这要视所意向的目的而定。如果某人这么行为，必定有原因，否则他就不会这么做。

托马斯明确指出，我们的任何行为总是包括基本的意志行为，一切行为都将适应即时生活的总体关联，它们服务于某些目的，而这些目的反过来又服务于别的目的，直至我们给自己的全部生活设定最后目的，只有当我们的生活有了终极目的，而且只有当这个目的是我们奉命追求的真正的善时，我们的行为才能够被无限制地看作善的。④ 严格说来不存在道德中立的行为，凡是人的行为说到底都可以进行道德评价，人的存在说到底是被规定了的存在，是一种向善的存在，因为人的在世存在是上帝的意志使然，有一个终极目的预先规定了人的生活。

其实，"indifferent"这个概念透露出来的信息不只蕴含在行为是不是中立性的讨论上，而且更多地涉及对世界的关切，也就是说，涉及是否该对世界、他人乃至自然负责任，以及如何负责这个绝对当代性的问题域。

---

① Thomas von Aquin, *S. th.* Ⅰ－Ⅱ20.2.
② Thomas von Aquin, *S. th.* Ⅰ－Ⅱ18.8.
③ Thomas von Aquin, *S. th.* Ⅰ－Ⅱ18.9.
④ Thomas von Aquin, *S. th.* Ⅰ－Ⅱ18.9.

"Indifferentia" 在拉丁语里本来表示不加区分，模棱两可，乃至于演变为超然、冷淡、冷漠、无所谓，这是一种"价值虚无主义"的态度。关于这一点，我们在本章第一节围绕约纳斯的责任伦理进行了比较充分的讨论。今天，我们对世界的关切之心在与时俱进，尽管我们仍然受制于形形色色的本位主义、民族主义、种族主义，在各种政治意识形态、地方保护主义、贸易摩擦、局部战争的博弈中时常不知所措，但我们无不在思考并参与解决这些问题，因为我们"本有着"乌托邦的希望，理想主义的信念，只要有哲学，就有形而上学之思，就势必会有乌托邦理想。而中世纪哲学及其道德观就正是以这种浪漫主义的情怀点燃希望，从爱到自由再到责任，留下了人类追寻这种希望的漫长之路的足迹。在上述各种"主义"的博弈中，中世纪神本主义世界观恰恰就像一味解毒剂那样，在解构人类中心论、种族中心论、各种精英论变体的途中，发挥着不可忽视的作用。

　　总之，本书论及的三个中世纪思想家对近现代哲学的影响的确很大，奥古斯丁和笛卡尔、康德及胡塞尔哲学的关系极为密切；阿伯拉尔和康德的伦理学之间，托马斯和后现代伦理学之间都存在十分密切的联系，这些都有待进一步研究。

结　语

我们在前言中以"有恩典，但不完全"来宣告中世纪道德哲学阐释的开场，我们首先关注的是从神正论到人义论的过渡。现在，在我们结束中世纪哲学的道德阐释并完成对中世纪道德观现代效应的考察之际，再来谈谈恩典的实现问题。

其实，"恩典的实现"这个提法，我们在前言和正文中已经提到过。正因为恩典不完全，人才会犯罪，人才应该学会谦虚，从原罪走向正义。我们特别强调中国的现代化任务和时代任务，这个大背景使我们把讨论聚焦于对现代性的深度反思，为此，我们刻意挖掘中世纪哲学的道德资源。也就是说，我们关注的是易于为现时代的广大国人理解的部分，是和人的现实生活密切相关，而且能够为理性所熟知的部分真理。也就是说，恩典的实现离不开人的努力。

而恩典的完全（vollkommen），表面上和恩典的实现（vollenden）仅一字之差，但意蕴大不相同。如果说，恩典的实现强调的是人的天职和义务，强调的是人的责任，特别是在世责任，强调的更多的是人的能动性和自主性的话，那么，恩典的完全则是强调，谋事在人，成事在天。人的在世努力对人的永恒幸福不起决定作用，或者说，德性并不必然允诺幸福。正如康德关于最高的善与完满的善的区分那样，前者是人的德性所能成就的最高境界，而后者则意味着德性与幸福的结合。这种完满和无限、永恒相关，说到底，和人的服从相关。

无论如何，人是有限的理性存在者。无论人如何追求真理、存在和理解，寻求至善，渴望自由，献身正义，其实都有边界。纵观自中世纪以降的人类历史，特别是西方近现代社会变迁史，甚至 20 世纪人类文明的成就与苦难，都可证实这一点。只要我们真诚地使用我们的思辨理性（ratio speculativa），就会发现，近现代西方哲学思想的基本理念就是实现上帝的恩典，无论是认知的理性还是行善的意志，都是恩典，但唯独人禀赋了上述恩典，因此，才能自觉去实现上帝的恩典。实现上帝恩典的过程，其实就是人自身成义的过程，就是人自己展开自己形象——上帝肖像的过程。

我们有充分的理由说，中世纪哲学有合法性资格，而且有道德之维。这个维度在理论上有价值，在现实中有效应，这个效应就是从爱到正当和责任的过渡，世界的正义终究要由人去写就，也正因为如此，我们才反复呼吁，哲学家作为爱智者，必须认真对待全人类共同面对的巨大挑战：民族主义与普世主义的博弈。普世主义体现人类共同体的形上超越欲求目标，但它需要面对自然的形下欲求的挑战，即民族主义。两者的博弈同时出现在同一个人类共同体里面，也是每一个个体思想必须面对的大事。正如康德所言，纯粹哲学，或形而上学就是一座战场，是人类理性本性与人类理性能力之间的矛盾和较量。普世主义和民族主义也是如此，只是这个博弈更能彰显中世纪哲学之道德维度在当下世界的重要意义。例如，蕴含在中世纪道德观之中的普世伦理资源，就是需要我们大力发掘并且正确运用的，它们可以用来抑制不断滋生的形形色色的民族主义倾向。让我们一如既往、前赴后继地怀抱对这个普遍世界的爱，对自由与永久和平的希望，让我们响应那种神圣的召唤，肩负起呵护上述希望的光荣使命与伟大责任！

参考文献

一 中文文献

（一）译著（含译文）

〔德〕I. 布罗伊尔等：《德国哲学家圆桌》，张荣译，华夏出版社2003年版。

〔德〕白舍客：《基督宗教伦理学》，静也、常宏等译，雷立柏校，上海三联书店2002年版。

〔德〕保罗·阿尔托依兹：《马丁·路德的神学》，段琦、孙善玲译，译林出版社1998年版。

〔德〕汉斯·昆：《基督教大思想家》，包利民译，社会科学文献出版社2001年版。

〔德〕汉斯·约纳斯：《奥斯威辛之后的上帝观念》，张荣译，华夏出版社2002年版。

——《技术、医学与伦理学——责任原理的实践》，张荣译，上海译文出版社2008年版。

〔德〕黑格尔：《精神现象学》，贺麟、王玖兴译，商务印书馆1987年版。

〔德〕康德：《纯粹理性批判》（第2版），载李秋零主编《康德著作全集》第3卷，中国人民大学出版社2004年版。

——《纯粹理性批判》（第1版），载李秋零主编《康德著作全集》第4卷，中国人民大学出版社2004年版。

——《实践理性批判》，载李秋零主编《康德著作全集》第5卷，中国人民大学出版社2004年版。

——《道德形而上学原理》，苗力田译，上海人民出版社2005年版。

——《道德形而上学》，张荣、李秋零译，载李秋零主编《康德著作全集》第 6 卷，中国人民大学出版社 2007 年版。

——《道德形而上学的奠基》，载李秋零主编《康德著作全集》第 4 卷，中国人民大学出版社 2005 年版。

——《实践理性批判》，邓晓芒译，人民出版社 2003 年版。

——《纯粹理性批判》，邓晓芒译，人民出版社 2004 年版。

〔德〕孔汉思、〔德〕库舍尔编《全球伦理——世界宗教议会宣言》，何光沪译，四川人民出版社 1997 年版。

〔德〕莱布尼茨：《神正论》，朱雁冰译，香港：道风书社 2003 年版。

〔德〕马丁·路德：《路德文集》，中文版编辑委员会，上海三联书店 2005 年版。

〔德〕马克斯·韦伯：《新教伦理与资本主义精神》，于晓、陈维纲等译，陕西师范大学出版社 2006 年版。

——《伦理之业》，王容芬译，广西师范大学出版社 2008 年版。

〔法〕E. 吉尔松：《中世纪哲学精神》，沈清松译，上海人民出版社 2008 年版。

〔法〕阿伯拉尔：《伦理学·对话》，溥林译，香港：道风书社 2007 年版。

〔法〕笛卡尔：《第一哲学沉思集》，庞景仁译，商务印书馆 1996 年版。

〔古罗马〕奥古斯丁：《独语录》（含《论自由意志》），成官泯译，上海社会科学院出版社 1997 年版。

——《忏悔录》，周士良译，商务印书馆 1963 年版。

——《上帝之城》（上、中、下册），王晓朝译，香港：道风书社 2003 年版。

——《上帝之城：驳异教徒》上册，吴飞译，上海三联书店 2007 年版。

——《上帝之城：驳异教徒》中册，吴飞译，上海三联书店 2008 年版。

——《论三位一体》，周伟驰译，上海人民出版社 2005 年版。

〔古希腊〕亚里士多德：《尼各马科伦理学》，苗力田译，载苗力田主编

《亚里士多德全集》第八卷，中国人民大学出版社 1992 年版。

——《论灵魂》，秦典华译，载苗力田主编《亚里士多德全集》第三卷，中国人民大学出版社 1992 年版。

——《工具论》，秦典华译，载苗力田主编《亚里士多德全集》第一卷，中国人民大学出版社 1990 年版。

〔美〕H. E. 阿利森：《康德的自由理论》，陈虎平译，辽宁教育出版社 2001 年版。

〔美〕J. 施密特：《启蒙运动与现代性》，徐向东等译，上海人民出版社 2005 年版。

〔美〕P. 蒂利希：《基督教思想史》，尹大贻译，香港：汉语基督教文化研究所 2000 年版。

〔美〕R. 沃林：《海德格尔的弟子》，张国清、王大林译，江苏教育出版社 2005 年版。

〔美〕W. 沃尔克：《基督教会史》，孙善玲等译，中国社会科学出版社 1991 年版。

〔美〕罗尔斯：《道德哲学史讲义》，张国清译，上海三联书店 2003 年版。

〔美〕沙伦·M. 凯、〔美〕保罗·汤普森：《奥古斯丁》，周伟驰译，中华书局 2002 年版。

〔瑞士〕G. 恩德利：《意向伦理与责任伦理——一种假对立》（上），王浩、乔亨利译，《国外社会科学》1998 年第 3 期。

〔意〕安瑟伦：《信仰寻求理解》，溥林译，中国人民大学出版社 2005 年版。

〔意〕圣·波纳文图拉：《中世纪的心灵之旅》，溥林译，华夏出版社 2003 年版。

〔英〕F. 柯普斯登：《西洋哲学史》第二卷，庄雅棠译，傅佩荣校，台北：黎明文化事业股份有限公司 1988 年版。

〔英〕罗素：《西方哲学史》上卷，何兆武、李约瑟译，商务印书馆 1991 年版。

（二）研究著作

白宏：《托马斯·阿奎那的人学研究》，人民出版社 2010 年版。

董尚文：《托马斯的存在论研究》，人民出版社 2008 年版。

傅乐安：《托马斯·阿奎那基督教哲学》，上海人民出版社 1990 年版。

顾忠华：《韦伯学说》，广西师范大学出版社 2004 年。

韩水法编《韦伯文集》，中国广播电视出版社 1998 年版。

黄裕生：《时间与永恒》，社会科学文献出版社 1997 年版。

——《宗教与哲学的相遇》，江苏人民出版社 2008 年版。

——《西方哲学史》第三卷：《中世纪哲学》，江苏人民出版社 2005 年版。

江怡：《理性与启蒙——后现代经典文选》，东方出版社 2004 年版。

刘素民：《托马斯的自然法思想研究》，人民出版社 2007 年版。

卢传斌：《神圣与世俗的二维建构——托马斯法哲学思想研究》，南京师范大学出版社 2010 年版

潘小慧：《四德性论——以多玛斯哲学与儒家哲学为对比的探究》，台北：哲学与文化月刊杂志社 2007 年版。

——《德性与伦理——多玛斯的德性伦理学》，台南：闻道出版社 2009 年再版。

万俊人：《寻求普世伦理》，北京大学出版社 2009 年版。

吴天岳：《意愿与自由——奥古斯丁意愿概念的道德心理学解读》，北京大学出版社 2010 年版。

谢文郁：《自由与生存——西方思想史上的自由观追踪》，上海人民出版社 2007 年版。

翟志宏：《托马斯自然神学思想研究》，人民出版社 2007 年版。

张荣：《神圣的呼唤——奥古斯丁的宗教人类学研究》，河北教育出版社 1999 年版。

——《自由、心灵与时间——奥古斯丁心灵转向问题的文本学研究》，江苏人民出版社 2011 年版。

张宪：《启示的理性》，巴蜀书社 2006 年版。

赵敦华：《基督教哲学 1500 年》，人民出版社 1994 年版。

周伟驰：《记忆与光照——奥古斯丁的神哲学研究》，社会科学文献出版社 2001 年版。

——《奥古斯丁的基督教思想》，中国社会科学出版社 2005 年版。

（三）论文

邓晓芒：《康德自由概念的三个层次》，《复旦学报》2004 年第 2 期。

董尚文：《论托马斯伦理学的理智主义》，《哲学研究》2008 年第 7 期。

——《托马斯伦理学中的柏拉图主义因素：论托马斯对 synderesis 与 conscientia 的区分》，《哲学动态》2010 年第 10 期。

黄裕生：《原罪与自由意志：奥古斯丁的罪－责伦理学》，《浙江学刊》2003 年第 3 期。

——《普遍伦理学的出发点：自由个体还是关系角色?》，《中国哲学史》2003 年第 3 期。

——《论爱与自由——兼论基督教的普遍之爱》，《浙江学刊》2007 年第 4 期。

赖品超、王涛：《再思圣多玛斯的生态伦理》，（台北）《哲学与文化》2010 年第 37 卷第 11 期。

刘素民：《托马斯意志自由对伦理之善的神圣与世俗共构》，《晋阳学刊》2009 年第 2 期。

——《托马斯的自然法作为本性之律的人学内蕴》，《哲学研究》2006 年第 6 期。

——《从"至善"的角度看托马斯对奥古斯丁的补正及与近代启蒙价值的对接》，《华侨大学学报》2004 年第 3 期。

潘小慧：《从立场和方法看多玛斯德性伦理学的体系建构》，《中世纪哲学：立场与方法》学术研讨会会议论文，武汉大学哲学学院主办，2011 年 1 月 7—9 日。

申建林：《论阿奎那宗教自然法的理论转向及其现代意义》，《武汉大学学报》（哲学社会科学版）2006 年第 3 期。

王晓朝：《金规则是一种道德信仰》，《学术月刊》2003 年第 4 期。

吴飞：《奥古斯丁论"前性情"》，《世界哲学》2010 年第 1 期。

——《"对树的罪"和"对女人的罪"——奥古斯丁原罪观中的两个概念》，《云南大学学报》2010 年第 6 期。

——《绝望中的生命自由——奥古斯丁论"自由意志"、"望德"与自杀禁忌》，第二届中国南北哲学论坛暨"哲学的当代意义"学术研讨会论文。

吴天岳：《试论奥古斯丁著作中的意愿概念》，《现代哲学》2005 年第 3 期。

——《恶的起源与自由意愿》，载彭小瑜、张绪山主编《西学研究》第 1 辑，商务印书馆 2003 年版。

——《奥古斯丁论信仰的发端（Initium Fidei）——行为的恩典与意愿的自由决断并存的哲学可能》，《云南大学学报》2010 年第 6 期。

徐弢：《托马斯"自由抉择论"评析》，《宗教学研究》2004 年第 2 期。

张继选：《多玛斯的自愿行为理论》，（台北）《哲学与文化》2005 年第 32 卷第 5 期。

张荣：《信仰是赞同地思考——奥古斯丁论信仰》，《世界宗教文化》1998 年第 1 期。

——《奥古斯丁的灵魂观》，《河北师范大学学报》1998 年第 3 期。

——《Si fallor, ergo sum——奥古斯丁对希腊哲学的批判与改造》，《哲学研究》1998 年第 10 期。

——《奥古斯丁的基督教幸福观辨正》，《哲学研究》2003 年第 5 期。

——《创造与伸展：奥古斯丁时间观的两个向度》，《现代哲学》2005 年第 5 期。

——《论传统神正论的当代转换：从奥古斯丁的传统神正论到约纳斯的责任哲学》，《文史哲》2006 年第 6 期。

——《奥古斯丁论法律》，《宗教研究》2006 年刊。

——《"决断"还是"任意"（抑或其它）？——从中世纪的 liberum arbitrium 看康德 Willkür 概念的汉译》，《江苏社会科学》2007 年第 3 期。

——《论意志的根据——奥古斯丁〈论自由决断〉中的意志追问》，《江苏行政学院学报》2008 年第 6 期。

——《罪恶的起源、本质及其和解——阿伯拉尔的意图伦理学及其意义》，《文史哲》2008 年第 4 期。

——《论阿伯拉尔的至善与德性观》，《哲学研究》2010 年第 2 期。

——《阿伯拉尔的对话伦理学》，《贵州社会科学》2010 年第 5 期。

——《自然法与永恒法——托马斯论行为的合道德性》，《江苏行政学院学报》2010 年第 2 期。

二　外文文献

(一) 奥古斯丁、阿伯拉尔和托马斯原著

St. Augustine

——*Augustini opera omnia*, in J. P. Migne, *Patrologia Latina* T32 – 47, Paris, 1841.

——*De libero arbitrio* (col: 1219 – 1319).

——*On Free Choice of the Will*, trans. by Thomas Williams, Hackett Publishing Company Indiana Polis/Cambridge, 1993.

——*Der freie Wille*, Dritte Auflage, Verlag Ferdinand Schoningh – Paderborn, 1962.

——*Philosophische Frühdialoge*：①*Gegen die Akademiker.* ②*über das Glueck* ③ *über die Ordnung*, eingeleitet, übersetzt und erläutert von Bernd Reiner Voss. Ingeborg Schwarz-kirchenbauer und Willi Schwarz Ekkhard Mühlenberg. Artemis Verlag Zürich und München, 1972.

——*Confessiones* (col: 661 – 868).

——*Vom Gottesstaat*, übersetzt von Wilhelm Thimme, eingeleitet und erläutert von Karl Andresen. Artemis Verlag Zürich und München, 1855. Vollständig bearbeitete Auflage, 1978.

Peter Abelard

——*Collationes sive Dialogus inter Philosophum, Iudaeum et Christianum, Gespräch eines Philosophen eines Juden und eines Christen*, Lateinisch und deutsch übersetzt und herausgegeben von Hans – Wolfgang Krautz, Verlag der Weltreligionen, Frankfurt am Main und Leipzig, 2008.

——*Peter Abaelard's Ethics. An Edition with Introduction*, English translation and notes by D. E. Luscombe, Oxford, 1971.

——*Theologia summi boni. Tractatus de unitate et trinitate divina* (*Abhandlung über die göttliche Einheit und Dreieinigkeit*). übersetzt, mit

Einleitung und Anmerkungen herausgegeben von Ursula Niggli, Lateinisch—Deutsch, 3 Aufl. , Hamburg, 1997.

——*Der Briefwechsel mit Heloisa*, übersetzt und mit einem Anhang herausgegeben von Hans－Wolfgang Krautz, Stuttgart, 1989.

Thomas Aquinas

——*Summa theologiae*. Vollständige deutsch-lateinische Ausgabe. Graz u. a. , 1934。

——*Basic Writings of Saint Thomas Aquinas* Ⅰ, Beijing, 1999.

——*Basic Writings of Saint Thomas Aquinas* Ⅱ, Beijing, 1999.

——*Von der Wahrheit*, Lateinisch-deutsch, ausgewählt, herausgegeben und übersetzt und von Albert Zimmerman, Hamburg, 1986.

（二）其他著作（含论文、工具书）

Andresen, Carl (Hg.), *Augustinus－Gespräch der Gegenwart*, Köln, 1962.

——*Zum Augustin－Gespräch der Gegenwart II*, Darmstadt, 1981

Bielfeldt, Dennis D. /Schwarzwäller, Klaus, eds. , *Freiheit als Liebe bei Martin Luther*, Frankfurt am Main, 1995.

Brown, Peter, *Augustine of Hippo*, University of California Press, 1970.

——*Augustin von Hippo*, Zweiter Auflage, Frankfurt am Main, 1982.

Dieringer, Volker, *Kants Lösung des Theodizeeproblems: eine Rekonstruktion*, Stuttgart, 2009.

Elders, Leo J. , *Ethics of St. Thomas Aquinas*, Frankfurt am Main, 2005.

Farrell, Dominic, *The Ends of the Moral Virtues and the First Principles of Practical Reason in Thomas Quinces*, Roma, 2012

Fischer, Norbert (Hg.), *Die Gnadenlehre als "salto mortale" der Vernunft? . Natur, Freiheit und Gnade im Spannungsfeld von Augustinus und Kant*, Freiburg im Freisgau, 2012.

Flasch, Kurt, *Was ist Zeit? . Augustinus von Hippo. Das XI. Buch der Confessiones. Historisch－Philosophische Studie. Text-übersetzung-Kommentar*, Frankfurt a. M. : Klostermann, 1993.

——*Das philosophische Denken im Mittelalter. Von Augustin zu Machiavelli*, Stuttgart，1986.

Gilson，Etienne，*History of Christian Philosophy in the Middle Ages*, Random House，New York，1954.

——*The Christian Philosophy of St. Thomas Aquinas*, trans. by L. K. Shook, C. S. B. ，Random House Inc. ，1956.

Gilson，Stefan，*Der heilige Augustin. Eine Einführung in seine Lehre*，aus dem Französischen übersetzt von P. Philotheus Böhner und P. Timotheus Sigge O. F. M. ，1930.

Grabmann，Martin，*Einführung in die Summa Theologiae des Heiligen Thomas von Aquin*，Freiburg im Breisgau，1928.

Haldane，John，"Voluntarism and realism in Medieval Ethics," *Journal of Medieval Ethics*，Vol. 15，No. 1 （Mar. ，1989），pp. 39 – 44.

Hamann，Johann Georg，*Sämtliche Werke*，Band I，Historisch-kritische Ausgabe von Josef Nadler，Wien，1951.

Hauskeller，Michael，*Geschichte der Ethik. Mittelalter*，Deutscher Taschenbuch Verlag，München，1999.

——*Geschichte der Ethik I. Antike*，Deutscher Taschenbuch Verlag，München，1997.

Historisches Wöterbuch der Philosophie，Band 12，Basel/Stuttgart，2004.

Hoping，Helmut，*Freiheit im Widerspruch: eine Untersuchung zur Erbsündenlehre im Ausgang von Immanuel Kant*，Wien，1990

Horn，Christoph，"Augustinus und die Entstehung des philosophischen Willensbegriffs," in *Zeitschrift für philosophische Forschung*，Bd. 50，H. 1/2 （Jan. – Jun. ，1996），pp. 113 – 132.

Hösl，Thomas，*Verhältnis von Freiheit und Rationalität bei Martin Luther und Gottfried Wilhelm Leibniz*，Frankfurt am Main，2003.

Jedan，Christoph，*Willensfreiheit bei Aristoteles?* ，Göttingen，2000.

Jonas，Hans，*Das Prinzip Verantwortung. Versuch einer Ethik für die technologische Zivilisation*，Insel Verlag Frankfurt am Main，1979.

——*Philosophische Untersuchungen und metaphysische Vermutungen*，Insel Verlag Frankfurt am Main und Leipzig，1992.

——*Dem bösen Ende näher. Gespräche über das Verhältnis des Menschen zur Natur*，Frankfurt/M.，1993.

——*Organismus und Freiheit. Ansätze zu einer philosophischen Biologie*，Göttingen，1973.

——*Wissenschaft als Persönliches Erlebnis*，Göttingen，1987.

——*Augustin und das paulinische Freiheitsproblem. Ein philosophischer Beitrag zur Genesis der christlich-abendländischen Freiheitsidee*，Göttingen，1930.

Kaczor，C. /Sherman，T.，eds.，*Thomas Aquinas on the Cardinal Virtues*，Frolence，2009.

Kent，Bonnie，*Augustine's Ethics*，in *The Cambridge Companion to Augustine*，Cambridge University Press，2006. Cambridge Companions Online & Cambridge University Press，2006.

Kolmer，Lothar，*Abaelard: Vernunft und Leidenschaft*，Wilhelm Fink Verlag，München-Wilhelm Fink，2008.

Lexikon des Mittelalters IX，Deutscher Taschenbuch Verlag，2003.

Lobenstein – Reichmann，Anja，*Freiheit bei Martin Luther*，Berlin/New York，1998.

Lèvinas，E.，*Ethik und Unendliches*，Graz/Wien，1986.

Marenbon，John，*The Philosophy of Peter Abelard*，Trinity College，Cambridge University Press，1997.

Marrou，Henri，*St. Augustine and His Influence through the Ages*，trans. by Patrick Hepburne – Scott，New York，1957.

Mayer，Cornelius（Hg.），unter Mitwirkung von Alexander Eisgrub und Guntram Förster，*Augustinus – Ethik und Politik，zwei Würzburger Augustinus – Studientage*，"Aspekte der Ethik bei Augustinus"（11. Juni 2005），"Augustinus und die Politik"（24. Juni 2006），Würzburg，2009.

McGrade，A. S.，ed.，*The Cambridge Companion to Medieval Philosophy*，Beijing，2006.

Meijering, E. P. , *Augustin über Schöpfung, Ewigkeit und Zeit: das elfte Buch der Bekenntnisse*, Leiden E. J. Brill, 1979.

Mintz, Steven/Stauffer, John, eds. , *Problem of Evil: Slavery, Freedom, and the Ambiguities of American Reform*, Amherst and Bosten, 2007

Neumann, Waltraud Maria, *Die Stellung des Gottesbeweises in Augustins De libero arbitrio*, Georg Olms Verlag, Hildesheim · Zürich · New York, 1986.

Niggli, Ursula (Hg.), *Peter Abaelard: Leben-Werk-Wirkung*, Freiburg im Breisgau, 2003.

Nolte, Ernst, *Geschichtsdenken im 20. Jahrhundert. Von Max Weber bis Hans Jonas*, Berlin, Frankfurt/Main. Propyläen, 1991.

Perkams, Matthias, *Liebe als Zentralbegriff der Ethik nach Peter Abaelard*, Münster – Aschendorff, 2001.

Pope, Stephen J., ed., *Ethics of Aquinas*, Washington, D. C., 2002.

Reece, Robert D. , "Augustine's Social Ethics: Churchly or Sectarian? Foundations, A Baptist," *Journal of History and Theology*, Vol. XVIII, January-March, 1975.

Ryan, Cheyney, "The Dialogue of Global Ethics," *Ethics and International Affairs*, 26, No. 1 (2012), pp. 43 – 47.

Städtler, Michael, *Freiheit der Reflexion: zum Zusammenhang der praktischen mit der theoretischen Philosophie bei Hegel, Thomas von Aquin und Aristoteles*, Berlin, 2003.

Wetz, Franz Josef, *Hans Jonas zur Einführung*, Hamburg, 1994.

Wetzel, James, *Augustine and the Limits of Virtue*, Cambridge, New York, 1992.

——*Augustine: A Guide for the Perplexed*, London – New York, Continuum, 2010.

——ed., *Augustine's City of God: A Critical Guide*, New York, 2012.

Wolfgang, Kluxen, *Philosophische Ethik bei Thomas von Aquin*, Mainz, 1964.

Zager, Werner (Hg.), *Martin Luther und die Freiheit*, Darmstdt, 2010.

索　引

人名

A

B

图书在版编目（CIP）数据

爱、自由与责任：中世纪哲学的道德阐释/张荣著.—北京：
社会科学文献出版社，2015.4
（国家哲学社会科学成果文库）
ISBN 978 - 7 - 5097 - 7221 - 8

Ⅰ.①爱…　Ⅱ.①张…　Ⅲ.①伦理学 - 研究 - 欧洲 - 中世纪
Ⅳ.①B82 - 095

中国版本图书馆 CIP 数据核字（2015）第 048035 号

·国家哲学社会科学成果文库·

爱、自由与责任：中世纪哲学的道德阐释

著　　者 / 张　荣

出 版 人 / 谢寿光
项目统筹 / 范　迎
责任编辑 / 袁卫华

出　　版 / 社会科学文献出版社·人文分社（010）59367215
　　　　　　地址：北京市北三环中路甲 29 号院华龙大厦　邮编：100029
　　　　　　网址：www.ssap.com.cn
发　　行 / 市场营销中心（010）59367081　59367090
　　　　　　读者服务中心（010）59367028
印　　装 / 北京盛通印刷股份有限公司

规　　格 / 开　本：787mm × 1092mm　1/16
　　　　　　印　张：21.125　插　页：0.375　字　数：340 千字
版　　次 / 2015 年 4 月第 1 版　2015 年 4 月第 1 次印刷
书　　号 / ISBN 978 - 7 - 5097 - 7221 - 8
定　　价 / 128.00 元